环境科学与工程一流本科课程规划教材

清洁生产理论、方法与案例分析

主　　编　牛启桂

副主编　高灿柱

编　　者　刘汝涛　苏继新　李玉江　刘春光

山东大学出版社

·济南·

图书在版编目(CIP)数据

清洁生产理论、方法与案例分析/牛启桂主编.—
济南:山东大学出版社,2021.1
ISBN 978-7-5607-6886-1

Ⅰ.①清…　Ⅱ.①牛…　Ⅲ.①无污染技术　Ⅳ.
①X38

中国版本图书馆 CIP 数据核字(2020)第 264848 号

策划编辑	祝清亮
责任编辑	祝清亮
封面设计	王　艳

出版发行	山东大学出版社
社　　址	山东省济南市山大南路 20 号
邮政编码	250100
发行热线	(0531)88363008
经　　销	新华书店
印　　刷	山东和平商务有限公司
规　　格	787 毫米×1092 毫米　1/16
	20.5 印张　400 千字
版　　次	2021 年 1 月第 1 版
印　　次	2021 年 1 月第 1 次印刷
定　　价	68.00 元

内容简介

本书分为三编共 14 章,涵盖了清洁生产的原理、实施清洁生产的方法以及具体的清洁生产案例,另附清洁生产审核报告的相关编写规范,并且前两编每章后均有相应的思考题。编者根据清洁生产的思路,从解决污染问题的五个层次入手,借助实施清洁生产的七个工具——清洁生产审核、生态设计、生命周期评价、环境标志、ISO 14000、绿色包装及环境会计,来展开论述并附案例分析。本书重点阐述了清洁生产审核的实施方法及实施案例中的环境效益、经济效益和社会效益。同时本书包含绿色大学、清洁生产实验、清洁生产信息获取渠道及近十年法律法规等相关知识,具有较强的理论性、技术性以及与时俱进性。

本书既适合作为从事清洁生产的企事业单位的参考书,也适合作为高等院校师生的教学用书,尤其适合初涉清洁生产及清洁生产审核的相关工作人员参阅。

总　序

　　近代以来,全球工业快速发展,在带来巨大财富的同时,也造成了严重的环境污染、生态破坏和健康损伤,于是,便催生了环境科学与工程这门人类社会发展历史上第一次以保护环境为根本宗旨的综合交叉学科。本学科"涵盖天下之广泛,学术研究之深度,影响全球之迅猛",已成为人类可持续发展中不可或缺的、最为重要的一门学问。党的十九大报告指出:"必须树立和践行绿水青山就是金山银山的理念""建设美丽中国,为人民创造良好生产生活环境,为全球生态安全作出贡献"。随着物质生活的水平越来越高,人民群众对良好生态环境的需求也越来越强烈。为了实现"天更蓝、水更清、空气更清新、环境更优美"的美丽中国建设目标,我们亟需一大批高素质、创新型的环境科学与工程专业技术人才和管理人才。

　　作为中国教育史上的起源性大学,"为天下储人才,为国家图富强"既是山东大学办学精神的历史传承,也是山东大学环境科学与工程学院为国育贤的根本。山东大学环境科学与工程学院由原山东大学环境工程系、实验中心和原山东工业大学环境与化工学院的环境学科于 2000 年年底组建成立,经过二十余年的持续建设与发展,目前拥有山东省水环境污染控制与资源化重点实验室、教育部南水北调东线河湖生态健康野外科学观测研究站等五个省部级科研平台。环境科学不仅是山东大学"学科高峰计划"重点支持建设的优势学科,也是国家双一流学科"化学与物质科学"的重要组成部分,连续多年稳居ESI 全球学科排名前 1‰。山东大学环境科学与工程学院已成为我国环境领域高层次人才培养和科学研究的重要基地之一,其毕业生遍布全国环境及相关领域的生产、科研、设计单位和大专院校,具有较高的声誉。

　　为了更好地适应国家战略和区域发展以及新时代高等教育改革发展的需求,山东大学环境科学与工程学院以学科建设为龙头,以课程建设为重点,不断提升人才培养质量。课程建设是一项长期的工作,它不是片面的课程内容的重构,必须以人才培养模式的创新为中心,以教师团队组织、教学方法改革、实践课程培育、实习实训项目开发、教材建设等一系列条件为支撑。近年来,山东大学环境科学与工程学院以课程建设为着力点,不断加强教材建设。学院党政联席会决定从课程改革和教材建设相结合的方面进行探索，组织富有经验的教师编写适应新时期课程教学需求的专业教材。该系列教材既注重专业技能的提高，又兼顾理论的提升，力求满足环境科学与工程专业的学科需求，切实提高人才培养质量，培养社会需要的人才。

通过各编写教师和主审教师的辛勤劳动，本系列教材即将陆续面世，希望能服务专业需求，并进一步推动环境科学与工程类专业的教学与课程改革，也希望业内专家和同仁对本套教材提出建设性和指导性意见，以便在后续教学和教材修订工作中持续改进。

本系列教材在编写过程中得到了行业专家的支持，山东大学出版社对教材的出版也给予了大力支持和帮助，在此一并致谢。

山东大学环境科学与工程学院

2020 年 12 月于青岛

前　言

从 20 世纪 70 年代清洁生产思想产生,80 年代清洁生产概念形成到 90 年代世界范围内的推广,清洁生产已走过 50 多年的历程。作为一种新的创造性的思想,清洁生产的理论和技术得到了长足的发展,逐渐成为解决环境问题的主要方法,可以取代末端治理。清洁生产着眼于消除造成污染的根源,而不是仅仅消除污染引起的后果;强调预防污染的产生,将污染消灭在生产工艺中,而不是被动地等污染产生后再去治理。清洁生产的核心思想是将整体预防的环境战略持续地应用于生产过程、产品和服务中,以增加生态效率,减少人类和环境的风险。

20 多年来,编写小组成员一直从事清洁生产的教学、科研工作,在总结前人经验的基础上,发展了清洁生产理论和清洁生产审核方法,开发了多项应用于工业的清洁生产技术,先后指导几百家企业开展清洁生产审核工作。本书是编写小组对清洁生产工作的经验总结,并在教学和科研工作中不断修改完善而成。

本书分为三编共 14 章,追踪了近十年内有关清洁生产的新技术、新思想和新法律法规,以保证作为清洁生产工具书的与时俱进性,具有较强的理论性和技术性。本书主要涉及清洁生产原理、实施清洁生产的方法和清洁生产案例与其他相关知识三部分,并且在前两编每章节后均有相应的思考题。清洁生产的原理部分主要涉及清洁生产思想的产生、清洁生产的概念、国内外推行清洁生产的概况以及清洁生产的理论基础。实施清洁生产的方法主要涉及实施清洁生产的七个工具——清洁生产审核、生态设计、生命周期评价、环境标志、ISO 14000、绿色包装及环境会计。清洁生产案例与其他相关知识主要涉及清洁生产信息获取渠道、绿色大学和重点行业的清洁生产案例等相关内容。

本书既可供从事清洁生产的企事业单位参考,也可供高等学校环境科学与工程、生态工程、化学化工及相关专业师生阅读。

感谢山东大学的大力支持。本书在编写过程中得到了同行的大力支持和协助,在此一并表示感谢!

因编者知识水平有限,错误和不当之处在所难免,恳请广大读者批评指正!

编者

2020 年秋于青岛

目　录

第 1 编　清洁生产原理

第 2 编　实施清洁生产的方法和工具

第 3 篇　清洁生产案例与其他相关知识

第1编　清洁生产原理

第1章　绪　论

1.1　清洁生产思想的产生和发展

人类社会生存和发展的基础是物质生产。原始人由于生产力低下，只能被动地适应自然。随着智慧的积累和工具的发展，人类进入农业生产时代，形成了第一产业。由于对土地的依赖和生产力的落后，人类活动还未对自然产生巨大的影响，也就形成了第一个"天人合一"的时代，这是人类史上自然与社会的初始和谐阶段。在这一阶段，人们的生产目的只是为了满足生活资料需要。

随着农业的发展，社会出现了分工，生产力和科技的进步促使人类由农业社会进入到工业社会。此时的生产活动已由生活资料的生产转向生产资料的生产，资源由地表延伸到地下，能源由可再生的分散能源转化为集中的不可再生能源，经济形式由自然经济转化为商品经济。人们的主导观念也由"天人合一"转到"主宰自然、人定胜天"上来。工业化的普及与发展开始了人类第一次向自然的掠夺，主要表现在：

（1）物质财富空前丰富，人们的需求消费没有节制；

（2）科学技术规模化、产业化，新技术的开发目的只是为了满足人类需求，不考虑自然和环境效应；

（3）人口猛增；

（4）城市化进程加快；

（5）地下、地面及空中资源无节制开发，生态环境被破坏；

（6）时空障碍大大减小，精神生活教条化、技术化。

纵观人类初期工业化时代的成果，不难看出，目前的文明大多建立在对环境的掠夺和对廉价资源、环境资源的无偿占有的基础上，这导致了人类社会与自然的对抗。尤其自二战以后，进入知识爆炸时代以来，这种掠夺尤为严重。我们的地球已是千疮百孔，人类赖以生存的环境已全面恶化，各种因环境问题而引发的污染事故、自然灾害频频发生，

威胁着人类的生存。随着人们对自然认识的日益深化和全面提高,逐渐发现地球已危机四伏,具体表现在:

（1）生态环境的日益恶化,土地退化、荒漠化严重;

（2）资源枯竭,品位下降,而且破坏浪费严重;

（3）全球环境问题,如臭氧层破坏、温室气体增加、极地冰川融化、陆地淹没、气候异常、自然灾害、物种灭绝等陆续出现。

1.1.1 社会发展中的环保历程

在社会发展的过程中,人类环境保护的历程可分为四个阶段,如图 1-1 所示。

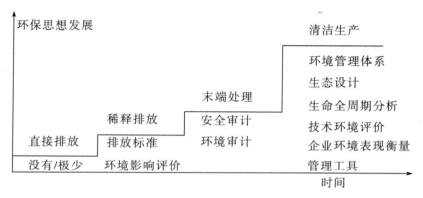

图 1-1 环境保护思想的进程

第一阶段,即直接排放阶段。在 20 世纪 60 年代前,人们将产生的污染物不加任何处理便排入到环境中。第二阶段,即稀释排放阶段。工业生产活动对环境的危害于 70 年代开始引起较广泛的关注,人们开始认识到工业生产对环境造成的危害。而人们认为大自然将吸收这些污染物,所以采取的对策是将污染物转移到海洋或大气中。后来,人们意识到大自然在一定时间内对污染的吸收和承受能力是有限的,因而开始根据环境的承载能力计算一次性污染排放限度和标准,而企业采用的对策是将污染物稀释后排放。第三阶段,即末端治理阶段。进入工业化阶段以后,科技的飞速发展和生产力的极大提高使人们占有自然、征服自然的欲望日益强烈,不合理开发、成片毁灭和一味消耗型的生活方式对人类的生存环境产生了严重影响。由于过分自信,人们盲目地认为,环境问题是发展中的副产物,只需略加治理就可以解决。由于受到当时科技和认知的限制,在开始的环境保护工作中,采取了"头痛医头,脚痛医脚"的做法,即"末端治理"。末端治理的主要任务就是清除人类活动中产生的废弃物所带来的不良影响。多年来,国内外的实践证明,这种末端治理的环境保护做法存在许多不足之处,主要表现在:

（1）治理投资和运行费用高,经济效益低。随着生产规模的扩大和效率的提高,污染物产生量越来越多,无论是治理技术还是治理设施均不能达到处理和处置效果。这种污染控制的不经济性,给企业带来了沉重的负担,使企业失去了污染治理的积极性。

（2）资源和能源浪费严重，污染物在被处理时需要消耗大量的能源。污染物的排放实际就是资源未能得到充分有效地利用，一些原本可以回收的原材料，在末端治理中被埋掉或排入环境，造成浪费和污染。

（3）从总体上看，末端治理大多都不能从根本上清除污染，而只是污染物在不同介质中的转移，尤其是有毒有害废弃物，往往会在新的介质中转化为新的污染物，形成了"治而未治"的恶性循环。

（4）末端治理一般都是生产过程中的额外负担，从经济上讲，仅有投入，没有产出，而企业的目标是追求最大的经济效益。因此末端治理与企业盈利目标存在矛盾之处，从而造成了环保生产"两张皮"，这也是为什么许多污染治理设施不能正常运转的主要原因之一。

和世界发达国家以前的状况一样，我国的环境质量持续恶化的趋势也是在环保投资比例不断加大的背景下发生的。"六五"期间，我国的环境投资占同期国民生产总值（GNP）的 0.5%，"七五"期间提高到 0.7%，"八五"期间进一步提高到 0.8%，但大气污染日益严重，水资源短缺和水污染严重的局面还在加剧，工业废弃物的排放量迅速增加，土地沙化严重，物种退化数量还在锐减，总之环境状况持续恶化的趋势未得到有效遏制。

据报道，美国等发达国家在 20 世纪 70 年代的末端治理费用占国内生产总值（GDP）的 1% 以上，1987 年达到 2.8%，这使得企业不堪重负。但环境污染问题也还未得到有效解决，而臭氧层破坏、气候变暖、酸雨、有毒有害废物增加等许多新污染问题的出现使人类的生存环境变得更加恶劣。面对这样严峻的局面，人类不得不对未来进行慎重的思考。

20 世纪 60 年代，美国学者鲍丁提出的宇宙飞船经济理论指出，我们的地球只是茫茫太空中一艘小小的宇宙飞船，人口和经济的无序增长迟早会使船内油料（有限资源）耗尽，而生产和消费过程中排出的废料将使飞船污染而毒害船内的乘客，此时飞船会坠落，社会随之崩溃。为了避免这种悲剧，必须改变这种经济增长方式，要从"消耗型"改为"生态型"，从"开环式"转为"闭环式"。经济发展目标应以福利和实惠为主，而并非单纯地追求产量。1968 年成立的著名的"罗马俱乐部"则更深刻地讨论了人类未来面临的困境，出版了著名的"里程碑式"的报告，分别为《增长的极限》和《人类的转折点》。书中指出，未来历史的焦点应该集中在资源的合理利用和整个人类的生存方面，并提出了"有组织性的增长"的概念。在这个时期还有一些重要著作问世，如《熵：一种新的世界观》《未来的冲击》《第三次浪潮》《世界面临挑战》《人与自然》《生态危机和社会进步》等，都对人类过去的发展历程进行了反思，认真分析了人类面临的环境问题及其成因。至此，解决"环境与发展"问题已成为人类发展中的最突出、最紧迫和全球性的任务，也引起了首脑层的广泛关注。1984 年，国际上成立了环境与发展委员会，对人类发展过程中存在的环境和社会问题进行了系统研究，提出了处理环境与发展问题的具体建议和行动计划，出版了《我们共同的未来》。书中提出了"可持续发展"的思想,要求人类活动既要满足当代人的需要,又不对满足后代人的需要的能力构成危害。《我们共同的未来》中明确指出:"持续发展不但是发展中国家的目标,也是发达国家的目标。"这就要求决策者在制定政策时,确保经济增长绝对建立在生态基础上,确保这些基础受到保护和发展,使它可以长期增长。因而环境保护是持续发展思想的固有特征,它应集中解决环境问题的根源而不是症状。工业的持续发展方向为更有效地利用资源、更少地产生污染和废物、更多地立足于再生资源、最大限度地减少对人体健康和环境的不可逆转的影响。1992 年巴西里约热内卢召开了世界环境与发展大会,提出了五个方面的转变:①思想观念的转变,要求人类从征服自然转为与自然友善相处,从技术论转为唯生态论;②人口增长的转变,要求人口增长要与环境承载力相适应;③能源结构的转变,要求从不可再生能源转变到利用可再生的清洁能源;④经济发展战略的转变,要求从消耗型转向效率型,并顾及当代人和后代人的利益;⑤工业模式的转变,要求从环境有害转为环境友好模式。这时,由于认识的日益深刻和科技的飞速发展使清洁生产的轮廓已初步形成。预示着人们逐渐进入环境保护的第四阶段,即清洁生产阶段。至此,经过人类近 20 年的探索,管理手段的完善和科技的发展,清洁生产这一科学思想体系基本形成,得以应用,并被确定为可持续发展的优先行动领域。

1.1.2 解决污染问题的五个层次

根据清洁生产的思路,解决污染问题应从五个层次入手,而不是仅仅考虑末端治理(见图 1-2)。

图 1-2 生产思想解决污染问题的五个层次

第一,在产品的设计阶段就应该考虑产品的原材料选取、生产过程及最终处置对环境的不利影响,即将环境污染问题解决在产品的设计阶段。这一阶段是解决环境问题的最佳阶段。

第二,通过源削减来减少现有生产过程中污染物的产生。该阶段主要通过清洁生产审核完成。

第三,通过内部循环来减少污染物的产生。将生产过程中产生的废物再用于生产过程中,例如冷却水的循环利用、锅炉蒸汽冷凝水的循环利用等。

第四,通过外部循环使本企业产生的废弃物成为其他企业的原料。一个工厂排放的废弃物可能是另一个工厂的原料,这就是循环经济的原理。企业之间应加强信息交流,利用科技创新促进废弃物外部循环。

当以上四个层次仍未解决废物问题时,我们不得不采取末端治理,通过适当的治污设施将污染物对环境的危害降到最低。

1.1.3 清洁生产思想与末端治理的对比

表 1-1 给出了清洁生产思想与末端治理思想的区别。

表 1-1 清洁生产思想与末端治理思想的对比

末端治理思想	清洁生产思想
污染物控制通过过滤和其他废弃物处理方法	在污染物产生的源头采用综合的预防措施
产品和过程开发完成后,出现了环境问题再进行污染物治理	将污染预防纳入产品和生产工艺的开发过程中,尽可能不产生废弃物
仅从公司的经济利益出发考虑污染治理和环境改善	污染物被认为是一种潜在的资源,它们可以被转化成有用的产品和副产品
环境改善的动机来自环境专家的演讲	改善环境是公司每一个人的责任和义务

1.2 清洁生产的概念

工业革命之前,人类在创造文明的同时,因毁林开荒、过度放牧以及不合理灌溉等行为引起了一系列严重的环境问题,如撒哈拉大沙漠地带曾经是埃及人的粮仓,就是因为长期不合理耕作而成为今日的不毛之地。工业革命开始之后,由于煤的大规模使用,产生大量的烟尘、二氧化硫和其他污染物质,而冶炼工业、化学工业生产排放的有毒有害物质危害更大。马克思和恩格斯曾对英国当时的环境状况,包括泰晤士河的污染,作过专门的论述。进入 20 世纪后,环境污染和生态破坏更是从局部地区转变成大范围的,进而演变成全球性问题。

可持续发展是 20 世纪 80 年代随着人们对全球环境与发展问题的广泛讨论而提出的一个新概念,其定义是在 1987 年由世界环境与发展委员会在《我们共同的未来》报告中给出的。可持续发展是这样的发展,既要满足当代人的需要,又不对后代人满足其需要的能力构成危害。可持续发展概念自诞生以来,受到社会各界越来越多的关注,其基本思想被国际社会广泛接受,并逐步向社会经济的各个领域渗透,成为当今社会的热点之一。清洁生产作为可持续发展的工业生产方式之一,由于在实践中产生的显著的环境经济效果而引起了人们的密切关注。

1.2.1 清洁生产概念的提出

清洁生产的思想最早可追溯到 1976 年。该年的 11—12 月,欧洲共同体在巴黎举行了无废工艺和无废生产国际研讨会。会上提出,为协调社会和自然的相互关系,应主要着眼于消除造成污染的根源,而不是仅仅消除污染引起的后果。清洁生产的定义是由联合国环境规划署(UNEP)于1989年正式提出的。在此之前,清洁生产所包含的主要内容和思想早已被若干发达或较发达国家和地区采用,并在这些国家和地区有不同的称谓,如污染预防、废物最小化、清洁技术等。表1-2汇集了部分与清洁生产相关的名称。

表1-2 部分与清洁生产相关的名称

中　文	英　文
预估和预防战略	Anticipate-and-prevent strategies
回避战略	Avoidance strategy
首尾管理	Front-end resource management
废物预防	Waste prevention
源削减	Source reduction
源控制	Source control
清洁工艺	Clean technology
低、无废物工艺	Low and non-waste technology
低废物工艺	Low waste technology
低污染工艺	Low polluting technology
废物回避	Waste avoidance
废物削减	Waste reduction
污染预防	Pollution prevention
废物最小化	Waste minimization

1.2.2 美国环保局提出的相关定义

污染预防和废物最小化均由美国环保局(EPA)提出。美国对污染预防的定义为:污染预防是在可能的最大限度内减少生产场地所产生的废物量。它包括通过源削减提高能源效率、在生产中重复使用投入的原料以及降低资源、能源的消耗量。其中源削减是指在进行再生利用、处理和处置以前,减少流入或释放到环境中的任何有害物质、污染物或污染成分的数量,减少这些有害物质、污染物对公众健康与环境的危害。常用的两种源削减方法是改变产品和改进工艺(包括设备与技术更新、工艺与流程更新、产品的重组与设计更新、原辅材料的替代以及促进生产的科学管理、维护、培训或仓储控制)。污染预防不包括废物的厂外再生利用、废物处理、废物的浓缩或稀释以及减少其体积或有害成分从一种环境介质转移到另一种环境介质中的活动。

污染预防这一概念主要在于鼓励不产生污染,但它未明显地包含现场循环。同样EPA对废物最小化的定义为:在可行的范围内,尽量减少最初产生的或随后经过处理、分类和处置的有害废弃物。这一定义包括任何形式的源削减和循环,也包括能削减有害废物的总量和种类和减少有害废物的毒性的一切活动。

1.2.3 联合国环境规划署(UNEP)对清洁生产的定义

(1)1989 年定义

1989 年,联合国环境规划署于巴黎工业与环境活动中心总结各国的经验后,对清洁生产定义如下:

清洁生产是对工艺和产品不断运用的一种一体化的预防性环境战略,以减少其对人类和环境的风险。对于生产工艺,清洁生产包括节约原材料和能源、消除有毒原材料以及在一切排放物和废弃物离开工艺之前削减其数量和毒性。对于产品,战略重点是沿产品的整个寿命周期,即从原材料获取到产品的最终处置,减少其各种不利影响。

(2)1996 年定义

1996 年,联合国环境规划署在总结了各国开展的污染预防活动,并加以分析提高后,完善了清洁生产的定义。其定义如下:

清洁生产是一种新的创造性的思想,该思想将整体预防的环境战略持续地应用于生产过程、产品和服务中,以增加生态效率和减少人类、环境的风险。对于生产过程,要求节约原材料和能源,淘汰有毒原材料,减降所有废弃物的数量和毒性。对于产品,要求减少从原材料提炼到产品最终处置的全生命周期的不利影响。对于服务,要求将环境因素纳入到设计和所提供的服务中。

联合国环境规划署的定义将清洁生产上升为一种战略,该战略的作用对象为工艺和产品,其特点为持续性、预防性和综合性。

1.2.4 清洁生产在《中国 21 世纪议程》中的定义

清洁生产是指既可满足人们的需要,又可合理地使用自然资源和能源,并保护环境的实用生产方法和措施。其实质是一种物料和能耗最少的人类生产活动的规划和管理,将废物减量化、资源化和无害化,或消灭于生产过程之中。同时,对人体和环境无害的绿色产品的生产亦将随着可持续发展进程的深入,而日益成为今后产品生产的主导方向。

1.2.5 清洁生产在《中华人民共和国清洁生产促进法》中的定义

《中华人民共和国清洁生产促进法》(见附录 1)第二条规定:"所称清洁生产,是指不断采取改进设计、使用清洁的能源和原料、采用先进的工艺技术与设备、改善管理、综合利用等措施,从源头削减污染,提高资源利用效率,减少或者避免生产、服务和产品使用过程中污染物的产生和排放,以减轻或者消除对人类健康和环境的危害。"

1.2.6 其他定义

根据我国长期以来的环境保护实践,环境保护方面的专家认为清洁生产是以节能、降耗、减污、增效为目标,以技术、管理为手段,通过对生产全过程的排污审核、筛选,并实施污染防治措施,以消除和减少工业生产对人类健康和生态环境的影响,从而达到防治工业污染、提高经济效益的双重目的。这一概念是从清洁生产的目标、手段、方法和终极目的阐述的,相比其他定义而言,较为具体、明确,易被企业所接受。

1.3 国内外推行清洁生产的概况

清洁生产战略是在较长的工业污染防治过程中逐步形成的,也可以说是世界各国20多年来工业污染防治基本经验的结晶。自 UNEP 提出清洁生产概念并积极推动清洁生产实施以来,美国、丹麦、荷兰、英国、加拿大、澳大利亚等国家都兴起了清洁生产浪潮,并获得了很大的成功,清洁生产成为全球关注的热点。

1.3.1 国外清洁生产的现状与趋势

自 1989 年联合国环境规划署开始在全球范围内推行清洁生产以来,该机构先后在中国、印度和巴西等 8 个国家建立了国家清洁生产中心,成立了金属表面处理、皮革鞣制、纺织工业、采矿工业、制浆造纸、政策与战略、教育与培训、数据联网和可持续产品开发等十几个清洁生产工作小组。同时,建立了国际清洁生产信息交换中心和相应数据库,出版了《清洁生产杂志》等刊物,并且每两年召开一次全球清洁生产高级研讨会,交流经验、沟通信息、完善清洁生产技术体系及转让网络,以促进各国清洁生产在深度和广度上不断拓展。

1.3.1.1 联合国推动清洁生产的活动

1989 年 5 月,环境署理事会提出清洁生产的概念。

1990 年 10 月,在英国坎特伯雷举行第一届国际高级清洁生产研讨会,会议上推出清洁生产的概念和网络。

1992 年 6 月,联合国环境发展大会提出加强清洁生产的建议。

1992 年 10 月,在法国巴黎举行的第二届国际高级清洁生产会议上调整清洁生产计划,使之成为联合国环发大会的后续行动。

1993 年 5 月,环境署理事会做出关于清洁生产技术转让的决定。

1994 年 10 月,在波兰华沙举行的第三届国际高级清洁生产会议对世界各国开展清洁生产的情况进行了回顾和总结,并做出加强信息交流和清洁生产能力建设的决定。

1996 年 10 月,在英国牛津举行了第四届国际高级清洁生产会议,来自 50 多个国家的大约 170 名与会者出席。这些与会者覆盖清洁生产网络所涉及的各个部门,包括政府、工业界、非政府组织(NGOS)、金融部门和国际组织。牛津研讨会的具体目标有两个:一是评议和评估过去两年中世界性清洁生产举措的进展,并分析进一步发展的障碍和机会;二是在这种评议和评估的基础上,提出关于清洁生产计划今后方向的建议。

1998 年 10 月,联合国环境署第五届国际高级清洁生产研讨会在汉城召开,主要成果是签署了《国际清洁生产宣言》(见附录 3)。

2000 年 10 月 16—17 日,联合国环境署第六届国际高级清洁生产研讨会在加拿大蒙特利尔召开,主题是先进的污染预防与清洁生产。

2002 年 4 月 28—30 日,联合国环境署的第七届国际高级清洁生产研讨会在捷克布拉格召开,主题是面对可持续生产和消费的挑战。

2004 年 11 月 15—16 日,清洁生产第八次国际高级研讨会在墨西哥蒙特雷召开。"全球环境与基本需求"和"挑战与企业"两大主题是此次会议的两大主题。会议上聚集了来自 60 多个国家的 230 多名与会者,评估了可持续消费和可持续生产议程的进展,确定了在全球范围内加强实施可持续消费和生产计划的关键行动。

2006 年 12 月 10—12 日,清洁生产第九次国际高级研讨在坦桑尼亚召开,会议主题是"为产业、环境和发展提出解决方案"。

2015 年,各国齐聚巴黎共同制定了一项新的气候协议,旨在遏制全球变暖。在会议上,各国纷纷承诺减少碳排放。

2018 年 7 月 9—19 日,联合国举行了可持续社会转型会议,主题是"向可持续和有弹性的社会转型"。

1.3.1.2　其他国家推行清洁生产的情况

目前,美国、澳大利亚和荷兰等发达国家在清洁生产立法、组织机构建设、科学研究、信息交换、示范项目和推广等领域已取得明显成就。美国有一半的环境保护局增设了污染预防办公室,建立了污染预防信息交换中心和污染预防研究所,编辑出版了企业污染预防指南和制药、机械维修、洗印等行业的污染预防手册,启动了清洁生产示范项目,鼓励中小企业以创新的方式开展污染预防,并及时交流、推广污染预防工作中取得的经验。

澳大利亚政府把清洁生产视为企业最佳环境管理手段,并在企业中积极宣传、推广。1992 年,澳大利亚制定了国家清洁生产计划。1993 年,建立了国家清洁生产中心,全面开展清洁生产咨询服务、技术转让和人员培训,率先在汽车工业、玻璃工业、印刷工业和塑料工业等领域进行清洁生产试点和示范。对有意实施清洁生产和清洁生产卓有成效的企业,分别给予赠款、低息贷款支持和"清洁生产奖"。

荷兰早在 1988 年就开展了"用污染预防促进工业成功项目(PRISMA)",在食品加工、电镀、金属加工、公共运输和化学工业等 5 个行业 10 家企业中开展污染预防研究。结果表明,工业企业废物减量与排放预防有巨大潜力,仅仅通过"加强内部管理"就能使废物削减 25%～30%。若能改进工艺、革新技术,还能进一步削减 30%～80%。1990 年,荷兰出版了颇具影响的《废物与排放预防手册》,使清洁生产有章可循,逐步走入正轨。

波兰是发展中国家开展清洁生产较早的国家。波兰工业部和环境部联合签署了《清洁生产政策》,发表了《清洁生产宣言》,制定了清洁生产计划。全国已有 670 多家企业参加清洁生产活动,有 440 人获得清洁生产专家资格。仅 1992—1993 年,因实施清洁生产,全国固体废物、废水、废气和新鲜水用量分别削减了 22％、18％、24％和 22％。清洁生产在波兰日益扩展,已经成为工业企业实现可持续发展的有力手段。

印度在联合国工业发展组织的支持下,于 1993 年在草浆造纸、纺织印染、农药加工等行业实施企业废物削减示范项目(DESIRE)。结果表明,许多企业都有自身可以把握的废物削减机会,不一定非要依靠发达国家的技术支持。换句话说,企业应立足使用本国的清洁技术。印度的这一经验不仅有助于本国拓展清洁生产,而且对第三世界国家也是一个启示。

1.3.2　国内清洁生产的情况

1.3.2.1　政府层面高度重视

我国政府十分重视清洁生产,将清洁生产明确写入《中国 21 世纪议程》,并具体落实在首批优先项目之中。1992 年,国家环境保护局制定了在全国范围内推广的清洁生产行动计划。1993 年,第二次全国工业污染防治会议进一步指出了工业企业开展清洁生产的重要性。会议明确指出,推行清洁生产是我国 90 年代工业持续发展的一项重要战略性举措。接着,国家环境保护局又将清洁生产纳入世界银行推进中国环境技术援助项目。随之在北京、浙江绍兴、湖南长沙和山东烟台等地开展了清洁生产试点,建立起首批 29 个清洁生产示范项目。通过多年实践,培养了人才,积累了经验,为我国更加广泛地开展清洁生产工作打下了坚实的基础。原国家环境保护局于 1997 年 4 月发布了《关于推行清洁生产的若干意见》。《意见》从转变观念、提高认识、加强宣传、做好培训、突出重点、加大力度、相互协调、依靠部门、结合现行环境管理制度和加强国际合作等方面提出了要求,并为如何结合现行环境管理制度的改革推行清洁生产提出了基本框架、思路和具体做法。吉林、北京、陕西、江苏、广东、四川等省市转发了《意见》,各地在制定清洁生产政策方面也有进展。

至 2010 年,全国已举办大大小小约 140 个有关清洁生产的培训班,近 1 万人接受了教育和培训。通过宣传教育培训,使许多不同层次的领导对清洁生产有了常识性的了解,从事相关工作的人员也掌握了清洁生产审核的专门知识和技能。国家清洁生产中心也在全国举办了多期清洁生产审核员培训,还安排清洁生产教员赴有关省市指导地方清洁生产培训和审核,指导上海、太原等省市共 9 期环境影响评价人员持证上岗培训班,并对基层环评人员进行清洁生产思想和方法宣传。已成立了包括煤炭、冶金、轻工、化工、航空、航天等在内的至少 21 个省级清洁生产中心和至少 25 个地市级清洁生产中心。现有的地方清洁生产中心有:北京市环保培训中心、上海市清洁生产中心、天津市清洁生产中心、陕西省清洁生产指导中心、黑龙江省清洁生产中心、山东省清洁生产中心、江西省清洁生产指导中心、内蒙古自治区清洁生产中心、呼和浩特市清洁生产中心等。

2002 年第一部循环经济立法《中华人民共和国清洁生产促进法》出台,并于 2003 年 1 月 1 日生效,标志着我国污染治理模式由末端治理开始向全过程控制转变,为我国进一步推行清洁生产提供了法律依据。2004 年 8 月 16 日,国家发展和改革委员会、原国家环境保护总局制定并审议通过了《清洁生产审核暂行办法》,并于 2004 年 10 月 1 日起施行;2005 年原国家环境保护总局印发了《重点企业清洁生产审核程序的规定》。这标志着强制性清洁生产审核被纳入了全国环境管理工作范围,带动了清洁生产各项工作的全面推进。2005 年 12 月 3 日,《国务院关于落实科学发展观加强环境保护的决定》中明确提出实行清洁生产并依法强制审核的要求,把强制性清洁生产审核摆在了更加重要的位置。2007 年 6 月 3 日,国务院下发的《节能减排综合性工作方案》明确提出要加大实施清洁生产审核力度,并将强制性清洁生产审核的范围扩大到没有完成节能减排任务的企业。2008 年 7 月 1 日,国家环境保护部发布的《关于进一步加强重点企业清洁生产审核工作的通知》中提出,各地可根据污染减排工作的需要,将国家、省级环保部门确定的污染减排重点污染源企业纳入强制性清洁生产审核范围。该文件还明确了环保部门在重点企业清洁生产审核工作中的职责和作用,同时也给出了重点企业清洁生产审核评估、验收的实施指南,是环保部门在今后一段时期内开展清洁生产工作的指导性文件,各省、市重点企业的清洁生产审核工作都应按照文件的要求逐条贯彻落实。2010 年 4 月 22 日,环保部下发《关于深入推进重点企业清洁生产的通知》,此文件是推动清洁生产审核最严厉的文件。其保障措施重点包括:应将实施清洁生产审核并通过评估验收,作为《重点企业清洁生产行业分类管理名录》所列行业的重点企业申请上市(再融资)环保核查和有毒化学品进出口登记的前提条件,作为申请各级环保专项资金、节能减排专项资金和污染防治等各方面环保资金支持的重要依据,作为审批进口固体废物、经营危险废物许可证和新化学物质登记的重要参考条件;将实施清洁生产的减污绩效作为核算重点企业主要污染物总量减排数据的重要依据,未通过清洁生产审核评估验收的重点企业,由于实施清洁生产形成的总量减排成果不予认可;对通过实施清洁生产达到国内清洁生产先进水平的重点企业可给予适当经济奖励。这些法规的出台,有力地推动了我国清洁生产向法制方向发展。从中国企业清洁生产审核的实际情况来看,参加过清洁生产审核的企业普遍获得明显的环境和经济效益。国家清洁生产中心完成了众多企业的审核,根据这些企业的审核报告,平均每家企业削减主要污染物 20% 以上,获经济效益 100 万元/年以上。2020 年,山东省电力公司实施清洁生产使得山东省风电、光伏等清洁能源装机预计将达到 2470 万千瓦。"十三五"期间,山东省将每年减少省内标煤消耗 7400 万吨,减排二氧化碳 2.1 亿吨、二氧化硫 18 万吨;年均替代电量 90 亿千瓦时,电能在终端能源消费比重将超过 30%。

清洁生产标准是资源节约与综合利用标准化工作的重要组成部分。从 2003 年起环境保护部陆续发布了 56 项清洁生产标准,以推动清洁生产审核工作的进行。清洁生产标准的编制依据主要参考《清洁生产标准 制定技术导则》(HJ/T 425—2008)。与清洁生产指标体系作用相同,清洁生产标准同样对清洁生产审核有着重要的作用。但是,清洁生产评价指标体系是评价清洁度高低,为指导和推动企业依法实施清洁生产而制定的一套或多套评价体系;而清洁生产标准是所要执行的行业必须参考的依据。

2012 年 2 月 29 日,中华人民共和国第十一届全国人民代表大会常务委员会第二十五次会议通过了《关于修改〈中华人民共和国清洁生产促进法〉的决定》,对《清洁生产促进法》进行了修订,并于 2012 年 7 月 1 日起施行。修订后的《清洁生产促进法》对我国清洁生产工作提出了新的要求,明确建立了强制性清洁生产审核制度。

2016 年 5 月 16 日,国家发展和改革委员会、原环境保护部对《清洁生产审核暂行办法》进行了修订,联合发布了修订后的《清洁生产审核办法》,并于 2016 年 7 月 1 日起正式实施。《清洁生产审核办法》是推进我国清洁生产审核工作的基础性文件,对清洁生产审核程序作了进一步规范,为地方和企业开展清洁生产审核提供了更好地指导。

我国生态环境部办公厅于 2020 年 10 月 16 日印发了《关于深入推进重点行业清洁生产审核工作的通知》。为进一步强化清洁生产审核在重点行业节能减排和产业升级改造中的支撑作用,促进形成绿色发展方式,推动经济高质量发展,该通知对深入推进重点行业清洁生产审核工作的有关要求作出如下要求:

(1)充分认识新形势下推进清洁生产审核的重要意义;

(2)扎实推进重点行业清洁生产审核工作;

(3)压实企业实施清洁生产审核的主体责任;

(4)积极推进清洁生产审核模式创新;

(5)健全技术与服务支撑体系;

(6)强化资金保障与政策支持;

(7)推进清洁生产信息系统建设;

(8)加大宣传引导力度。

其中,加大宣传引导力度要求各地区要组织开展多层次、多元化宣传教育活动,充分利用各类媒体、公益组织、行业协会等广泛宣传清洁生产法律法规、政策规范、管理制度和典型案例等,开展经验交流和技术推广,提升政府管理人员、企业经营管理者和社会公众的清洁生产意识。

1.3.2.2 在国内学术界,清洁生产相关工作也在有序开展

2013 年,农业面源污染问题日益突出,已成为目前水环境污染控制的重点和难点。为了深入总结农业面源污染的先进技术模式、管理经验和政策措施,加强国内外相关人员的交流合作,提高我国农业面源污染防治水平,召开"农业面源污染控制和农业清洁生产"国际研讨会。会议主题包括:(1)国内外农业面源污染现状、形势及对策;(2)农业清洁生产与面源污染控制技术与应用;(3)畜禽水产养殖业污染物减排与资源化再利用技术;(4)农业面源污染与流域水环境。深入总结农业面源污染的先进技术模式、管理经验和政策措施,加强国内外相关人员的交流合作,提高我国农业面源污染防治水平。

　　2019 年 11 月由广东工业大学、北京师范大学、海南热带海洋学院和三亚市院士联合会联合主办的第八届清洁生产进展国际研讨会在三亚开幕,来自海内外环境保护、生态治理、清洁生产等领域的 300 多名专家学者齐聚一堂,共同探讨清洁生产等领域话题。此次会议主题为"绿色经济到蓝色经济:城市该如何领导下一次可持续发展"。

　　同年,由香港理工大学土木及环境工程学系、复旦大学丁锋尔中心、田纳西大学安全与可持续环境研究所、林雪平大学共同发起清洁生产与可持续性国际会议(CPS2019)。

1.4　中国开展清洁生产的必要性

　　中国作为世界上最大的发展中国家,在发展过程中十分重视环境保护的问题,在总结了国内外环境保护的经验教训后,也认识到污染预防的重要性。我国曾明确提出"预防为主,防治结合"的环境保护方针,强调通过调整产业布局、产品、原材料、能源结构,采用技术改造、废物的综合利用以及强化环境管理手段来防治工业污染。但由于认识和预防重点的偏差,把预防核心置于最后已经产生的污染物的削减上,侧重在产生的污染物如何达标上。而且这个方针既没有得到有效的法规、制度支持,缺少可行的操作细则,也没有市场的激励机制,使得该方针的精髓未能得到有效贯彻。相反,由于认识和管理等方面的原因,制定了许多末端治理的制度和措施,如"三同时""限期治理""污染集中控制"等,要求所产生的污染物浓度达到排放标准。这些制度由于责任明确,具有较强的可操作性,因此基本都得到有效执行,而"源削减"方面的法规和制度措施很少。这也是我国环境质量在环保投资连续增长的情况下,出现持续恶化的原因之一。

　　自联合国环境规划署正式提出清洁生产的概念以来,我国政府积极响应。随着经济的转型和人们环保意识的日益加强,污染预防已成为国际上的环保潮流。我国作为世界上最大的发展中国家,在迅速工业化过程中,面临人口激增、资源短缺和环境质量日益恶化的种种问题。通过近年来的实践,发现将清洁生产作为实现社会经济持续增长的优先行动领域,是解决这些问题的有效手段。要实现我们的跨世纪蓝图的持续发展战略,清洁生产是必由之路。

　　我国全面推行清洁生产的必要性包括以下几点:

1.4.1　中国与发达国家环境质量的差距

　　包括中国在内的许多国家的许多人都认为发展经济与保护环境互相矛盾,但发达国家实实在在的成功表明他们并不支持这一观点。一些美国人就认为美国经济发展与环境恶化之间没有联系,例如从 1970 年以来,美国的人口增长了 22%,国民生产总值增长了约 75%,而能源消耗量仅增长了不到 10%。考虑到美国土地辽阔,私人汽车在过去 20 年数量剧增,并且由于旅游机会的增加而导致单车公里数增加等因素,美国的工业耗能量在此期间的实际增长量大大低于 10%。同一期间内,美国大气中的铅、烟尘、一氧化碳和二氧化碳均大幅度下降,其他气体排泄物保持稳定。20 世纪 70 年代美国河流污染严重,甚至若干条河时有河面燃烧的报道,而现在绝大多数河流已经再生,可以进行钓鱼和游泳活动。美国过去 20 年左右的历史证明:经济增长与环境保护是可以兼容的。几乎在同一历史时期内欧洲许多发达国家与美国一样,既发展了经济,又保护和治理了环境。

1990 年代,中国(不含乡镇企业)排放烟尘 1414 万吨,二氧化硫 1685 万吨,工业粉尘 576 万吨。参加全球大气监测的 5 个城市的监测资料表明,总悬浮颗粒物(TSP)年日均浓度超过世界卫生组织标准约 3～6 倍,这 5 个城市全被列入世界污染最严重的 10 个城市之中。而许多城市的污染情况比它们还要严重得多,在 500 多个城市中,大气环境质量符合一级标准的不到 1%。全国已形成若干酸雨区,面积占国土面积的 20%。1992 年全国排放废水达 366.5 亿吨,其中工业废水 233.9 亿吨。全国 7 大水系中近一半河段污染严重,86% 的城市河段水质超标;湖泊普遍遭到污染,尤其是重金属污染和富营养化问题十分突出。约 7 亿人饮用大肠菌群超标的水,1.64 亿人饮用有机污染严重的水,3500 万人饮用硝酸盐超标的水。

随着中国乡镇企业的迅猛发展,环境污染出现了由城市向农村急速蔓延的趋势。环境污染和生态破坏导致了动植物生长环境的破坏,物种数量急剧减少,甚至有的物种已经灭绝。据统计,中国高等植物大约有 4600 种处于濒危或受威胁状态,占高等植物的 15% 以上,近 50 年来约有 200 种高等植物灭绝,平均每年灭绝 4 种;野生动物中约有 400 种处于濒危或受威胁状态。材林中可供采伐的成熟林和过熟林蓄积量已大幅度减少。大量林地被侵占,1984—1988 年全国每年被侵占 50 万公顷,而 1989—1991 年每年达 55.8 万公顷,呈逐年上升趋势,这在很大程度上抵销了植树造林的成效。大约 8666.67 万公顷草原面临着严重退化、沙化和碱化的危机,我国沙漠化总面积已达 20.1 万平方千米。我国还是世界上水土流失最严重的国家之一,建国初期水土流失面积约 153 万平方千米,而目前水土流失面积已达 179 万平方千米,全国每年因灾害损毁的耕地约 13.33 万公顷。

现阶段我国流域水管理工作滞后,尤其是在我国经济建设工作快速发展的时期,很多领域为了能够在复杂市场环境中获得更多的利益,在进行工业生产的时候并没有多加考虑,将很多具有毒性的污染物直接投放到流域水环境中。再加上流域水的管理问题一直没有受到足够的重视,导致很多的水体污染问题并不能够在第一时间得到很好的解决。而随着现代社会的快速发展,不可再生能源稀缺、传统能源严重污染以及肆意发展工业,给生态环境带来了巨大的危害,最终使得突发环境事件频发。快速的经济发展同样带来了严重的环境污染问题。水资源的破坏将会直接影响到国家未来的发展趋势。

1.4.2 仅靠末端治理并不能有效解决环境问题

导致中国出现上述严重环境污染问题的因素有很多,其中重要的一条是十几年来中国将污染控制的重点放在末端治理上。这将会引起许多弊病:

(1)基建投资大;

(2)运行费用高；

(3)资源能源浪费；

(4)造成二次污染；

(5)有投入而无产出。

最重要的是，末端治理一般都是生产过程的一种额外负担。从经济上讲，有投入而无产出。而企业将经济效益作为最主要的追求目标，末端治理从本质上就与这一目标相矛盾。改变重点放在末端治理的老传统，走清洁生产的新路子，这一国际环保大潮流出现在世界环保经历十几年路程后的今天，不是偶然的。自20世纪70年代初斯德哥尔摩会议后，国际环保进入一个新的时期。在过去的20年时间里，各国均将污染控制重点放在末端治理上，虽然有人不断提出不同看法，例如中国的"三分治理，七分管理"和物料平衡的做法，但未能改变以末端治理为主的基本格局。几十年的实践证明，这条路子造成的经济负担十分沉重，连发达国家也难以承受。清洁生产(污染预防)的要领首先由美国提出并实施，就是一个很好的例子。

1.4.3 清洁生产在我国大有可为

1.4.3.1 我国的工业企业有待解决的问题

我国的工业企业的智能制造过程中存在能源利用率低、成本过高、粗放管理和自动化程度低等问题。早在90年代，相当一部分能耗高、物耗高、管理粗放的现象不仅出现在乡镇企业中，同时也出现在国营大中型企业中。以电力工业为例，中国燃煤电厂每千瓦时耗煤水平，不但绝对数值(基数)大于发达国家，而且在耗煤的下降速度上也比大多数发达国家慢，美国、英国、苏联和德国从1980年到1987年分别下降了7.0%、6.5%、5.6%和5.6%，而中国同期内仅下降了3.6%。从1987年到1991年的5年间，中国每千瓦时发电量耗煤水平总共也只下降了3.6%。90年代我国与几个发达国家供电煤耗水平的比较，详见表1-3。

表1-3 90年代我国与几个发达国家供电标煤耗水平的比较 单位:克/千瓦时

年份	国别				
	中国	美国	英国	苏联	德国
1980	448	378	383	340	340
1985	431	377	358	327	327
1987	432	351	358	321	321

2006—2010年期间，全国煤电机组的供电煤耗从370克/千瓦时降到330克/千瓦时，2013年降到321克/千瓦时，2014年为318克/千瓦时，2016年为271克/千瓦时(见图1-3)。按照《煤电节能减排升级与改造行动计划(2014—2020年)》，现役燃煤发电机组改造后平均供电煤耗低到310克/千瓦时，其中现役6万千瓦及以上机组(除空冷机组

外)改造后平均供电煤耗低到 300 克/千瓦时(见表 1-4)。

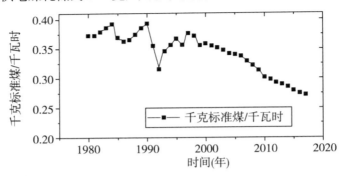

图 1-3 我国历年电厂发电平均煤耗水平(国家能源统计年鉴)

表 1-4 典型常规燃煤发电机组供电煤耗参考值　　　　　　单位:克/千瓦时

机组类型	环境	新建机组设计供电煤耗	现役机组生产供电煤耗	
			平均水平	先进水平
100 万千瓦级超超临界	湿冷	282	290	285
	空冷	299	317	302
60 万千瓦级超超临界	湿冷	285	298	290
	空冷	302	315	307
60 万千瓦级超临界	湿冷	303(循环流化床)	306	297
	空冷	320(循环流化床)	325	317
60 万千瓦级亚临界	湿冷		320	315
	空冷		317	332
30 万千瓦级超临界	湿冷	310(循环流化床)	318	313
	空冷	327(循环流化床)	338	335
30 万千瓦级亚临界	湿冷		330	320
	空冷		347	337

20 世纪 90 年代,我国钢铁、有色金属、发电等单位产品能源消耗与国外先进水平有着显著性差异,1997 年,这些产品消耗能源约 9 亿吨标煤,占交通和工业能源总消耗的 82%,能耗比国际先进水平高出 64%,大约多耗标煤 3 亿吨,相当于多产生二氧化硫 500 多万吨,烟尘 1400 万吨,二氧化碳 10.5 亿吨。我国单位产品的能耗仍与国际先进水平有较大的差距。"十一五"期间要求我国能源强度要下降 20% 左右(年均下降 4.4% 左右),其中 55% 可以依靠技术进步来实现,剩余 45% 需要依靠调整经济结构、完善能源价格机制、加强节能管理等其它方面的努力来实现。

近年来,随着清洁生产的持续推进,我国有色金属铜冶炼的综合能耗从 2011 年的 407 千克标准煤/吨,减少到 2017 年的 299 千克标准煤/吨,节能降耗有了显著性的提升。

铅冶炼及电解锌的综合能耗水平都有了显著的降低,能耗水平接近甚至低于国外(见图 1-4)。

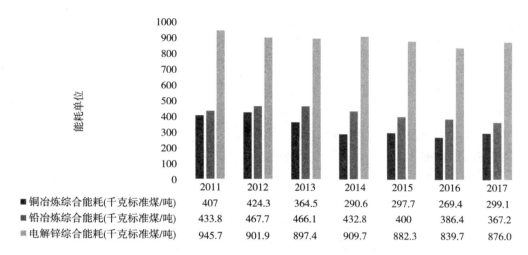

	2011	2012	2013	2014	2015	2016	2017
■ 铜冶炼综合能耗(千克标准煤/吨)	407	424.3	364.5	290.6	297.7	269.4	299.1
■ 铅冶炼综合能耗(千克标准煤/吨)	433.8	467.7	466.1	432.8	400	386.4	367.2
■ 电解锌综合能耗(千克标准煤/吨)	945.7	901.9	897.4	909.7	882.3	839.7	876.0

图 1-4　我国有色金属冶炼的综合能耗水平

1.4.3.2　清洁生产效益显著

清洁生产强调经济效益,在保障同等经济效益或提高经济效益的前提下,尽量采用无费或低费方案来预防污染或治理污染,因而特别适合中国国情。国家环保局的"推进中国清洁生产"项目,在准备阶段中进行了 11 家工厂的审核工作,产生了 229 个清洁生产方案,其中被论证认为不可行的仅有 5 个。229 个方案中,已实施 116 个,占方案总数的 50.1%;无费、低费方案达 137 个,占方案总数的 59.8%;投资偿还期在半年以内的方案有 135 个,占方案总数的 50%。有一个工厂原计划投资 700 万~800 万元建污水处理厂,COD 需削减 6~8 吨/天,但该污染治理设施的运转将成为企业沉重的经济负担。审核后,改为采用源头削减方案,基建投资降为 432 万元,COD 仅需削减 3.8 吨/天,每年可获经济效益 512 万元。

1994 年 3 月,"推进中国清洁生产"项目在示范阶段对 18 家工厂进行审核。从 1994 年 8 月的中期评估来看,18 家工厂提出的 492 个清洁生产方案中,已实施的有 226 个,占方案总数的 45.9%;无费、低费方案 305 个,占方案总数的 62%。有 29 个企业的审核表明,虽然技术改进是提高能源及资源利用率、减少污染的重要途径,但是采取加强厂内管理、物料回收、循环利用等措施的方案,投资更少,见效更快,更容易实施。事实上,29 个企业审核产生的 721 个清洁生产方案中,技术改造的方案有 274 个,占方案总数的 38%,而加强厂内管理及循环利用的方案有 372 个,占方案总数的 52%。边审核边实施的具有经济及环境效益的方案中,绝大多数也是加强厂内管理及循环利用的方案。对工厂的审核还表明,清洁生产在中国大有可为。多数工厂通过审核,贯彻边审核边实施的无费、低费简易方案,可削减排污量 10% 左右,如果根据审核结果再引用一些清洁工艺,则可在显著提高经济效益的同时,削减排污量 30% 左右,大量节省末端治理基建费及运行费。因此,可以真正做到经济与环保一张皮,再加上良好的外部政策和法规环境,企业自然会自觉搞清洁生产。

另一个典型的例子是山东的清洁生产实践。自 1996 年以来,在世界银行的资助下,山东省开展了清洁生产审核的示范工作,并取得了明显的环境和经济效益。根据 1997 年结合培训完成的 4 个企业清洁生产审核数据统计,总计提出清洁生产备选无/低费方案 295 个,经审核小组筛选可实施方案 114 个,已经实施的方案有 91 个。通过实施无/低费方案,废水排放量减少 94 万吨/年,削减率 2.22%～16.67%;COD 排放量减少 700 吨/年,削减率 3.12%～8.31%,经济效益达 517 万元/年。按山东省最近完成的清洁生产审核企业所得平均数,粗略估算一下,如果在山东省全面推行清洁生产,按废水排放量平均减少 9.44% 和 COD 排放量平均减少 5.71% 来计算,全省废水排放量可减少 9534 万吨/年,即从 10.10 亿吨/年减少到 91 466 万吨/年;COD 排放量可减少 6.73 万吨/年,即从 117.9 万吨/年减少到 111.17 万吨/年。山东省企业中与上述 4 个企业类似的有 1000 家,如果按每个企业增加效益 100 万元估算,全省每年可增加经济效益 20 亿元。

1.4.4　实施清洁生产有助于提高中国的国际竞争力

1.4.4.1　国际环保市场竞争方兴未艾

环保产业已经形成一个巨大的国际市场。据经济合作与发展组织(OECD)的研究资料表明,1990 年全世界环保市场交易额估计为 2000 亿美元,其中包括环境咨询服务、污染控制和处理设施等。预计到 2000 年这一数字将达到 3000 亿美元。1992 年全世界的环保市场交易额已经达到了 2950 亿美元,到 1997 年有可能达到 4260 亿美元。OCED 的研究结果还表明,工业化国家在 1990 年的全球环保市场中占总交易额的 80% 左右,其中美国占全球环保市场交易额的 40%,是全球最大的环保市场国家。美国的环保产业同时又是世界上最大的环保产业,据统计有 34 000 家以上的环保产业公司,其职工超过 90 万人,该产业对美国创造的税收为 1120 亿美元(不含私人自来水公司、公众管理的下水管道等)。

世界上越来越多的国家和地区对环境要求趋于严格。美国和德国是世界上环境标准最严的国家,亚洲经济四小龙之一的新加坡也实施了可与 OCED 国家相匹敌的环境标准。环境标准进一步严格的趋势必促进国际环保市场的蓬勃发展,例如韩国、泰国、马来西亚等国近几年都加大了对环保投资的力度。

值得指出的是,国际环保产业市场的上述数字均未包括清洁生产技术的产值。根据美国国会技术评价办公室的报告表明,清洁生产技术可能成为环保市场中迅速增长的一个分支,为发电业、加工业、建筑业和运输业设计并制造轻污染、高能源利用率设备的人员很可能在全球各地找到越来越多的贸易机会。目前很难对清洁生产技术的市场大小作出一个比较准确的估计。但有人将传统环境技术、清洁生产以及高效节能技术合成一个环保市场,估计这一环保市场的产值 10 年内将达到 6000 亿美元,甚至更多。

据估计,德国、美国和日本在 1992 年共出口环保产品 230 亿美元,约占同年全球环保市场 2950 亿美元产值的 7.8%,其中美国的环保产品出口近 70 亿美元,相当于美国环保产品产值的 20%,德国和日本环保产品的出口量约有 110 亿美元和 50 亿美元。这些国家正在努力寻求出口机会,中国被认为将会成为巨大的环保市场。

与发达国家相比,中国有明显的差距。中国环保产业生产总值为 5 亿美元,出口约占 0.2 亿美元,在国际环保市场上所占比例不到万分之一。中国每年引进环保技术和产品约 6 亿美元,是出口的 30 倍。据不完全统计,1989—1990 年引进的环保技术属于 20 世纪 80 年代水平的占 51%,属于 20 世纪 60 年代到 70 年代水平的占 44%,过时的和已被淘汰的占 5%。中国在国际环保市场的竞争显然处于劣势,在国际清洁生产大潮蓬勃发展之际,如不迎头奋进,这一劣势有可能继续恶化,抑制中国环保产业的发展。

中国从整体上来说,经济发展水平仍低于一些发达国家,人均生产总值很小。入关以后,海关关税降低导致的价格冲击,国外技术优势形成的质量冲击,对中国各行各业的挑战是巨大的。就环保市场而言,国内目前使用的传统的末端治理技术、环保软技术如环评、规划等,虽然水平比发达国家差,但在价格上仍占优势,因此将继续占据国内环保市场的主导地位。这一类国外环保产品和技术大量进口,甚至占领相应国内环保市场主流的可能性是很小的。

清洁生产与末端治理不同,它旨在追求经济效益的前提下解决污染问题,并且往往是以经济效益第一、环境保护第二的方式推行。不论是从国外的经验来看,还是从国内正在进行的清洁生产来看,清洁生产均给企业带来经济效益,受到企业的欢迎。世界银行援助中国并推进中国清洁生产项目(B-4 子项目),参加该项目示范阶段的企业比准备阶段的企业更具积极性,主要原因之一是这些企业更清楚地看到了清洁生产将给企业本身带来的经济效益。在中国的工矿企业运行过程中,市场机制已经起到了决定性作用。在这样的国情下,国外清洁生产技术大量进入中国环保市场,强烈冲击中国环保市场中的清洁生产技术及产品的可能性不仅存在,而且很大。国外(如澳大利亚)已建成的清洁生产中心,原本进行技术转让是不收费的,但现在已开始收费,并将有偿技术转让作为工作重点之一。B-4 子项目示范阶段中期,国内试点企业已对国外清洁生产技术表现出强烈的兴趣。

1.4.4.2　清洁生产是建立中国出口型经济的重大举措之一

清洁生产对当代世界各国经济发展和环境保护的影响是深远而广泛的。影响之一是最终改变各国的工业结构,其结果将直接影响到各国经济总体发展方向和水平,也直接影响到各国技术和产品的国际竞争力。这一改变在一些发达国家已经出现,表 1-5 的数据表明先进国家在改善工业结构和污染预防的控制方面已经作出努力。

先进国家的努力,无疑将大大巩固它们在国际竞争中已经遥遥领先的地位。这些国家仍在不断努力,对清洁生产技术的研究与开发也日益重视。意大利博洛尼亚的 500 家陶瓷公司联合出资建立了 centroceramico 研究与工业服务中心。该中心帮助成员开发清洁陶瓷生产技术和废物再利用技术,同时帮助他们减少能耗、开发新材料和新产品,并安装更高效的生产线。

丹麦建立了一个包括 18 个区域性分中心的国家网络,负责鼓励向中小企业转让技术知识,该网络近几年工作的重点是与企业一道开发革新性的低成本环境技术,并收到了日益增多的资金。荷兰正在花大力气研究数量众多的日用品和商品的全寿命期清洁生产技术。

表 1-5　国外工艺改革费用占污染控制费用的比例

国名	比例/%
比利时	20
法国	13
德国	18
荷兰	20
美国	25

日本工业界在开发和应用高效节能技术方面进展很大,在某些清洁能源技术方面正在为达到世界领先地位而不断努力,其中包括光电能源和燃料箱等。从 1992 年初以来,日本政府对医院、饭店及学校购置燃料箱进行补贴,以此支持该工业的发展。并且,日本在开发循环利用技术、CFC-氯氟烃替代品技术方面均十分活跃。

德国加强清洁生产技术能力的主要措施之一是充分发挥管理条例的作用,例如规定某些产品必须贴上标签或单独处理,要求厂家在其产品报废后进行回收,以及禁止和限制进入市场等。德国与美国、日本、丹麦一样,已成为清洁生产技术的领先国。

对比之下,清洁生产在改变中国工业结构、增强出口型经济能力等方面的重大作用还未被人们认识到。据预测中国的煤炭消耗量将在未来 15 年大幅度增长,从 1993 年的 11.5 亿吨,增加到 2000 年的(14～15)亿吨、2010 年的(18～20)亿吨。如不采取果断措施,到 2000 年燃烧引起的烟尘排放量将增加到 2025 万吨、2010 年达到 2820 万吨,到 2000 年二氧化硫排放量将增加到 2325 万吨、2010 年达到 3380 万吨。酸雨和烟尘污染的问题也将进一步恶化。

到 2000 年,我国的乡镇企业的产值预计占全国工业产值的一半以上。虽然东部地区乡镇企业技术水平在逐步提高,但广大的中西部地区的乡镇企业仍处于拼资源和能源的粗放扩张阶段。预计到 2000 年乡镇企业废水排放量将从 1990 年的 18.5 亿吨增加到 80 亿吨,废水中的 COD 排放量从 156 万吨增加到 420 多万吨,工业废气排放量从 1.2 亿立方米增加到 6.35 亿立方米,二氧化硫排放量从 220 万吨增加到 1000 万吨,颗粒物排放量从 630 万吨增加到 2200 万吨。

随着城市人口增多,若不增加燃气,生活用煤量将从 1992 年的 13 220 万吨标煤增加到 2000 年的 16 201 万吨标煤,2010 年的 21 773 万吨标煤;二氧化硫将从 1992 年的 230 万吨,2010 年的 720 万吨;生活污水也将从 1992 年的 180 亿吨,增加到 2000 年的 280 亿吨,2010 年的 560 亿吨;垃圾产生量将从 1992 年的 8200 万吨,增加到 2000 年的 5.9 亿吨。2010 年的 9 亿吨垃圾,对城市环境造成巨大压力。城市数量增多,大大缩短了城市间的距离,加大了国土的城市密度,使部分城市的污染连成了一片,加剧了河流污染和区域大气污染。

中国目前的二氧化碳排放量占世界第三,氯氟烃类物质的使用量也很大。在发达国家对控制全球环境问题采取积极态度的今天,中国在今后若干年有可能成为国际上的众矢之的。

这些问题既是环境问题,也是经济问题。是先浪费大量的资源、能源产生上述环境问题、再投入大量的人力物力解决它们,还是及时用清洁生产思路调整工业及能源结构将它们消灭在产生之前? 这一问题,已经十分实际地摆在人们面前。

一方面,清洁生产正在改善发达国家工业结构,进一步增强其贸易出口能力;另一方面,中国在未来一段时期将面临上述种种环境问题。加上正在兴起的绿色标志对国际贸易的影响,以及国外对华投资者对环境要求的进一步提高,环境问题已成为中国发展外向型经济所面临的一个严峻的挑战。出路何在? 清洁生产是一种出路,也是一种机遇。这是因为:

(1)冷战结束,环境问题在国际社会中的重要性显著增加。不但发达国家如此,许多发展中国家也如此。今后,环境问题在国际社会中的重要性还将进一步增加。

(2)中国的经济发展在过去 15 年里取得了令人瞩目的巨大成就,已经在一定程度上打下了逐步改变工业结构的基础。东部乡镇企业已逐渐向技术含量高、能耗、物耗少、污染轻的方向发展。中国未来的工业结构和能源走何种道路? 走清洁生产之路,还是走高投入、低产出、末端治理为主的路?

面对中国工业结构改变的大思路、大决策,面对日益强烈的国际经济大竞争,清洁生产对中国既是一种挑战,也是一种机遇。中国各综合性政府部门、工业部门、环保管理部门、学术界、教育界、企业界必须不失时机地抓住清洁生产这一新的国际大潮,顺流而上,赶上潮头。只有动员社会各界对传统环保模式中以末端治理为主的做法进行全方位、大手笔的改革,从而形成浩浩荡荡的中国清洁生产大潮流,才能真正实现 20 世纪 90 年代环境保护从以末端治理为主向清洁生产的战略转移。也只有及时实现这一转移,我国的经济实力才能具备国际竞争力,中国的环境保护工作才有可能做好。

从图 1-5、图 1-6 可以看到经过近几年的发展,我国环保产业产值已经居世界第二位,与世界第一的美国仅差 7%。《"十三五"节能环保产业发展规划》中提出,到 2020 年我国节能环保产业将成为支柱产业,节能环保产业增加值占国内生产总值比重 3% 左右,主要节能环保产品和设备销售量比 2015 年翻一番。2017 年 8 月 23 日,工信部日印发的《关于加快推进环保装备制造业发展的指导意见(征求意见稿)》中提到,"十二五"以来,我国环保装备制造业已在模式创新、领域拓宽、技术升级、去进口化等方面取得巨大进步,出口步伐加快,已覆盖近百个国家和地区,2016 年实现产值 6200 亿元,环保装备制造业产值达到 1 万亿元。

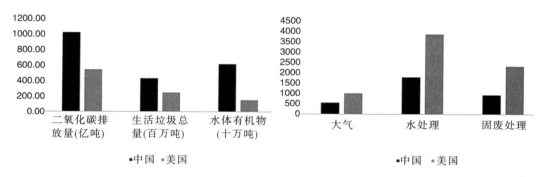

图 1-5 2015 年中美污染物排放总量对比   图 1-6 2015 年中美环保市场空间对比(亿元人民币)

随着经济快的速发展和环境状况的变化,我国环境保护投入不断增加,特别是从"十五"时期开始,国家积极拓宽环境保护投资渠道,提高资金保障水平,加强环境监管能力建设,有力地推动了环境保护工作的全面开展,环境污染治理投资大幅提升。20 世纪 80 年代初期,全国环境污染治理投资每年为 25 亿~30 亿元,到 20 世纪 80 年代末期年度投资总额超过 100 亿元,"九五"期末投资总额达到 1010 亿元,占同期国内生产总值的比重首次突破 1%。"十五"期末,投资总额达到 2565 亿元,占同期国内生产总值的 1.37%;"十一五"期末,投资总额达到 7612 亿元,占同期国内生产总值的 1.84%;"十二五"期末,投资总额达到 8806 亿元,占同期国内生产总值的 1.28%。2017 年,我国环境污染治理投资总额为 9539 亿元,比 2001 年增长 7.2 倍,年均增长 14.0%。其中,城镇环境基础设施建设投资 6086 亿元,增长 8.3 倍,年均增长 14.9%;工业污染源治理投资 682 亿元,增长 2.9 倍,年均增长 8.9%;当年完成环境保护验收项目环境保护投资 2772 亿元,增长 7.2 倍,年均增长 14.1%

在环保"十三五"规划和污染防治攻坚战的收官之年,"土十条""水十条"等都要在 2020 年交成绩单。在需求的催动下,环保市场将迎来新的发展局面。整个"十三五"期间生态环境部配合财政部累计下达 2248 亿元生态环境资金。其中,水污染防治资金 783 亿元,大气污染防治资金 974 亿元,土壤污染防治专项资金 285 亿元,农村环境整治资金 206 亿元。根据中国环境保护产业协会联合生态环境部环境规划院发布的《中国环保产业分析报告(2019)》,采用环保投资拉动系数、产业贡献率、产业增长率三种方法预测,2020 年环保产业发展规模在 1.8 万亿~2.4 万亿元之间,对应年增长率区间为 6.1%~

22.5%。另外,根据环境保护形势与环保产业发展趋势,按照年均增长率 14.3% 计算,2020 年我国环保产业营业收入总额有望超过 2.1 万亿元,比上年预测数增加 0.1 万亿元。

1.5　清洁生产对企业的作用

1.5.1　国外企业的清洁生产意识

在各国政府和各国际组织积极推动清洁生产的同时,不少走在时代前列的企业已经意识到,今后企业的生产经营行为将受到环境责任越来越多的约束,需要更加积极主动地适应这种发展趋势。

目前,企业界正在掀起一股实施清洁生产的浪潮。

首先,发达国家的生产企业正在积极采取各种清洁生产措施,例如,明尼苏达矿业及制造公司的污染预防支付计划(pollution prevention pays)、雪佛莱公司的节约资金和削减毒物计划(save money & reduce toxic)、道化学公司的废弃物持续削减计划、西屋电气公司的清洁技术成果计划(achievements in clean technology)等。国际商用机器公司(IBM)在 1993 年投入 1 亿美元,计划将氯氟烃(CFCs)的消耗减少到原来的一半。法国莱雅公司经过 10 年研制,在花费了 2 亿法郎之后,发明了可以不用在喷剂宣传品中使用 CFCs 作喷剂的方法。

其次,零售业也开始为推行清洁生产助力。德国的谢尔曼超市集团通知供应商,从1993 年起,所有纤维素产品和包装物都不得含氯。丹麦的埃尔玛超市集团已拒绝销售包装物中含有有害物质的一切产品。瑞士最大的零售公司米格罗斯还开发了一种电视监控系统,用来记录从生产到垃圾处理过程中,产品包装对空气和水土造成污染的情况。如果某种产品包装不符合标准,超市就拒绝接受。

再次,近年来,发达国家的企业都在增加清洁生产技术研究与开发的投入,例如,宝马公司针对当前汽车市场发展状况和竞争态势,全力开发低能耗、低污染或无污染、高回收的新型汽车,利用可回收、再利用的材料制造汽车外壳的大部分零部件。据报道,宝马公司汽车部件回收率高达 80% 以上。

最后,不少企业还围绕清洁生产主题,实行各种各样的广告促销策略和公关活动,以树立良好的企业形象,赢得了政府的支持和消费者的好感。一些企业已开始以"绿色企业"自我标榜,并在经营管理中融入环境保护观念,进而上升为一种经营理念和经营哲学。

促成这股清洁生产浪潮席卷国际企业界的原因,除了社会公众环保意识的觉醒、政府管理行为的干预等外部压力以及企业自身环境责任感的增强以外,另一个主要原因就是清洁生产能给企业带来巨大的经济效益。有关资料表明,国外的绿色食品一般可提价40%～100%,贴上环保标签的各类产品可比同类产品价格上涨 20%～80%。

在现实生活中,许多企业采取技术创新和加强内部管理等手段,降低原材料使用量,节约成本;降低包括排污费在内的额外费用,提高产品质量,实现企业效益的提高。日本由于长期致力于废旧物品的回收利用和提高原料及能源的使用效率,大大提高了日本产品的国际竞争力。

1991 年,由 Booze、Allen 和 Hanilton 对 220 位企业领导高管所进行的一项调查显示,对生态环境方面的风险和机会的管理与把握是美国企业在 20 世纪 90 年代和 21 世纪初期最优先考虑的战略问题之一。该项调查涉及许多产业部门,尤其是电子、耐用消费品、化工和汽车等行业,主要结论如下:

(1)企业的各个职能部门受到环境问题不同程度的影响,其中以生产和开发部门所受的影响最大;

(2)企业越来越倾向于以创新方式对待环境问题;

(3)在实施清洁生产过程中,企业看到了更多的机遇。

1.5.2　清洁生产产业的兴起

美国政府于 1993 年 6 月发表的《关于美国竞争力的年度报告》指出,在美国应当培育的、以重要技术为基础的产业中,清洁生产产业位于首要地位。另外,美国政府于 1993 年 11 月发表了名为《美国环境技术出口战略纲要》的报告,该报告对全世界清洁生产产业的现状、增长率及 1997 年的市场规模进行了估测,认为 1992 年全世界清洁生产产业的市场规模为 3000 亿美元左右,到 1997 年全世界清洁产业的市场规划达到 4260 亿美元,5 年间增长了 0.42 倍,年平均增长率为 7.3%。从地区市场规模看,1992 年美国市场规模为 1340 美元,欧洲为 940 亿美元,日本为 210 亿美元;到 1997 年,美国为 1800 亿美元,欧洲为 1320 亿美元,日本为 310 亿美元。可以说,清洁生产产业同信息、生物、材料等产业一样正在成为世界各国(尤其是发达国家和地区)的支柱产业。

清洁生产产业由以下四部分构成:

(1)降低环境负荷的技术和设备:包括能够降低硫氧化物等污染程度的公害防治装置及技术、二氧化碳固定化及处理技术、节能技术、利用可再生能源的发电系统等。

(2)减少环境负荷的产品:指以循环使用方式减少废弃物数量和能代替目前使用的易污染环境的产品,典型的产品有太阳能汽车、再生塑料、再生橡胶、生物分解性润滑油等。

(3)提供有助于环境保护的服务:包括工程项目环境评价、废弃物处理、再生资源回收、环境维护管理、环境咨询、环境信托、环境污染赔偿责任保险等。

(4)改善社会基础设施:主要包括整治下水道、整治公园、设置废弃物处理设施、引进区域性冷暖系统、设置能利用处理过的废水和雨水的装置、建设节能型大厦等项目。

1.5.3　提高企业的整体素质

清洁生产是一项包括工业生产全过程,涉及各行各业的系统工程。清洁生产既涉及技术问题,又涉及管理问题,对企业的生产管理人员、工程和工艺人员、操作工人的经济观念、环境意识、参与管理意识、技术水平、职业道德等各方面的素质都提出了更高的要求,需要企业内部各部门的共同努力,才能达到实行预防污染和生产过程控制的目标。

通过实施清洁生产,企业能实现节能、降耗、减污、降低产品成本和废物处理的费用,提高企业的整体经济效益;避免或减少末端处理可能产生的风险,如填埋和储存的泄漏、焚烧产生的有害气体、污水处理产生的污泥等造成的二次污染等;改善生产工人的劳动环境和操作条件,减轻对职工健康的影响;提高产品的竞争能力。实施清洁生产可以提高企业对环境产生最低限度影响的生产能力和反复利用生产产品的能力,会使企业生产和销售产品的机会增加。绿色市场的诞生,将会促使具有绿色环境标志的产品更具有竞争力。

总之,清洁生产不仅会为企业带来良好的环境和经济效益,改善企业的形象,也会从强化管理到产品的国际贸易、节能、降耗及技术进步等方面对企业产生重大的影响。同时,清洁生产是我国环境战略的一次挑战性转移,是关系到我国可持续发展战略能否有效贯彻的关键手段,也是人们对环境问题由被动适应转为主动行动的认知飞跃。

1.6　思考题

1. 清洁生产思想是怎样产生的?

2. 解决污染问题的五个层次是什么?

3. 末端治理的缺点有哪些?

4. 1996 年联合国环境署对清洁生产的定义是什么?

5. 《中华人民共和国清洁生产促进法》中的清洁生产定义是什么?

6. 《国际清洁生产宣言》是在哪里签署的,主要内容是什么?

7. 论述中国开展清洁生产的必要性。

第2章 清洁生产的理论基础

清洁生产有着深厚的理论基础，这些理论基础主要包括预防优先原理、废物与资源转化理论、最优化理论、科技进步理论和环境经济学等。

2.1 理论基础

2.1.1 预防优先原理

防火优于救火，当火灾发生后再去救火所造成的损失要远比加强预防避免火灾发生大得多。防病优于治病，当一个人得病后去治疗所造成的精神和肉体损害要比预防不让疾病发生大得多。例如，我国2003年暴发的"非典"疫情、2019年底暴发的新冠肺炎（Corona Virus Disease 2019，COVID-19）疫情，只有通过隔离、消毒、疫苗等预防性措施才是解决问题的根本途径。

清洁生产也是基于预防优先的原理，强调预防产生污染，将污染消灭在生产工艺中，而不是被动地等污染产生后再去治理。这样既可以消除污染的产生，又可以提高原材料的利用率和企业经济效益。根据日本环境厅1991年的报告，从经济上计算，在污染前采取防治对策比在污染后采取治理措施更为节省。就整个日本的硫氧化物造成的大气污染而言，排放后不采取对策所产生的损失金额是现在预防这种危害所需费用的10倍。以水俣病而言，其推算结果则为100倍，可见两者之差极其悬殊。

近年来，荷兰在防止污染和回收废物方面也取得了显著成效，值得他国借鉴，例如：5%的煤灰料已被利用作为原料；85%的废油回收作为燃料；65%的污泥用作肥料；家庭的废纸和废玻璃已有一半以上被收集分类和再生利用。

以上种种理论与实践证明，预防优于治理（图2-1）。

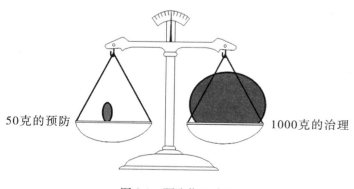

图 2-1 预防优于治理

2.1.2 废物与资源转化理论

根据物质不灭定律,在生产过程中物质发生物理化学性质变化时,只能从一种形式转化成另一种形式。因此,生产过程中产生的废物越多,则原料(资源)消耗也就越大,即废物是由原料转化而来的。清洁生产使废物产生量最小化,也就是原料(资源)得到最大利用。此外,资源与废物是一个相对的概念,生产中的废物具有多功能特性,即某种生产过程中产生的废物,又可作为另一种生产过程中的原料(资源)。

2.1.3 最优化理论

在实际生产过程中,一种产品的生产必定有一个产品质量最好、产量最高、能量消耗最少的最优生产条件。清洁生产实际上就是如何找到该最佳条件,使其物料、能量消耗最少,而产品产出率最高。这一问题的理论基础就是数学上的最优化理论。在很多情况下,废物最小化可表示为目标函数,清洁生产就是求该函数在约束条件下的最优解。

2.1.4 科技进步理论

当今世界的社会化、集约化大生产和科技进步,为清洁生产提供了必要的条件。因此,随着科学技术的发展和进步,人们为原来不能利用的废物找到了可利用的途径,生产出了有用的产品,或者通过工艺路线的改变使生产过程中不再有废物产生。例如,几年前发电厂的粉煤灰存放是一个重要的环境问题,而现在粉煤灰已成为水泥厂抢购的原料。

2.1.5 环境经济学基础

根据清洁生产的思想,在考虑环境问题时应以经济学为基础,追求解决环境问题的同时能够得到经济效益。

环境经济学兴起于 20 世纪 60 年代,是一门运用现代经济学原理和分析方法来研究自然环境的发展和保护的经济学分支学科,其理论体系的基础是西方经济学中的微观经济学和福利经济学。

2.1.5.1 微观经济学简介

微观经济学所要解决的是资源配置问题,其核心是价格理论。在当代西方经济学中流行的价格理论是用需求和供给来说明价格决定的均衡价格理论。

需求是指消费者在某一特定时期内在每一价格水平上愿意而且能够购买的商品数量。形成需求的条件有两个,即想买和有支付能力,如果仅仅是想买只是需要,而不能称之为需求。供给是指生产者(厂商)在某一特定时期内,在每一价格水平上愿意而且能够售出的商品数量。值得注意的是,厂商的概念是指拥有自主决策权,能作出如何利用生产要素来生产商品和劳务的经济单位。

在需求与供给的关系上,当价格较低时,需求量超过供给量;当价格较高时,供给量超过需求量。而在其中某一价格下,需求量等于供给量,这一价格即均衡价格。也就是说,均衡价格是指需求量与供给量相等时的价格。对应均衡价格的供给量为均衡数量。

进一步分析需求与供给的关系,就可以得到市场调节规律或"供求定律":

(1)需求增加短期内引起均衡价格和均衡数量上升,但时间长了则不一定;

(2)需求减少短期内引起均衡价格和均衡数量下降,但时间长了则不一定;

(3)供给增加引起均衡数量上升,而均衡价格下降;

(4)供给减少引起均衡数量下降,而均衡价格上升。

总之,需求的变动(短期内)引起均衡价格与均衡数量同方向变动,而供给的变动引起均衡价格反方向运动和均衡数量同方向变动。

但是实际情况并非如此简单,上述研究需求、供给和均衡价格时,都是以其他条件不变为前提的,而个人偏好、消费者收入、企业技术、生产要素的成本以及政府的规定和税收等均可以导致新的均衡价格。

2.1.5.2 福利经济学简介

尽管西方经济学界对福利经济学的意见并不一致,但大多数西方经济学家认为,所谓福利经济学是从社会福利的角度对市场经济体制的优缺点进行评价的经济理论。福利经济学研究市场经济体制的各种经济活动,主要是研究私人企业的经济活动同社会福利之间的关系,以及为克服市场经济制度的缺点和谋求经济福利最大化所应采取的各种改革措施。因此,从某种意义上讲,经济学是微观经济政策的理论基础。

福利经济学于 20 世纪初产生于英国,其创始人是英国经济学家霍布森和庇古。霍布森最先提出把"社会福利"作为经济学的研究中心;庇古于 1920 年出版了《福利经济学》一书,建立了福利经济学的完整体系,其理论是建立在边际效用理论基础上的,认为福利是个人获得的效用或感受到的满足,而效用可以通过单位商品的价格进行计量,所以个人的福利也是可以计量的。广义的福利包括非经济的多方面内容,诸如友谊、正义等。庇古认为这类福利是难以计量的,也是难以研究的,所以福利经济学研究的是可以直接或间接用货币计量的那部分福利,即所谓的"经济福利"。庇古分别用两个标准来衡量社会福利的大小:其一是国民收入的数量;其二是国民收入的分配。他认为国民收入总量愈大,社会福利就愈大,国民收入愈是均等化,社会福利就愈大。要最大限度地增加国民收入总量,就必须使社会生产资源在各个生产部门的配置达到最优状态。根据边际效用递减规律,他认为同等的货币对穷人的边际效用大于对富人的边际效用,只要把高收入者的收入转移一部分给低收入者,就能增加社会福利。

庇古的福利经济学被称为"旧福利经济学"。20 世纪 30 年代以后,一些经济学家发展了庇古的福利经济学,形成了福利经济学的新流派,称为"新福利经济学"。新福利经济学采用序数效用论和无差别曲线等新的分析方法,试图解决旧福利经济学难以回答的问题。

新福利经济学认为,一个人达到最大的满足,不是指达到最大的满足总量,而是指达到最高满足的水平。因此,效用序数论者所说的一个人福利的好坏,就是指无差别曲线的高低。这是效用序数和效用基数的区别。不仅如此,效用序数论者认为效用不能相加,一个人所得的效用总量是无法比较的,每个人得到的效用或满足究竟是大是小,也是无法加以比较的,而富人和穷人从不同收入所得到的效用或满足同样无法比较。这是新福利经济学得到的直接推论。由此,新福利经济学也就否定了庇古的福利总和,实际上是否定了庇古理论中的收入再分配的内容。他们认为,对于收入分配问题,每个人有不同的判断,这是无法科学地加以论证的。这实际上是承认社会原有的收入分配状况是符合道德标准的,从而也就理所当然地从福利经济学中舍弃了分配问题难以回答的问题。

2.1.5.3　环境经济学

2.1.5.3.1　环境经济学的产生

环境经济学是在经济社会发展过程中,环境污染与破坏日益严重的情况下,环境问题的科学研究进入一定阶段后才逐渐形成的一门新学科。环境问题虽然是一个古老的问题,但是到了 20 世纪 50 年代,由于生产力和科学技术突飞猛进,人类改造自然的规模空前扩大,从自然界获取的资源越来越多,排放的废弃物与日俱增,环境问题发展成为全球性的问题。这才引起了人们的关注,把环境问题作为一门科学研究也正是从此时开始的。首先是生物、化学、地理等自然科学家对环境问题进行了科学探索,之后经济学家从经济理论角度对环境污染产生的经济根源进行了探讨,发现了由于传统经济理论的缺陷对环境所造成的破坏。这种理论缺陷主要表现在两个方面:一是不考虑外部的不经济性;二是衡量经济增长的经济学标准——国民生产总值(GDP),不能真实地反映经济福利。针对这两种缺陷,一些经济学家开展了经济发展与环境质量关系的研究,列昂节夫的投入产出分析理论和费用效益分析理论、托宾和诺德豪斯的经济福利量理论、萨缪尔森的外部负经济效果理论等理论陆续出现,并以这些理论为基础建立了环境经济学的理论体系。随着环境经济学研究的发展,在一些经济学著作中已把环境问题作为一个重要内容进行论述,20 世纪 70 年代开始也出现了污染经济学或公害经济学的论文与著作。我国环境经济学研究的起步是以 1978 年制定的环境经济学和环境保护技术经济八年发展规划(1978—1985 年)为标志的。1980 年中国环境管理、经济与法学学会成立,推动了环境经济学的研究。近年来,我国许多政府官员、环境保护工作者、自然科学工作者和社会科学工作者都对环境经济学进行了有益的探索,如刘鸿亮主编的《环境费用效益分析方法及实例》、周惠珍编著的《项目可行性研究与经济评价》、张兰生主编的《实用环境经济学》等。在 1996 年全国人大八届四次会议上,江泽民总书记发表了关于环境保护与可持续发展、保护环境与保护和发展生产力、环发综合决策与实施两大战略、环境保护与两个根本性转变等方面的重要论述,奠定了环境与经济、社会协调发展的理论基础,是对环境经济学理论的重大贡献。

2.1.5.3.2 环境经济学的研究对象

社会再生产的全过程是由经济再生产过程和自然再生产过程结合而成的,这两个再生产过程通过人与自然之间的物质交换结合在一起。

第一,经济再生产过程以自然再生产过程为前提。经济再生产过程要从环境中获取资源,而环境中资源的数量是一定的。同时,社会再生产过程要向环境排放废弃物,而环境承受废弃物的容量也是有限度的。因此,经济再生产除了遵循经济规律外,同时也要遵循自然规律。

第二,自然再生产的变化取决于经济再生产的方式、结构和规模。由于人类的干预,打破了自然界物质循环的客观规律,发生了不利于人类自身生存的变化,迫使经济再生产顺应自然再生产。

第三,经济再生产与自然再生产协调进行才能使社会再生产持续稳定地发展。经济再生产的方式有外延扩大再生产与内涵扩大再生产之分。外延扩大再生产要求从环境中获取更多的资源,向环境排放更多的废弃物。要从根本上解决环境问题,就要改变经济再生产的方式,由外延扩大再生产为主转向以内涵扩大再生产为主,尽量提高资源的利用程度,减少从环境中获取的资源量。同时,废弃物要作为资源不断地循环利用,减少向环境的排放量。由此可以得出环境经济学的研究对象是经济发展与环境保护之间的相互关系,探索合理调节经济再生产与自然再生产之间的物质交换,使经济活动既取得最佳的综合社会经济效益,又能保护和改善环境。

2.1.5.3.3 环境经济学研究的内容

环境经济学研究的内容很多,而且各说不一,核心的内容主要有以下几方面:

(1)物质基础理论。物质基础理论主要指环境资源是社会经济的物质基础,是一种珍贵的商品。基于这样一种观点,环境经济学必须解决如下几个问题:

1)环境资源的价值计量

在需要运用劳动价值等理论为手段探索社会主义有计划的商品经济的条件下,环境资源具有商品性的特征以及价值量的理论与方法,可以使环境资源得到最佳配置与利用。

2)经济手段的实行

环境资源的使用是有代价的,包括排污收费、环境资源税、使用者收费、产品收费和管理收费等,可以通过财政、税收、信贷等经济手段来保护国家的环境资源。

3)环境资源使用的经济效果

环境资源既然是商品,其使用的经济效果必然是环境经济学研究的内容之一,其中包括环境污染与生态破坏的经济损失估价、环境保护经济效益的计算、生产和生活废弃物最优治理及利用途径的经济选择、环境经济教学模型的建立等。

(2)对立统一理论。环境经济学需要解决发展过程中存在的矛盾主要有以下几个方面：

1) 经济增长与环境保护

实践证明，经济发展的确带来了许多环境问题，但又只有在发展经济的基础上，才能提供足够的物质条件，更好地解决环境问题。同样，保护环境虽然占用了部分生产资料和劳动力而得不到直接的经济效果，但也只有在解决环境问题的前提下，社会经济才能持续健康地发展。环境经济学需要研究经济增长与环境保护之间的内在运行机制，以及两者之间协调的衡量标准和方法。

2) 持续发展中的公平与效率

这个问题与经济、政治制度有很大的关系，主要包括收入分配与费用负担的合理研究。空气、水、土地维护动物生存的能力以及臭氧层等，都是全世界所有国家及其子孙后代所共有的资源，而这些资源大多数没有替代性，即使某些资源可以替代，但付出的代价是巨大的，而资源总是稀缺的。从这个意义上讲，我们是否正在依靠全世界的资本来生存呢？进一步讲，我们是否在依靠下一代的资本来生存？西方社会收入中所增加的每份巨额资本在多大程度上是以属于未来子孙后代的资本费用为代价的？西方豪华奢侈的生活在多大程度上是以牺牲第三世界国家的收入与资本费用为代价取得的？西方经济发达国家依靠损耗环境资源将经济发展起来，但又不作任何补偿的做法，既不公平，也非常危险。第三世界国家如何处理这个问题？这些涉及国际公平、区域公平、代际公平问题都是环境经济学亟待解决的严峻课题。

（3）外部费用理论。一切商品和劳务在计算成本时，都应该包括外部费用。环境经济学中的外部费用只是指环境资源的使用价值，主要研究生产和消费的外部性和它的影响范围、解决环境污染与破坏这个外部不经济性的内部化方法等问题。

（4）规划和组织理论。环境污染与生态失调，归根到底是对自然资源的不合理开发利用造成的。合理开发利用自然资源，合理规划和组织社会生产力，都是保护环境根本和有效的措施，为此还需要研究其他的方法：

1) 环境保护纳入国民经济计划的方法

要改革单纯以国民生产总值或总产值来衡量经济发展水平的传统方法，把环境质量的改善作为经济发展的目标和重要内容，选择合适的环境经济指标纳入到国民经济综合平衡体系中。

2) 环境经济系统规划方法

主要研究环境经济系统的预测分析、规划、决策分析、投入产出分析、系统动力分析等内容。

这四个基本理论构成了环境经济学的核心内容。由于环境经济学研究的是环境领域中的经济问题，是环境科学和经济科学相交叉而产生的新兴学科，集中研究的是环境与经济两者复合过程中的环境经济问题，因而具有鲜明的复合性。同时，这种研究要从环境与经济的全局出发,而不能只局限于某一地区和部门,只有这样才可能揭示环境经济问题的本质,因此具有全局性。另外,贯穿于整个环境经济理论的核心是环境与经济的对立统一,必须以辩证唯物主义哲学作指导,才能深入领会和理解这些理论,所以又具有生动的辩证性。

2.2 清洁生产原则

2.2.1 持续性

清洁生产不是一时的权宜之计,而是要求对产品和工艺持续不断地改进,以达到节省资源、保护环境的目的,是人类可持续发展的重要战略措施之一。从清洁生产实施所需的时间来看,一项具体的清洁生产措施可能涉及清洁生产技术的研究与开发、清洁生产技术的采纳、配套的管理措施乃至企业文化的转变,因而要达到显著效果往往需要较长的时间。而从清洁生产的字面意思来理解,清洁意味着零排放,这在实际生产过程中是不可能做到的。因为所有废弃物都是潜在的污染源,而且有的废弃物是无法避免的。但对已有的产品和工艺持续不断地改进,逐步减少污染物的产生和排放,最终使得污染物排放水平与环境的承载力和转化能力相平衡,这一点还是可能的。正是出于这种原因,用 Cleaner production 代替 Clean production 来强调清洁生产的持续性。

2.2.2 预防性

清洁生产强调在产品生命周期内,从原材料获取到生产、销售和最终消费实现全过程污染预防,其方式主要是通过原材料与产品替代、工艺重新设计、效率改进等方法对污染产生的源头进行削减,而不是在污染产生之后再进行治理。

2.2.3 综合性

清洁生产不应看作是强加给企业的一种约束而应看作企业整体战略的一部分,其思想应贯彻到企业的各个职能部门。鉴于消费者的环保意识不断增强,清洁产品的市场日益扩大,有关环保的政策和法律愈来愈严格,清洁生产已经成为提高企业竞争优势、开拓潜在市场的重要手段。

2.3 清洁生产的内涵

清洁生产的内涵包括清洁的能源、清洁的生产过程以及清洁的产品三个方面的内容:

(1)清洁的能源

①常规能源的清洁利用;

②可再生能源的利用;

③新能源的开发;

④各种节能技术。

（2）清洁的生产过程

①尽量少用或不用有毒有害的原料；

②中间产品无毒、无害；

③减少或消除生产过程的各种危险性因素，如高温、高压、低温、低压、易燃、易爆、强噪声、强振动等；

④采用少废或无废的工艺；

⑤采用高效的设备；

⑥物料的再循环（厂内、厂外）；

⑦简便、可靠的操作和控制；

⑧完善的管理。

（3）清洁的产品

①节约原料和能源，少用昂贵和稀缺原料，多用二次资源作原料；

②产品在使用过程中以及使用后不危害人体健康和生态环境；

③易于回收、复用和再生；

④合理包装；

⑤合理的使用功能和合理的使用寿命；

⑥产品报废后易处理、易降解。

2.3.1　推行清洁生产在于实现两个过程控制

在宏观层次上，组织工业生产的全过程控制包括资源分配和废弃物交换的评价、规划、组织、实施、运营管理和效益评价等环节。

在微观层次上，物料转化生产的全过程控制包括原料的采集、贮运、预处理、加工、成型、包装、产品的贮运等环节。

在清洁生产的概念中不但包括技术上的可行性，还包括经济上的可盈利性，体现了经济效益、环境效益和社会效益的统一。

清洁生产是一个相对的概念，所谓清洁的工艺、清洁的产品以及清洁的能源是和现有的工艺、产品、能源相比较而言的。因此推行清洁生产本身是个不断完善的过程，随着社会经济的发展和科学技术的进步，需要适时地提出更新的目标，争取达到更高的水平。

清洁生产并不是一个高不可攀的标准，是一个相对的概念，是否清洁是与企业过去的水平相比较，所以它不仅仅是发达国家的事情，而且在发展中国家有更多的机会实施。因为发展中国家存在工艺设备相对落后、管理水平低、资源浪费大、能耗高、污染物产生量和排放量大以及资金短缺等问题，通过清洁生产和全过程控制可防治污染，改善环境，提高经济效益。而且通过清洁生产审核筛选的污染防治方案，大多是小改革和强化管理的措施，不需大的投资就能解决问题，这是企业可以接受的。目前，我国正处于经济快速发展阶段,更有必要推行清洁生产,从而促进环境与经济的协调发展。1993 年,世界银行在我国启动了清洁生产支援项目,即推进中国清洁生产的 B-4 示范项目。通过在 27 家企业推行清洁生产,该项目取得了较大的环境和经济效益。

2.3.2 清洁生产可通过清洁生产审核来实现

所谓清洁生产审核是指通过对企业正在进行和计划进行的工业生产污染防治的分析和评估。通过清洁生产审核可以实现:

(1)核对有关企业单元操作、原材料、产品、用水、能源和废料的资料;

(2)确定废弃物的来源、数量及类型,确定废物削减的目标,制定经济有效的废物控制对策;

(3)提高企业对削减废物获得效益的认识;

(4)判定企业效益效率低下的制约点和管理不善的地方;

(5)提高企业经济效益和产品的质量。

根据清洁生产的概念和内涵,清洁生产具有三种不同的作用。首先清洁生产是促进社会、经济发展、预防工业污染的一个指导思想和战略。它应贯穿于社会和经济发展的各个领域,保护环境和发展经济要按此思想去做;其次清洁生产是一个目标,社会各界,尤其是工业企业都应努力实现这个目标,要做到清洁的原料、能源、工艺、设备、无污染/少污染的生产方式,严格科学的管理,清洁可循环的产品;再者清洁生产是一个预防性的综合措施,为减少污染物的产生和排放,人们的生产和社会活动要按清洁生产的途径进行排污审核、筛选并实施污染防治方案。实现清洁生产是一项全社会都应参与的系统工程。

2.4 思考题

1.清洁生产的主要原理是什么?

2.环境经济学的主要内容有哪些?

3.清洁生产的原则是什么?

第 2 编　实施清洁生产的方法和工具

第 3 章　清洁生产的实施途径与普及

清洁生产既是一种先进的思想,也是一种战略。只有从多种渠道借助实施清洁生产的方法和工具才能使清洁生产这一战略落实到实处。实施清洁生产的主要工具有清洁生产审核、生命周期分析、生态设计、环境会计、环境管理体系等。

3.1　实施清洁生产的途径

目前,不论是发达国家还是发展中国家都在研究如何推进本国的清洁生产。

从政府的角度出发,推行清洁生产有以下几个方面的工作要做:

(1)制定特殊的政策以鼓励企业推行清洁生产;

(2)完善现有的环境法律和政策以克服障碍;

(3)调整产业和行业结构;

(4)安排各种活动提高公众的清洁生产意识;

(5)支持工业示范项目。

从科研院校角度出发,推行清洁生产有以下几个方面的工作要做:

(1)为工业部门提供技术支持;

(2)把清洁生产纳入到各级学校教育之中。

从企业的角度出发,推行清洁生产有以下几个方面的工作要做:

(1)进行企业的清洁生产审核;

(2)开发长期的企业清洁生产战略计划;

(3)对职工进行清洁生产的教育和培训;

(4)分析产品的生命周期;

(5)对产品进行生态设计;

(6)开发清洁生产技术;

(7)实施 ISO 14000 环境管理系列标准;

(8)实施环境会计。

3.2 清洁生产战略的普及

实施清洁生产要从自身做起,从现在做起。无论从事什么工作的都可以将清洁生产的思想纳入到所从事的事业中,从而实现污染预防和环境保护。

3.2.1 大学生与清洁生产

大学生是国家未来的建设者,特别是环境类专业的学生更是国家未来环保事业的中坚力量。在校期间,大学生应该主动选修有关环境保护和清洁生产方面的课程,从而对环境污染及其治理有一个正确的认识,要坚信清洁生产是实现可持续发展的必由之路。同时,大学生也要积极地将清洁生产的思想纳入到所学的专业和日常生活中,结合专业知识预防环境污染。

课余时间,大学生应积极参加各种环境社团的活动。在这些社团活动中,环境专业的学生应该起到组织作用,充分利用其在专业方面的知识服务于其他同学。校园中清洁生产的机会无处不在,关键在于善于发掘,大学生应该从日常生活的点点滴滴做起,譬如节水节电、回收废旧电池、分类存放生活垃圾等。以上事例处处体现了清洁生产的节能、降耗、减污、增效的原则。

3.2.2 科研人员与清洁生产

广大科研人员肩负着科技创新和提高我国整体科技水平的重任。除了不断学习新的专业知识,科研人员在工作中还应该贯彻清洁生产的理念。产品的开发与工业的设计应全面体现经济、环境和社会效益的统一,应将清洁生产的理念融入到科研工作中。

3.2.3 教师与清洁生产

学校教育是环境教育的重要环节,而环境教育的效果取决于教师环境素养的高低。由于历史和现实的原因,我国教师的整体环境素养不高。从这种意义上看,加强非环境类专业学生的环境教育及清洁生产理念,首先应提高教师的环境意识和清洁生产意识。这就要求高校教师除了精通本专业以外,还要熟悉环境科学的基本知识。一方面,教师应通过自学、收看电视、收听广播或借助互联网来增加对环境保护和清洁生产知识的了解;另一方面,各院校还可以结合教师岗前培训和继续教育,将环境保护和清洁生产知识的普及与师资队伍建设相统一,采取多种手段强化教师的环境保护和清洁生产意识。一旦教师对其有了深刻的认识,完善了自身的知识结构,他们就会把环境科学知识和技能渗透到相关科学并应用到具体的教学实践中去。因此,在一定程度上,提高教师的环境保护和清洁生产意识是加强非环境类专业学生环境教育的关键。

3.2.4 管理人员与清洁生产

无论是政府部门的管理人员还是企业内部的管理人员,对清洁生产工作的顺利开展都起着至关重要的作用。

政府部门应加强清洁生产的立法工作,制定相应的政策鼓励并推进清洁生产工作的广泛开展,例如对开展清洁生产工作的企业给予税收、银行信贷等方面的优惠等。企业管理人员应谋求企业的可持续发展之路,自上而下地宣传清洁生产理念,开展清洁生产审核工作,实现经济、环境和社会效益的统一。

3.3 思考题

1. 简述实施清洁生产的途径。
2. 如何将清洁生产战略纳入所从事的事业中?

第4章　清洁生产审核

4.1　清洁生产审核原理

清洁生产审核的对象是企业,其目的有两个:一是判定出企业生产过程中不符合清洁生产的地方和做法;二是提出解决上述问题的方案,从而实现清洁生产。

通过清洁生产审核,对企业生产全过程的重点(或优先)环节和工序产生的污染进行定量监测,找出高物耗、高能耗、高污染的原因,然后有的放矢地提出对策,制定方案,减少和防止污染物的产生。

4.1.1　概念

企业清洁生产审核是对企业正在进行和计划进行的工业生产实行预防污染的分析和评估,是企业实行清洁生产的重要手段。在实行预防污染分析和评估的过程中,企业要制定并实施减少能源、水和原材料的使用,消除或减少产品生产过程中有毒物质的使用,减少各种废弃物排放量及其毒性的方案。

通过清洁生产审核,可以减少单位产品的原料和能量投入,节约大量的资源,直接减少成本;减少生产过程中单位产品的废物流(固体废物、废水、废气)负荷及其中的污染物质负荷;相应减少单位产品产生的废物的末端处理费用;提高生产效率的同时,产品的产量和质量也得到相应的提高。

4.1.2　思路

清洁生产审核的总体思路可以用一句话来概况,即判明废弃物产生的部位,分析废弃物产生的原因,提出方案减少或清除废弃物。清洁生产审核思路如图4-1所示。

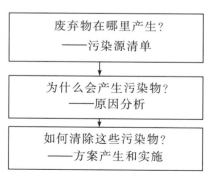

图 4-1　清洁生产审核思路框图

(1)废弃物在哪里产生?通过现场调查和物料平衡找出废弃物产生部位并确定产生

量,这里的废弃物包括各种废物和排放物。

(2)为什么会产生废弃物? 一个生产过程一般可以用图 4-2 表示。从生产过程的简图可以看出,对废弃物的产生原因分析要从以下八个方面来进行(见图 4-3)。

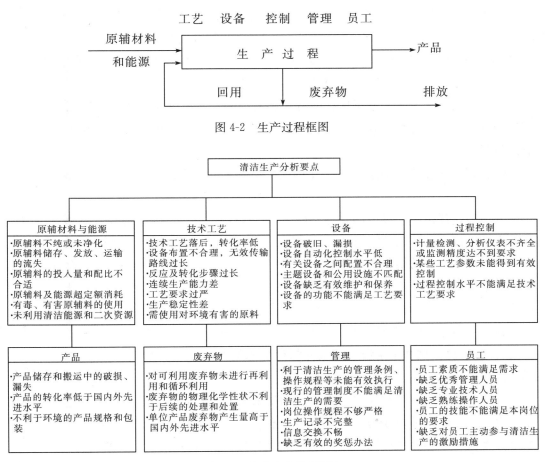

图 4-2 生产过程框图

图 4-3 清洁生产分析要点

①原辅材料和能源。原材料和辅助材料本身所具有的特性,例如毒性、难降解性等,在一定程度上决定了产品及其生产过程对环境的危害程度,因而选择对环境无害的原辅材料是清洁生产所要考虑的重要方面。同样,作为动力基础的能源,也是每个企业所必需的。有些能源(如煤、油等)在使用过程中直接产生废弃物,而有些则间接产生废弃物,例如一般电在使用过程中不产生废弃物,但火电、水电和核电在生产过程中均会产生一定的废弃物。因而节约能源,使用二次能源和清洁能源也将有利于减少污染物的产生。

②技术工艺。生产过程中的技术工艺水平基本上决定了废弃物的产生量和状态,先进而有效的技术可以提高原材料的利用效率,从而减少废弃物的产生。结合技术改造预防污染是实现清洁生产的一条重要途径。

③设备。设备作为技术工艺的具体体现,在生产过程中也具有重要作用。设备的先

进性、适用性及其维护、保养情况等均会影响到废弃物的产生量。

④过程控制。过程控制对许多生产过程是极为重要的,例如在化工、炼油及其他类似的生产过程中的反应参数是否处于受控状态并达到优化水平(或工艺要求),对产品的得率和优质品的得率具有直接的影响,因而也就影响到废弃物的产生量。

⑤产品。产品的要求决定了生产过程。产品性能、种类和结构等的变化往往要求生产过程做相应的改变和调整,因而也会影响到废弃物的产生。另外,产品的包装、体积大小等也会对生产过程及其废弃物的产生造成影响。

⑥废弃物。废弃物本身所具有的特性和所处的状态直接关系到它是否可现场再利用和循环使用。废弃物只有当其离开生产过程时才成为废弃物,否则仍为生产过程中的有用材料和物质。

⑦管理。加强管理是企业发展的永恒主题,任何管理上的松懈均会严重影响到废弃物的产生量。

⑧员工。任何生产过程,无论自动化程度多高,从广义上讲,仍需要人的参与。因而职工素质的提高及积极性的激励也是有效控制生产过程和废弃物产生量的重要因素。

以上八个方面的划分并不是绝对的。虽然各有侧重点,但在许多情况下存在着相互交叉和渗透的情况。比如一套大型设备可能就直接决定了技术工艺水平;再比如过程控制不仅与仪器、仪表有关系,还与管理及职工有很大的联系等等。清洁生产审核的唯一目的就是不漏过任何一个清洁生产机会。对于每一个废弃物产生源都要从以上八个方面进行原因分析,这并不是说每个废弃物产生源都存在八个方面的原因,也可能只涉及其中的一个或几个。

(3)如何消除这些废弃物?针对每个废弃物产生原因,设计相应的清洁生产方案,包括无/低费方案和中/高费方案。方案可以有一个、几个甚至十几个,通过实施这些清洁生产方案,从源头减少或者清除这些废弃物的产生,从而达到清洁生产的目的。

4.1.3 步骤

根据上述清洁生产审核的思路,整个审核过程可分解为 7 个阶段,也可细分为具有可操作性的 36 个步骤,如图 4-4 所示。

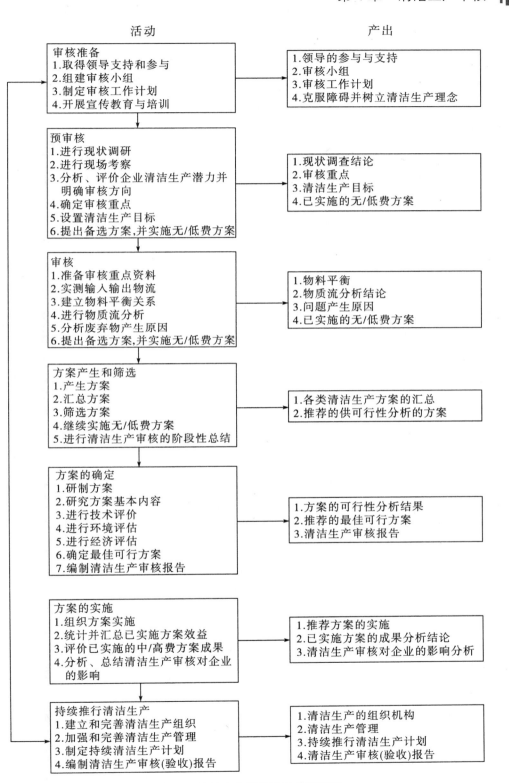

活动

产出

审核准备
1.取得领导支持和参与
2.组建审核小组
3.制定审核工作计划
4.开展宣传教育与培训

1.领导的参与与支持
2.审核小组
3.审核工作计划
4.克服障碍并树立清洁生产理念

预审核
1.进行现状调研
2.进行现场考察
3.分析、评价企业清洁生产潜力并
　明确审核方向
4.确定审核重点
5.设置清洁生产目标
6.提出备选方案,并实施无/低费方案

1.现状调查结论
2.审核重点
3.清洁生产目标
4.已实施的无/低费方案

审核
1.准备审核重点资料
2.实测输入输出物流
3.建立物料平衡关系
4.进行物质流分析
5.分析废弃物产生原因
6.提出备选方案,并实施无/低费方案

1.物料平衡
2.物质流分析结论
3.问题产生原因
4.已实施的无/低费方案

方案产生和筛选
1.产生方案
2.汇总方案
3.筛选方案
4.继续实施无/低费方案
5.进行清洁生产审核的阶段性总结

1.各类清洁生产方案的汇总
2.推荐的供可行性分析的方案

方案的确定
1.研制方案
2.研究方案基本内容
3.进行技术评价
4.进行环境评估
5.进行经济评估
6.确定最佳可行方案
7.编制清洁生产审核报告

1.方案的可行性分析结果
2.推荐的最佳可行方案
3.清洁生产审核报告

方案的实施
1.组织方案实施
2.统计并汇总已实施方案效益
3.评价已实施的中/高费方案成果
4.分析、总结清洁生产审核对企业
　的影响

1.推荐方案的实施
2.已实施方案的成果分析结论
3.清洁生产审核对企业的影响分析

持续推行清洁生产
1.建立和完善清洁生产组织
2.加强和完善清洁生产管理
3.制定持续清洁生产计划
4.编制清洁生产审核(验收)报告

1.清洁生产的组织机构
2.清洁生产管理
3.持续推行清洁生产计划
4.清洁生产审核(验收)报告

图 4-4 清洁生产审核的工作流程图

4.1.4 特点

对企业进行清洁生产审核是推行清洁生产的一项重要措施,它从一个企业的角度出发,通过一套完整的程序来达到预防污染的目的。通常具备如下几个特点:

(1)鲜明的目的性。清洁生产审核特别强调节能、降耗、减污、增效,与现代企业的管理要求相一致,具有鲜明的目的性。

(2)系统性。清洁生产审核以生产过程为主体,能够考虑到对其产生影响的各个方面。从原材料投入到产品改进,从技术革新到加强管理等,设计了一套发现问题、解决问题、持续实施的系统而完整的方法。

(3)突出预防。清洁生产审核的目标就是减少废弃物的产生,从源头削减污染,从而达到预防污染的目的。这个思想贯穿于整个审核过程的始终。

(4)经济性。污染物一经产生就需要花费很高的代价去收集、处理和处置,从而使其无害化,这也就是末端治理费用往往使许多企业难以承担的原因。而清洁生产审核倡导在污染物产生之前就予以削减,不仅可以减轻末端治理的负担,同时在其成为污染物之前本身就是有用的原材料,减少了产生就相当于增加了产品的产量和生产效率。事实上,国内外许多经过清洁生产审核的企业都证明了清洁生产审核可以给企业带来经济效益。

(5)持续性。清洁生产审核十分强调持续性,无论是审核重点的选择还是方案的滚动实施均体现了从点到面、逐步改善的持续性原则。

(6)可操作性。清洁生产审核的每一个步骤均能与企业的实际情况相结合,在审核程序上是规范的,即不漏过任何一个清洁生产机会,而在方案实施上则是灵活的,即当企业的经济条件有限时,可先实施一些无/低费方案,以积累资金,再逐步实施中/高费方案。

4.1.5 操作要点

企业清洁生产审核是一项系统而细致的工作,在整个审核过程中应注重充分调动全体职工参与的积极性,解放思想,克服障碍,严格按审核程序办事,以取得清洁生产的实际成效并巩固下来。具体操作如下:

(1)要取得企业最高领导的支持和参与,并充分发动群众献计献策;

(2)贯彻边审核、边实施、边见效的方针,在审核的每个阶段都应注意实施已成熟的无/低费清洁生产方案,成熟一个实施一个;

(3)对已实施的方案要进行核查和评估,并纳入企业的环境管理体系,以巩固成果;

(4)审核结论要以定量数据为依据;

(5)在方案产生和筛选完成后,要编写中期审核报告,并对前四个阶段的工作进行总结和评估,从而发现问题、找出差距,以便在后期工作中进行改进;

（6）在审核结束前，对筛选出来还未实施的可行方案，应制定详细的实施计划，并建立持续推行清洁生产的机制，最后还要编写完整的清洁生产审核报告。

4.1.6　我国清洁生产审核的发展

1993年，我国启动并实施了首个清洁生产国际合作项目——推进中国的清洁生产，清洁生产审核作为重要的清洁生产工具正式引入我国，并进行了首批试点示范。20多年来，我国清洁生产审核工作得到了长足的推进与发展。

4.1.6.1　建立了清洁生产审核制度

《清洁生产促进法》是指导我国清洁生产推进的根本大法，《清洁生产审核办法》是各部门推进清洁生产审核的法规文件，这些法律文本条款中对企业开展清洁生产审核提出了明确要求，建立了强制性清洁生产审核制度。

（1）明确清洁生产审核以企业为主体，遵循企业自愿审核与强制性审核相结合的原则。

《清洁生产促进法》第二十七条规定："企业应当对生产和服务过程中的资源消耗以及废弃物的产生情况进行监测，并根据需要对生产和服务实施清洁生产审核。"

《清洁生产审核办法》第五条规定："清洁生产审核应以企业为主体，遵循企业自愿审核与国家强制审核相结合、企业自主审核与外部协助审核相结合的原则，因地制宜、有序开展、注重实效。"

（2）明确强制性清洁生产审核企业的范围。

《清洁生产促进法》第二十七条规定："有下列情形之一的企业，应当实施强制性清洁生产审核：①污染物排放超过国家或者地方规定的排放标准，或者虽未超过国家或者地方规定的排放标准，但超过重点污染物排放总量控制指标的；②超过单位产品能源消耗限额标准构成高耗能的；③使用有毒、有害原料进行生产或者在生产中排放有毒、有害物质的。"

（3）明确企业开展强制性清洁生产审核的法律责任。

《清洁生产促进法》第三十六条规定："未按照规定公布能源消耗或者重点污染物产生、排放情况的，由县级以上地方人民政府负责清洁生产综合协调的部门、环境保护部门按照职责分工责令公布，可以处十万元以下的罚款。"

第三十九条规定："不实施强制性清洁生产审核或者在清洁生产审核中弄虚作假的，或者实施强制性清洁生产审核的企业不报告或者不如实报告审核结果的，由县级以上地方人民政府负责清洁生产综合协调的部门、环境保护部门按照职责分工责令限期改正；拒不改正的，处以五万元以上五十万元以下的罚款。"

（4）明确企业开展清洁生产审核的方式和途径。

《清洁生产审核办法》第十五条规定："清洁生产审核以企业自行组织开展为主。实施强制性清洁生产审核的企业，如果自行独立组织开展清洁生产审核，应具备本办法第十六条第(二)款、第(三)款的条件。不具备独立开展清洁生产审核能力的企业,可以聘请外部专家或委托具备相应能力的咨询服务机构协助开展清洁生产审核。"

《清洁生产审核办法》第十六条第(二)款、第(三)款规定:"具备开展清洁生产审核物料平衡测试、能量和水平衡测试的基本检测分析器具、设备或手段。拥有熟悉相关行业生产工艺、技术规程和节能、节水、污染防治管理要求的技术人员。"

4.1.6.2 建立了较为完善的清洁生产审核推进的政策法规体系

经过近 30 年的发展,我国建立了以《清洁生产促进法》和《清洁生产审核办法》为核心的清洁生产政策法规体系。原环境保护部围绕需实施强制性清洁生产审核的重点企业来推进工作,相继颁布和实施了《重点企业清洁生产审核程序的规定》(环发〔2005〕151号)、《关于进一步加强重点企业清洁生产审核工作的通知》(环发〔2008〕60号)以及《关于深入推进重点企业清洁生产的通知》(环发〔2010〕54号)。工信部、科学技术部、财政部下发了《工业清洁生产推行"十二五"规划》(工信部联规〔2012〕29号);20多个省市颁布了《清洁生产审核实施细则》《清洁生产审核评估验收管理规定》《清洁生产审核咨询机构管理规定》以及相关审核管理文件。2018年4月12日,生态环境部办公厅、发展改革委办公厅联合制定并印发《清洁生产审核评估与验收指南》(环办科技〔2018〕5号),为保障清洁生产审核质量,明确清洁生产审核评估与验收工作内容及程序提供了政策依据。

以上政策法规的颁布与施行,形成了我国较为完善的清洁生产审核政策法规体系。

4.1.6.3 建立并完善了重点企业强制性清洁生产审核推进机制

2005年以后,我国重点企业强制性清洁生产审核工作取得显著成效,从公布重点企业名单、开展强制性清洁生产审核到实施评估验收,形成了一套有效的重点企业清洁生产推进机制,建立了重点企业清洁生产审核通报制度。原环境保护部于2007—2010年连续发布了4年年度全国重点企业清洁生产审核情况的通报;建立了全国重点企业清洁生产公告制度,如2010—2012年共发布了5批全国重点企业清洁生产公告,向社会公布了17 862家通过清洁生产审核评估、验收的重点企业及基本信息。随后,各省、自治区、直辖市和计划单列市的环境保护部门、工业及信息化部门根据各自推行开展重点企业强制性清洁生产审核工作的实际情况,相继发布了以省、市级为单位的清洁生产审核评估和验收情况的通报。

重点企业清洁生产审核工作与大气污染防治、水污染防治、重金属污染防治、化学品污染防治、促进产能过剩行业结构调整等国家重点任务紧密地结合在一起,起到了有效的促进作用。

4.1.6.4 建立了清洁生产审核推进的技术支撑体系

(1)引进、消化国际清洁生产审核经验,并结合我国国情完善了清洁生产审核方法。在实践中指导了数万家企业的清洁生产审核,涉及化工、冶金、石油、建材、医药、纺织印染、食品加工、电力、造纸、电镀、制革、电子、采矿、服务业等众多行业。

（2）截至 2013 年,国家发展和改革委员会陆续发布了 45 个行业清洁生产评价指标体系,原环境保护部颁布并实施了 58 项行业清洁生产标准(其中 56 项为行业清洁生产标准,2 项为导则)、两批需重点审核的有毒有害物质名录和重点企业清洁生产行业分类管理名录,指导企业开展清洁生产审核。

国家发展和改革委员会、原环境保护部联合工信部共同组织编写了行业清洁生产评价指标体系,整合了原有清洁生产标准和清洁生产评价指标体系。2014 年、2016 年分两批对涉及 50 个行业大类,91 个具体行业的清洁生产评价指标体系进行编制、修订,截止到 2019 年,钢铁、合成纤维制造和印刷业等清洁生产评价指标体系编制、修订工作已陆续完成,污水处理业、煤炭采选业和基础化学原料制造业等部分行业的清洁生产评价指标体系制(修)订征求意见稿已编制完成,并陆续公布实施。

（3）组织开展了行业清洁生产审核指南的编写工作,规范和指导了不同行业的企业清洁生产审核。

（4）建立了从国家到地方各个层面的清洁生产推进技术支撑单位(清洁生产中心)体系,目前全国已经建立了近 20 个省级清洁生产中心(促进中心、技术服务中心、清洁生产委员会等),全国共有 800 多个清洁生产技术咨询服务机构为企业提供清洁生产审核、技术服务。

（5）从国家到地方,建立了多层次清洁生产管理与技术培训体系,为清洁生产推进提供了技术服务支撑。

（6）国家发展和改革委员会和环境保护部共同组建了"国家清洁生产专家库",为清洁生产的推进提供了清洁生产审核方法学、行业清洁生产工艺的技术支撑。

4.1.6.5　开展清洁生产审核的企业数量快速增长并取得明显绩效

随着我国清洁生产审核工作的推进,清洁生产已经由工业逐步推向服务业、农业,从试点示范逐步推向区域、流域、行业范围的整体行动,实施清洁生产审核的企业数量也有了大幅度增加。2007—2010 年,我国开展强制性清洁生产审核的企业共计 9279 家,资金投入 682.9 亿元,清洁生产培训专业技术人员超过 2 万人。通过清洁生产审核,共实现削减 COD 29.4 万吨,SO_2 81 万吨,节水 33.3 亿吨,节电 143.4 亿千瓦时,在污染物削减和节能节水方面取得了显著的成效,共获得经济效益 404.4 亿元。在"十二五"、"十三五"期间,随着强制性清洁生产审核深入推进,我国开展清洁生产审核的企业数量、规模、质量及相关环境效益、经济效益均显著提升。

4.2　清洁生产审核步骤

对一个企业的清洁生产审核可分为七个阶段。

4.2.1　第一阶段:审核准备

筹划与组织是企业进行清洁生产审核工作的第一个阶段,目的是通过宣传教育使企业的领导和职工对清洁生产有一个初步的、比较正确的认识,消除思想上和观念上的障碍,了解企业清洁生产审核的工作内容、要求及其工作程序。本阶段的工作重点是取得企业高层领导的支持和参与,组建清洁生产审核小组,制定审核工作计划和宣传清洁生产思想。

4.2.1.1 取得领导支持和参与

清洁生产审核是一件综合性很强的工作,涉及企业的各个部门。随着审核工作阶段的变化,参与审核工作的部门和人员可能也会变化。因此,只有取得企业高层领导的支持和参与,由高层领导动员并协调企业各个部门和全体职工积极参与,审核工作才能顺利进行。高层领导的支持和参与,还是审核过程中提出的清洁生产方案符合实际和容易实施的关键。了解清洁生产审核可能给企业带来的巨大好处,是企业高层领导支持和参与清洁生产审核的动力和重要前提。清洁生产审核可能给企业带来经济效益、环境效益、无形资产的提高和技术进步等诸方面的好处,从而增强企业的市场竞争能力。

4.2.1.1.1 宣讲清洁生产思想与效益

清洁生产区别与传统的环境管理手段,其最大的优势在于能够给企业带来环境、经济和社会等各方面效益。

"节能、降耗、减污、增效"突出体现了清洁生产给企业带来的各项经济效益。通过清洁生产,企业可以:

(1)提高设备运行效率、原辅材料和能源及水的利用率以及产品的产量和质量,使企业在节能、降耗两方面获得综合经济效益;

(2)减少废弃物产生量,提高废弃物现场回收利用率,降低废弃物的处理成本及污染排放费用,使企业在减污方面获得综合经济效益;

(3)有效帮助企业实现污染物浓度与污染物总量稳定达标等相关环境管理要求;

(4)有效加强企业现场管理、生产管理和环境管理水平,提高工人操作水平和员工素质,改善生产车间的工作环境,有助于提升企业环境、健康与安全的整体管理水平;

(5)通过清洁生产技术的应用,切实推动企业技术改造与进步,提升企业清洁生产技术水平;

(6)有效提高企业环境与社会形象,满足国家、社会及国际上对于企业在社会责任方面的新要求,有助于企业成为国家倡导创建的资源节约型和环境友好型企业。

各方面效益包括:

(1)经济效益

①由于减少废弃物所产生的综合经济效益;

②无/低费方案的实施所产生的经济效益。

(2)环境效益

①对中间产品或废物进行回收利用,减少废物排放对环境的破坏;

②生产过程实现绿色化和清洁化,实现资源的有效利用;

③清洁生产审核尤其是无/低费方案可以很快产生明显的环境效益。

（3）无形资产

①清洁生产有助于提高企业的公众形象,具有无形的广告作用;

②清洁生产有助于企业由粗放型经营向集约型经营过渡;

③清洁生产审核是对企业加强管理的一次有力支持;

④清洁生产审核是提高劳动者素质的有效途径。

（4）技术进步

①清洁生产审核是一套包括发现和实施无/低费方案,以及产生、筛选和逐步实施技术改革方案在内的完整程序,鼓励企业采用节能、低耗、高效的清洁生产技术;

②通过清洁生产审核发现的关键技术问题,可以通过与科研部门合作进行技术攻关,从而实现技术进步;

③清洁生产审核的可行性分析使企业的技改方案更加切合实际。

4.2.1.1.2　宣讲清洁生产政策、法规

企业高层领导必须充分了解国家和地方对于清洁生产的有关法律、法规和政策要求及鼓励机制等。

（1）明确企业是实施清洁生产的主体,开展清洁生产是企业的法律义务与责任;

（2）明确清洁生产审核是工业企业实施清洁生产的主要手段;

（3）了解国家鼓励企业实施清洁生产的相关激励政策;

（4）明确企业应承担的社会责任,充分了解清洁生产可以解决企业生产与环境之间的不和谐关系,有助于实现企业可持续发展。

4.2.1.1.3　阐明投入

清洁生产审核需要企业的一定投入,包括管理人员、技术人员和操作工人必要的时间投入,监测设备和监测费用的必要投入,编制审核报告的费用,以及可能的聘请外部专家的费用。但与清洁生产审核可能带来的效益相比,这些投入是很小的。

4.2.1.2　组建审核小组

计划开展清洁生产审核的企业,首先要在本企业内组建一个有权威的审核小组,具体如表 4-1 所示。这是顺利实施企业清洁生产审核的组织保证。

表 4-1　某化工厂清洁生产审核小组成员表

组成人员	职务	职责	投入时间
组长	副厂长	准备审核,协调各部门工作	30 天
副组长	环保科副科长	协调本部门工作,参与现场调查,提出削减方案	180 天
副组长	对二甲苯车间技术主任	协调本车间内工作,技术负责	180 天

续表

组成人员	职务	职责	投入时间
审核师/顾问	审核咨询服务机构高级工程师	指导清洁生产方法的应用	180 天
成员	对二甲苯车间环保员	现场调查,参与各备选方案的产生	90 天
成员	对二甲苯车间工艺员	收集资料,平衡物料,提出削减方案	90 天
成员	环保科科员	负责审核的全过程,编写报告	70 天
成员	环保科科员	参与全过程,打印报告	70 天

4.2.1.2.1 推选组长

审核小组组长是审核小组的核心,一般情况下由企业高层领导兼任组长。或由企业高层领导任命一位具有如下条件的人员担任,并授予必要权限。组长的条件是:

(1)具备企业的生产、工艺、管理与新技术的知识和经验;

(2)掌握污染防治的原则和技术,熟悉有关的环保法规;

(3)了解审核工作程序,熟悉审核小组成员情况,具备领导和组织工作的才能,并善于和其他部门合作等。

4.2.1.2.2 选择成员

审核小组的成员数目根据企业的实际情况来确定,一般情况下由全时制成员 2～3 人和兼职成员 3～8 人组成。全时制成员必须具备以下条件之一。

(1)具备企业清洁生产审核的知识或工作经验。

(2)掌握企业的生产、工艺、管理等方面的情况及新技术信息。

(3)熟悉企业的废弃物产生、治理和管理情况以及国家和地区环保法规和政策等。

(4)具有宣传、组织工作的能力和经验。

如有需要,审核小组的成员在确定审核重点的前后应及时调整。兼职成员应来自本企业的技术、环保、管理、车间、财务、质检等部门。他们需要了解审核的全部过程,不宜中途换人。

对于企业开展清洁生产审核而言,外部专家或技术人员也起到了至关重要的作用。

(1)清洁生产审核(方法学)专家的作用:

①传授清洁生产基本思想;

②传授清洁生产审核每一步骤的要点和方法;

③破除习惯思想,发现明显的清洁生产机会。

(2)行业工艺专家的作用:

①及时发现工艺设备和实际操作问题;

②提出解决问题的建议;

③提供国内外同行业技术水平参照数据。

(3)行业环保专家的作用:

①及时发现污染严重的环节;

②提出解决问题的建议;

③提供国内外同行业污染排放参照数据。

4.2.1.2.3 明确任务

审核小组的任务包括:

(1)制定工作计划;

(2)开展宣传教育;

(3)组织开展预评估相关工作;

(4)确定审核重点和目标;

(5)组织开展评估有关工作;

(6)筛选和论证清洁生产方案;

(7)汇总清洁生产方案实施情况,并核定实施效果;

(8)编写审核报告;

(9)总结经验,并提出持续推行清洁生产的建议。

来自企业财务部门的审核成员,应该介入到审核过程中一切与财务计算有关的活动,准确计算企业清洁生产审核的投入和收益,并将其详细地单独列账。对于中小型企业和不具备清洁生产审核技能的大型企业,其审核工作要取得外部专家的支持。如果审核工作有外部专家的帮助和指导,本企业的审核小组还应负责与外部专家的联络,研究外部专家的建议并尽量采纳其有用的意见。

审核小组成员的职责与投入时间等应列表说明,表中要列出审核小组成员的姓名、在小组中的职务、专业、职称、应投入的时间以及具体职责等。

4.2.1.3 制定工作计划

制定一个比较详细的清洁生产审核工作计划,有助于审核工作按一定的程序和步骤进行。组织好人力与物力,各司其职,协调配合,审核工作才会获得满意的效果,企业的清洁生产目标才能逐步实现。

审核小组成立后,要及时编制审核工作计划表,该表应包含审核过程中所有的主要工作,包括工作的序号、内容、进度、负责人姓名、参与部门名称、参与人姓名以及各项工作的产出等。

在制定工作计划时,应特别关注时间的选取,主要包括:

(1)每一阶段所选取的时间点应与企业年初制定的年度工作计划相匹配,以保证每一阶段工作均能落到实处;

(2)每一阶段工作时间长短的选取应在保证工作正常完成之后预留一定的时间,以确保企业在生产发生波动的情况下,也能按时完成审核工作内容。

4.2.1.4 开展宣传教育与培训

广泛开展宣传教育活动,争取企业内各部门和广大职工的支持,尤其是现场操作工人的积极参与,是清洁生产审核工作顺利进行和取得更大成效的必要条件。

4.2.1.4.1 确定宣传的方式和内容

高层领导的支持和参与固然十分重要,但是没有中层干部和操作工人的积极投入,清洁生产审核仍很难取得重大成果。只有当全厂上下都将清洁生产思想自觉地转化为指导本岗位生产操作实践的行动时,清洁生产审核才能顺利而持久地开展下去。也只有这样,清洁生产审核才能给企业带来更大的经济和环境效益,推动企业技术进步,更大程度地支持企业高层领导的管理工作。

清洁生产思想与审核工作的宣传可采用下列方式:

(1)企业现行的各种例会;

(2)下达开展清洁生产审核的正式文件;

(3)内部广播、电视、录像、网络沟通、信息平台、电视会议;

(4)黑板报;

(5)组织报告会、研讨班和培训班;

(6)开展各种咨询。

宣传教育内容可包括:

(1)清洁生产以及清洁生产审核的基本概念与内容;

(2)行业清洁生产现状、技术及管理要求;

(3)国内外企业清洁生产审核的成功案例;

(4)本企业鼓励清洁生产审核的各种措施;

(5)本企业开展清洁生产审核工作的内容与要求;

(6)本企业的清洁生产潜力分析;

(7)本企业各部门已取得的审核效果与具体做法。

宣传教育的内容要随审核工作阶段的变化而作相应调整。

4.2.1.4.2 清洁生产审核培训

清洁生产审核的主体是企业,因此企业有关的管理和技术人员在了解清洁生产的概念及其效果的基础上,还必须详细掌握清洁生产审核的方法、程序和具体要求等。因此,除了对全体员工进行广泛的宣传培训外,还需要对企业各职能部门和生产车间的主要管理和技术人员,尤其是清洁生产审核小组成员进行清洁生产审核的专业技术培训。此类培训需要 2~3 天时间,应聘请清洁生产理论扎实、清洁生产审核实践经验丰富的专家授课。培训内容主要包括:

(1)清洁生产的有关政策、法规和激励措施;

(2)清洁生产审核程序及方法;

(3)清洁生产审核中各关键技术环节的实施要点。

4.2.1.4.3 克服障碍

企业开展清洁生产审核往往会遇到不少障碍,不克服这些障碍就很难达到企业清洁生产审核的预期目标。各个企业可能有不同的障碍,需要提前调查摸清这些障碍,以方便进行工作。一般有四种类型的障碍,即思想观念障碍、技术障碍、资金和物资障碍以及政策法规障碍。四者中思想观念障碍是最常遇到的,也是最主要的障碍。审核小组在审核过程中要及时发现不利于清洁生产审核的思想观念障碍,并把尽早解决这些障碍当作一件大事。表 4-2 列出了企业清洁生产审核过程中常见的一些障碍及解决办法。

表 4-2　企业清洁生产审核常见障碍及解决办法

障碍类型	表现	解决办法
思想观念障碍	清洁生产审核无非是过去环保管理办法的老调重弹	讲透清洁生产审核与过去的污染预防政策、八项管理制度、污染物流失总量管理、"三分治理,七分管理"之间的关系
	中国的企业真的有清洁生产潜力吗	用事实说明中国大部分企业的巨大清洁生产潜力和中央号召节能减排的现实意义
	没有资金,不更新设备,一切都是空谈	用国内外实例讲明无/低费方案的巨大经济与环境效益,阐明无/低费方案与设备更新的关系,强调企业清洁生产审核的核心思想是"从我做起,从现在做起"
	清洁生产审核工作比较复杂,是否会影响生产	讲清审核的工作量和它可能带来的各种效益之间的关系
	企业内各部门独立性强,协调困难	高层领导直接参与,各主要部门领导与技术骨干组成审核小组,并授予审核小组相应职权
技术障碍	缺乏清洁生产审核技能	聘请并充分向外部清洁生产审核专家咨询,组织员工参加培训班、学习有关资料等
	不了解清洁生产工艺	聘请并充分向外部清洁生产工艺专家咨询、追踪国家和地方发布的本行业清洁生产技术
资金物资障碍	缺乏实施清洁生产审核的资金	企业进行内部挖潜,与当地环保、工业、经贸等部门协调解决部分资金问题,先筹集审计所需资金,再从审核效益中拨还
	缺乏实施清洁生产方案的资金	
	缺乏物料平衡现场实测设备	积极向企业高层领导汇报,解决必需的计量设备问题,或委托有资质的单位进行监测
	缺乏资金支持实施需要较大投资的清洁生产工艺	从无/低费方案的效益中积累资金(企业财务要为清洁生产的投入和效益专门建账);申请中央和地方财政清洁生产专项资金及其他优惠政策

续表

障碍类型	表现	解决办法
政策法规障碍	无现行的具体的政策法规支持企业实施清洁生产	聘请资深的清洁生产政策专家讲解我国清洁生产有关政策,使企业员工充分了解和掌握清洁生产的政策要求和鼓励政策; 指定专人负责,随时收集并追踪国家和地方的清洁生产政策动向与最新要求
	实施清洁生产与现行的环境管理制度规定之间有矛盾	

4.2.2 第二阶段:预审核

预审核是清洁生产审核的第二阶段,目的是对企业全貌进行调查分析,发现清洁生产的潜力和机会,从而确定本轮审核的重点(见图 4-5)。本阶段工作重点是评价企业的产污排污状况,确定审核重点,并针对审核重点设置清洁生产目标。

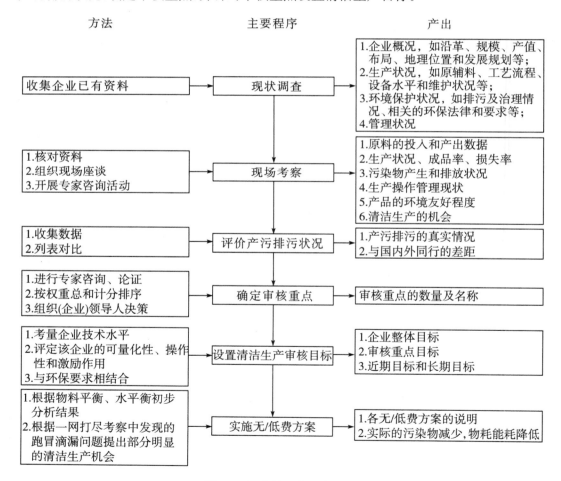

图 4-5 预审核工作程序框图

预审核是从生产全过程出发,对企业现状进行调研和考察,摸清污染现状和产污重点,并通过定性比较或定量分析确定出审核重点。

为什么要进行预审核? 一是突破组织人员的习惯思想,消除固有的偏见和熟视无睹;二是外部审核师只有在全面了解企业的基础上才能提出好的清洁生产方案;三是清洁生产审核遵循由粗到细、由面到点的工作思路,符合认识事物的规律;四是由于受人力、物力、财力等资源的限制,企业需要分重点实施清洁生产审核。

4.2.2.1　进行现状调研

本阶段搜集的资料是全厂的和宏观的,主要内容如下:

(1)企业概况

①企业发展简史、规模、产值、利税、组织结构、人员状况和发展规划等;

②企业所在地的地理、地质、水文、气象、地形和生态环境等基本情况。

(2)企业的生产状况

①企业主要原辅料、主要产品、能源及用水情况,要求以表格的形式列出总耗及单耗,并列出主要车间或分厂的情况;

②企业的主要工艺流程,要求用框图表示出主要的工艺流程,并标出主要原辅料、水、能源及废弃物的流入、流出和去向;

③企业设备水平及维护状况,如完好率、泄漏率等。

(3)企业的环境保护状况

①主要污染源及其排放情况,包括状态、数量、毒性等;

②主要污染源的治理现状,包括处理方法、效果、问题及单位废弃物的年处理费等;

③三废的循环/综合利用情况,包括方法、效果、效益以及存在的问题;

④企业涉及的有关环保法规与要求,如排污许可证、区域总量控制、行业排放标准等。

(4)企业的管理状况

包括从原料采购、库存、生产及操作到产品出厂的全面管理水平。

4.2.2.2　进行现场考察

随着生产技术的发展,一些工艺流程、装置和管线可能已做过多次调整和更新,这些可能无法在图纸、说明书、设备清单及有关手册上反映出来。此外,实际生产操作和工艺参数控制等往往和原始设计及规程不同。因此,需要进行现场考察,以便对现状调研的结果加以核实和修正,并发现生产中的问题。同时,通过现场考察,在全厂范围内找到明显的无/低费清洁生产方案。

（1）现场考察内容

①对整个生产过程进行实际考察，即从原料开始，逐一考察原料库、生产车间、成品库以及三废处理设施。

②重点考察各产污排污环节、水耗和（或）能耗大的环节、设备事故多发的环节或部位。

③实际生产管理状况，如岗位责任制执行情况、工人技术水平及实际操作状况、车间技术人员及工人的清洁生产意识等。

（2）现场考察方法

①核查分析有关设计资料和图纸、工艺流程图及其说明、物料衡算、能（热）量衡算的情况以及设备与管线的选型与布置等。另外，还要查阅岗位记录、生产报表（月平均及年平均统计报表）、原料及成品库存记录、废弃物报表、监测报表等；

②与工人和工程技术人员交流，了解并核查实际的生产与排污情况，听取意见和建议，发现关键问题和产生部位，同时征集无/低费方案。

4.2.2.3 评价产污排污状况

在对比分析国内外同类企业产污、排污状况的基础上，对本企业的产污原因进行初步分析，并评价执行环保法规的情况。

4.2.2.3.1 对比国内外同类企业产污排污状况

在资料调研、现场考察及专家咨询的基础上，汇总国内外同类工艺，同等装备，同类产品中先进企业的生产、消耗、产污、排污及管理水平等，与本企业的各项指标相对比，并列表说明。

4.2.2.3.2 初步分析产污原因

（1）对比国内外同类企业的先进水平，结合本企业的原料、工艺、产品、设备等实际状况，确定本企业理论上的产污排污水平；

（2）调查并汇总企业目前的实际产污排污状况；

（3）从影响生产过程的八个方面出发，对产污排污的理论值与实际状况之间的差距进行初步分析，并评价在现有条件下企业的产污排污状况是否合理。

4.2.2.3.3 评价企业环保执法状况

评价企业执行国家及当地环保法规及行业排放标准的情况，包括达标情况、缴纳排污费及处罚情况等。

4.2.2.3.4　作出评价结论

对比国内外同类企业的产污排污水平,在现有原料、工艺、产品、设备及管理水平下,对企业产污排污状况的真实性、合理性,及有关数据的可信度予以初步评价。

4.2.2.4　确定审核重点

通过前面三步的工作,基本探明企业现存的问题及薄弱环节,从中确定出本轮审核重点。审核重点的确定应结合企业的实际情况来综合考虑。

该步骤主要适用于工艺复杂的大中型企业,对工艺简单、产品单一的中小企业,可不必经过备选审核重点阶段,而依据定性分析,直接确定审核重点。

4.2.2.4.1　确定备选审核重点

首先根据所获得的信息,列出企业主要问题,从中选出若干问题或环节作为备选审核重点。

企业的生产通常由若干个单元操作构成。单元操作指具有物料的输入、加工和输出功能,能够完成某一特定工艺过程的一个或多个工序或工艺设备。原则上,所有单元操作均可作为潜在的审核重点。根据调研结果,通盘考虑企业的财力、物力和人力等实际条件,选出若干车间、工段或单元操作作为备选审核重点。

(1)审核重点应选取污染严重的环节或部位、消耗大的环节或部位以及环境和公众压力大的环节或问题,有明显的清洁生产机会的应优先考虑作为备选审核重点。

(2)审核重点的选取方法:将所收集的数据,进行整理、汇总和换算,并列表说明,以便为后续步骤服务。填写数据时应注意:

①消耗及废弃物量应以各备选重点的每月或每年的总产生量统计;

②能耗一栏可根据企业实际情况调整,可以是标煤、电、油等能源形式。

表 4-3 是某厂的备选审核重点情况的填表举例。

表 4-3 某厂备选审核重点情况汇总表

序号	备选审核重点名称	废弃物量/(吨/年)		主要消耗							环保费用/(万元/年)					
		水	渣	原料消耗		水耗		能耗		小计/(万元/年)	厂内末端治理费	厂外处理处置费	排污费	罚款	其他	小计
				总量/(吨/年)	费用/(万元/年)	总量/(万吨/年)	费用/(万元/年)	标煤总量/(吨/年)	费用/(万元/年)							
1	一车间	1000	6	1000	30	10	20	500	6	56	40	20	60	15	5	140
2	二车间	600	2	2000	50	25	50	1500	18	118	20	0	40	0	0	60
3	三车间	400	0.2	800	40	20	40	750	9	89	5	0	10	0	0	15

注：以工业用水 2 元/吨、标煤 120 元/吨计算。

4.2.2.4.2 确定审核重点

采用一定方法,对备选审核重点进行排序,从中确定本轮审核的重点。同时,也为今后的清洁生产审核提供优选名单。本轮审核重点的数量取决于企业的实际情况,一般一次选择一个审核重点。方法如下:

(1)简单比较。根据各备选重点的废弃物排放量和毒性及消耗等情况,进行对比、分析和讨论。通常将污染最严重、消耗最大、清洁生产机会最明显的部位定为第一轮审核重点。

(2)权重总和计分排序法。工艺复杂、产品品种和原材料多样的企业,往往难以通过定性比较确定出重点。此外,简单比较一般只能提供本轮审核的重点,难以为今后的清洁生产提供足够的依据。为提高决策的科学性和客观性,通常采用半定量方法进行分析,其中常用方法为权重总和计分排序法。

根据我国清洁生产的实践及专家讨论结果,在筛选审核重点时,通常考虑多个因素,并依各因素的重要程度据对其赋权重值(W),具体可参照以下数值:

废弃物量　　　　W＝10

主要消耗　　　　W＝7～9

环保费用　　　　W＝7～9

市场发展潜力　　W＝4～6

车间积极性　　　W＝1～3

注意:①上述权重值仅为一个范围,实际审核时每个因素必须确定一个数值。一旦确定,在整个审核过程中不得改动。

②可根据企业实际情况增加废弃物毒性因素等。

③统计废弃物量时,应选取企业最主要的污染形式,而不是把水、气、渣累计起来。

④除表4-2所列三种污染形式外,可根据实际增补如COD总量等项目。

根据收集的信息、有关环保要求及企业发展规划,审核小组或有关专家对每个备选重点各因素进行打分。打分标准依据备选审核重点情况汇总表(类似于表4-3)提供的数据或信息,分值(R)从1至10,以最高者为满分(10分)。将分值与权重值相乘(R×W),并求所有乘积之和(∑R×W)为该备选重点总得分,再按总分排序,最高者即为本次审核重点。

如某厂有三个车间为备选重点(见表4-4)。厂方认为废水为其最主要污染形式,其废弃物排放量依次为一车间1000吨/年,二车间600吨/年,三车间400吨/年。因此,废弃物排放量一车间最大,定为满分(10分),乘以权重后为100;二车间废弃物量是一车间的6/10,得分即为60,三车间则为40,其余各项得分依次类推,把得分相加为该车间的总分。打分时应注意:

(1)严格根据数据打分,以避免随意性和倾向性;

（2）没有定量数据的项目，集体讨论后打分。

表 4-4　某厂权重总和计分排序法确定审核重点表

因素	权重值 W(1~10)	备选审核重点得分					
		一车间		二车间		三车间	
		R(1~10)	R×W	R(1~10)	R×W	R(1~10)	R×W
废弃物量	10	10	100	6	60	4	40
主要消耗	9	5	45	10	90	8	72
环保费用	8	10	80	4	34	1	8
废弃物毒性	7	4	28	10	70	5	35
市场发展潜力	5	6	30	10	50	8	40
车间积极性	2	5	10	10	20	7	14
总分 ΣR×W			293		322		209
排序			2		1		3

4.2.2.5　设置清洁生产目标

设置定量化的硬性指标，才能使清洁生产真正落实，并能据此进行检验和考核，达到清洁生产和预防污染的目的。

（1）设置清洁生产目标的原则

清洁生产目标是针对审核重点的定量化、可操作、有激励作用的指标。要求不仅有减污、降耗和节能的绝对量，还要有相对量指标，并可以与现状对照。

清洁生产目标具有时限性，要分近期和远期。近期一般指到本轮审核基本结束并完成审核报告时为止，参见表 4-5。

表 4-5　某化工厂一车间清洁生产目标一览表

序号	项目	现状	近期目标（近期1年）		远期目标（远期3年）	
			绝对量	相对量 /%	绝对量 /（吨/年）	相对量 /%
1	多元醇 A 得率	68%	70%	增加 3	75%	增加 10.3
2	废水排放量	150 000 吨/年	削减 30 000 吨/年	削减 20	削减 60 000 吨/年	削减 40
3	COD 排放量	1200 吨/年	削减 250 吨/年	削减 20.8	削减 600 吨/年	削减 50
4	固体废物排放量	80 吨/年	削减 20 吨/年	削减 25	削减 80 吨/年	削减 100

（2）设置清洁生产目标的依据

①根据外部的环境管理要求，如达标排放、限期治理等。

②根据本企业历史最好水平。

参照国内外同行业、类似规模、工艺或技术装备的厂家的水平,具体设置可参考表4-6。

表 4-6 某纸浆造纸厂企业全场清洁生产一览表

序号	指标类型	项目	单位	现状	近期目标		中远期目标	
					绝对量	相对量	绝对量	相对量
1	资源能源利用指标	取水量	m³/Adt	33	31.35	5%	29.8	9.7%
		综合能耗(外购能源)	kgce/Adt	220	209	5%	198.5	9.8%
2	污染物产生指标	废水产生量	m³/Adt	17	16.15	5%	15.3	10%
		COD产生量	m³/Adt	2.162	2.05	5%	1.95	9.8%
3	废物回收利用指标	碱回收率	%	95	96	1.1%	97	2.1%
		备料渣(木屑等)综合利用率	%	97	100	3.1%	100	3.1%

注:Adt 表示吨干风浆。

4.2.2.6 提出和实施无/低费方案

预评估过程中,在全厂范围内各个环节发现的问题,有相当一部分可迅速采取措施解决。对于这些无需投资或投资很少,容易在短期(如审核期间)见效的措施,称为无/低费方案。预评估阶段的无/低费方案是通过调研,特别是现场考察和座谈,而不必对生产进程作深入分析便能发现的方案,它是针对全厂的。评估阶段的无/低费方案是必须深入分析物料平衡结果才能发现的,是针对审核重点的。

提出和实施无/低费方案的目的:贯彻清洁生产边审核、边实施、边见效的原则,以及时取得成效,滚动式地推进审核工作。

提出和实施无/低费方案的方法:座谈、咨询、现场查看、散发清洁生产建议表,及时改进,及时实施,及时总结。对于涉及重大改变的无/低费方案,应遵循企业正常的技术管理程序。

常见的无/低费方案主要是从以下几个方面考虑的:

(1)原辅料及能源。按需购买原辅材料,加强原料质量(如纯度、水分等)的管控,根据生产操作调整包装的大小及形式。

(2)技术工艺。改进备料方法;增加捕集装置,减少物料或成品损失;改用易于处理的清洗剂。

(3)过程控制。选择在最佳配料比下进行生产;增加检测计量仪表,并对检测计量仪表进行校准;进一步改善过程控制及在线监控;调整优化反应的参数(如温度、压力等)。

(4)设备。改进并加强设备定期检测和维护工作,减少"跑、冒、滴、漏"现象;及时修补完善输热输气管线的隔热保温装置。

(5)产品。改进包装及其标志或说明,加强库存管理。

(6)管理。清扫地面时改用干扫法或拖地法,以取代水冲洗法;减少物料溅落并及时收集;严格规范岗位责任制及操作规程。

（7）废弃物。循环利用冷凝液,对可回收的物料及废弃物进行现场分类收集,对生产过程中产生的余热进行有效利用,实施清污分流。

（8）员工。加强员工技术与环保意识的培训,采用各种形式的精神与物质激励措施提高员工绿色加工、绿色生产的积极性。

4.2.3 第三阶段 审核

评估是企业清洁生产审核工作的第三阶段,目的是通过审核重点的物料平衡、水平衡和能量平衡,发现物料流失的环节,找出废弃物产生的原因,查找与国内外先进水平的差距,为清洁生产方案的产生提供依据。本阶段工作重点是实测输入输出物流,建立物料平衡,分析废弃物产生原因。

4.2.3.1 准备审核重点资料

收集审核重点及其相关工序或工段的有关资料,绘制工艺流程图,如图 4-6 所示。

4.2.3.1.1 收集资料

收集基础资料,主要包括以下四大类:

（1）工艺资料

①工艺流程图;

②工艺设计的物料、热量平衡数据;

③工艺操作手册和说明;

④设备技术规范和运行维护记录;

⑤管道系统布局图;

⑥车间内平面布置图。

（2）原材料和产品及生产管理资料

①产品的组成及月、年度产量表;

②物料消耗统计表;

③产品和原材料库存记录;

③原料进厂检验记录;

④能源费用;

⑤车间成本费用报告;

⑦生产进度表。

（3）废弃物资料

①年度废弃物排放报告;

②废弃物（水、气、渣）分析报告;

③废弃物管理、处理和处置费用;

④排污费;

⑤废弃物处理设施运行和维护费。

（4）国内外同行业资料

①国内外同行业单位产品原辅料消耗情况（审核重点）；

②国内外同行业单位产品排污情况（审核重点）。

③行业清洁生产标准及评价指标体系；

④列表与本企业情况比较。

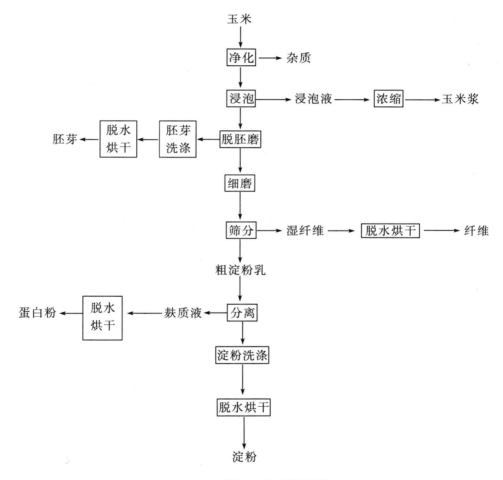

图 4-6 淀粉生产工艺流程图

收集基础资料后，还要进行：

（1）现场调查

①补充与验证已有数据；

②不同操作周期的取样、化验。

③现场提问。

（2）现场考察、记录：

①追踪所有物流；

②建立产品、原料、添加剂及废弃物等物流的记录。

4.2.3.1.2　编制审核重点的工艺流程图

为了更充分和较全面地对审核重点进行实测和分析，首先应掌握审核重点的工艺过程和输入输出物流情况。工艺流程图以图解的方式整理，可以标示工艺过程、进入和排出系统的物料、能源以及废物的情况。图 4-7 是淀粉加工审核重点的工艺流程图。

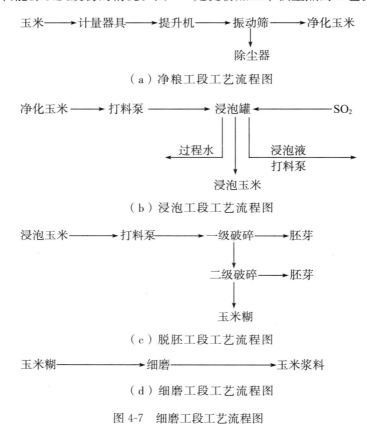

（a）净粮工段工艺流程图

（b）浸泡工段工艺流程图

（c）脱胚工段工艺流程图

（d）细磨工段工艺流程图

图 4-7　细磨工段工艺流程图

4.2.3.1.3　编制单元操作工艺流程图和功能说明表

当审核重点包含较多的单元操作，而一张审核重点流程图难以反映各单元操作的具体情况时，应在审核重点工艺流程图的基础上，分别编制各单元操作的工艺流程图（标明进出单元操作的输入输出物流）和功能说明表。图 4-7 对应的（a）（b）（c）（d）分别为不同单元操作的工艺流程示意图。表 4-7 为淀粉厂审核重点的各单元操作功能说明表。

表 4-7　单元操作功能表

序号	单元操作	功能
1	净粮	把玉米中杂质(砂石、土、碎秕粒、玉米芯等)去除,给后道工序提供纯净的原料
2	浸泡	用亚硫酸溶液浸泡,改变胚乳的结构,降低强度,削弱蛋白基质,利于回收淀粉,并能防止腐败细菌的生长
3	脱胚	浸泡好的玉米在此工段使胚乳与胚芽分开,分出的胚芽再去脱水烘干
4	细磨	脱去胚芽的玉米糊经细磨磨细后,再去下道工序分离出纤维渣
5	筛分	细磨后的浆料经筛分,分出纤维渣,再经脱水干燥得纤维饲料,而另一部分原浆去下道工序
6	分离	原浆经分离,把麸质液与淀粉乳分离,分出的麸质液再经过滤脱水烘干得蛋白粉
7	淀粉洗涤	淀粉乳经洗涤,达到一定浓度
8	脱水烘干	浓淀粉乳经脱水、气流干燥后得到干淀粉

4.2.3.1.4　编制工艺设备流程图

工艺设备流程图主要是为实测和分析服务。与工艺流程图主要强调工艺过程不同,它强调的是设备和进出设备的物流。设备流程图要求按工艺流程,分别标明重点设备输入输出物流及监测点。图 4-8 是一套催化裂化装置工艺设备流程图示例。

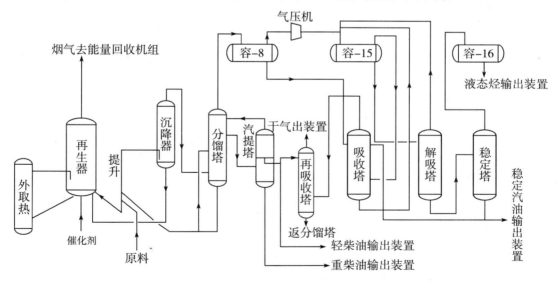

图 4-8　某炼油厂催化裂化装置工艺设备流程图

4.2.3.2　实测输入输出物流

为在评估阶段对审核重点做出更深入、更细致的物料平衡和废弃物产生原因的分析,必须实测审核重点的输入输出物流。

4.2.3.2.1　准备工作及要求

实测输入输出物流的准备工作包括制定现场实测计划、校验监测仪器和计量器具。制定现场实测计划需要确定监测项目、监测点以及实测的时间和周期。准备工作的具体要求如下：

（1）监测项目

应对审核重点全部的输入输出物流进行实测，包括原料、辅料、水、产品、中间产品及废弃物等。物流中不同组的测定根据实际工艺情况而定，有些工艺应监测（例如电镀液中的 Cu、Cr 等），有些工艺则不一定监测（例如炼油过程中各类烃的具体含量），原则是监测项目应满足对废弃物的分析。

（2）监测点

监测点的设置须满足物料衡算的要求，即主要的物流进出口要监测，但对因工艺条件所限无法监测的某些中间过程，可用理论计算数值代替。

（3）实测时间和周期

对周期性（间歇）生产的企业，按正常一个生产周期（即一次配料从投入到产品产出为一个生产周期）进行逐个工序的实测，而且至少实测三个周期。对于连续生产的企业，应连续（跟班）监测 72 小时。

输入输出物流的实测要注意同步性，即在同一个生产周期内完成相应的输入输出物流的实测。

（4）实测的条件

正常工况按正确的检测方法进行实测。

（5）现场记录

边实测边记录，及时记录原始数据，并标出测定时的工艺条件（温度、压力等）。

（6）数据单位

数据收集的单位要统一，注意与生产报表及年、月统计表的可比性。间歇操作的产品采用单位产品进行统计，如吨/年、吨/月及吨/天等。

4.2.3.2.2　实测

（1）实测输入物流。输入物流指所有投入生产的输入物，包括进入生产过程的原料、辅料、水、气以及中间产品、循环利用物等。实测输入物流包括以下几个方面：

①数量；

②组分（应有利于废物流分析）；

③实测时的工艺条件。

（2）实测输出物流。输出物流指所有排出单元操作或某台设备、某一管线的排出物，

包括产品、中间产品、副产品、循环利用物以及废弃物(废气、废渣、废水等)等。实测输出物流包括以下几个方面:

①数量;

②组分(应有利于废物流分析);

③实测时的工艺条件。

4.2.3.2.3　汇总数据

汇总各单元操作数据,将现场实测的数据经过整理、换算、并汇总在一张或几张表上,具体可参照表 4-6。

汇总审核重点数据。在单元操作数据的基础上,将审核重点的输入输出数据汇总成表,使其更加清楚明了,表的格式可参照表 4-8。对于输入输出物料不能简单加和的,可根据不同组的特点自行编制类似表格。

表 4-8　各单元操作数据汇总表

单元操作	输入物					输出物					
	名称	数量①	成分②			名称	数量	成分			去向
			名称	浓度	数量			名称	浓度	数量	
单元操作 1											
单元操作 2											
单元操作 3											

注:①数量按单位产品的量或单位时间的量填写。

②成分指输入和输出物中含有的贵重成分或对环境有毒有害的成分。

4.2.3.3　建立物料平衡

进行物料平衡的目的是量化分析物料的输入输出,准确地判断审核重点的物质流和废弃物流,定量地确定各类物料、废弃物的数量、成分以及去向,在此基础上分析排查并明确无组织排放、物质流失的环节及利用效率低、产生废物的原因,并为产生和确定清洁生产方案提供科学依据。

物料平衡可分为总质量平衡、元素平衡、成分平衡(如水平衡)等。总质量平衡是针对全部物料的输入输出进行平衡和量化分析,元素平衡是针对生产过程中某一重要元素(如重金属等)的输入输出进行平衡和量化分析,成分平衡是针对生产过程中物料的某一特定的有效成分进行平衡和量化分析,其中水平衡则是针对生产过程中水的输入输出进行平衡和量化分析。企业应根据不同的审核重点、审核目的、生产工艺特点等,编制有针对性的物料平衡。

4.2.3.3.1 进行预平衡测算

从理论上讲,物料平衡应满足以下条件:输入＝输出。

根据物料平衡原理和实测结果,考察输入输出物料的总量和主要组分达到的平衡情况(表 4-9)。一般说来,如果输入总量与输出总量之间的偏差在 5% 以内,则可以用物料平衡的结果进行随后的有关评估与分析。但对于贵重原料、有毒成分等的平衡偏差应更小或应满足行业要求;反之,则须检查造成较大偏差的原因。若原因是实测数据不准或存在无组织物料排放等情况,应重新实测或补充监测。对清洁生产的审核重点编制有针对性的物料平衡,输入输出数据汇总如表 4-10 所示。

表 4-9 各单元操作数据汇总表　　　　　　单位:千克/吨淀粉

单元操作	输　入　物		输　出　物		去向
	名称	数量	名数	数量	
净粮	玉米	1600	纯净玉米浆	3070	浸渍
	过程水	1550	杂质	80	
	电/(千瓦时/吨淀粉)	5.4			
浸泡	纯净玉米浆料	3070	浸泡玉米	2700	脱胚
	SO_2		浸泡液	1470	菲酊车间
	过程水	2300	废水	1380	污水处理厂
	水蒸汽	180			远离现场
	电/(千瓦时/吨淀粉)	8.2			
脱胚	浸泡玉米	2700	玉米糊	2380	细磨
	过程水	1180	胚芽浆料	1500	胚芽洗涤
	电/(千瓦时/吨淀粉)	20.1			
细磨	玉米浆糊	2380	玉米浆料	2380	筛分
	电/(千瓦时/吨淀粉)	16			

续表

单元操作	输 入 物		输 出 物		去向
	名称	数量	名数	数量	
筛分	玉米浆料	2380	粗淀粉乳	6350	分离
	过程水	5120	纤维浆料	1150	脱水
	电/(千瓦时/吨淀粉)	26.7			
分离	粗淀粉乳	6350	淀粉乳	7060	洗涤
	过程水	10 590	麸质水	9880	气浮
	电/(千瓦时/吨淀粉)	36.5			
洗涤	淀粉乳	7060	精制淀粉乳	2560	脱水
	新鲜水	4950	过程水	9450	分离
	电/(千瓦时/吨淀粉)	40.2			
脱水	精制淀粉乳	2560	湿淀粉	1420	烘干
	电/(千瓦时/吨淀粉乳)	17	过程水	1140	分离
烘干	湿淀粉	1420	成品淀粉	1000	包装计量
	电/(千瓦时/吨淀粉)	20.7	蒸汽	420	远离现场

表 4-10　审核重点输入输出数据汇总表　　　　　　单位:千克/吨淀粉

输 入		输 出	
输入物	数 量	输出物	数 量
玉 米	1600	淀粉	1000
新鲜水	4950	胚芽	100
蒸 汽	180	浸泡液	1470
		纤维	190
		蛋白粉	100
		杂质损失	80
		废水	2700
		废气	1090

4.2.3.3.2　编制工艺流程物料平衡图

通过实测、统计或者台账等方式获取审核重点全部的输入输出物料信息后,在审核重点的工艺流程图上清晰标注各单元操作的实际输入输出,包括物料名称和数量,建立工艺流程物料平衡图,了解并掌握审核重点生产过程中全部物料的流向、数量和存在形式,进行初步的物质流分析。

工艺流程物料平衡图以单元操作为基本单位,各单元操作用方框图表示,输入画在左边,主要的产品、副产品和中间产品按流程标示,而其他输出则画在右边。

4.2.3.3.3　编制物料平衡图

在工艺流程物料平衡图的基础上,如果输入输出数据符合预平衡偏差原则,则可以建立并编制物料平衡(总)图。通过物料平衡(总)图,全面、宏观地计算评估整个审核重点生产过程中物料损失的部位与数量,物料平衡偏差,实际原料利用率,废弃物(包括流失的物料)的种类、数量和所占比例以及对生产和环境的影响部位。

物料平衡图是针对审核重点编制的,即用图解的方式将预平衡测算结果标示出来。但在此之前须编制审核重点的物料流程图,即把各单元操作的输入、输出标在审核重点的工艺流程图上。图 4-9 为某淀粉厂审核重点(淀粉车间)的物料平衡图。当审核重点涉及贵重原料和有毒成分时,物料平衡图应标明其成分和数量,或每一成分单独编制物料平衡图。

物料流程图以单元操作作为基本单位,各单元操作用方框图表示,输入画在左边,主要的产品、副产品和中间产品按流程标示,而其他输出则画在右边。

物料平衡图以审核重点的整体为单位,输入画在左边,主要的产品、副产品和中间产品标在右边,气体排放物标在上边,循环和回用物料标在左下角,其他输出则标在下边。

从严格意义上来说,水平衡是物料平衡的一部分。水若参与反应,则是物料的一部分。但在许多情况下,它并不直接参与反应,而是作为清洗和冷却之用。在这种情况下,当审核重点的耗水量较大时,为了了解耗水过程,寻找减少水耗的方法,应另外编制水平衡图。但有些情况下,审核重点的水平衡并不能全面反映问题或水耗在全厂占有重要地位,可考虑就全厂编制一个水平衡图。审核重点如涉及有毒、有害物质,可建立有毒、有害物质平衡甚至元素平衡,进行有毒、有害物质的物质流分析;如涉及能耗高问题,可建立能量平衡,在此基础上进一步进行能源效率评估与分析。

4.2.3.3.4　阐述物料平衡结果

在实测输入输出物流及物料平衡的基础上,根据物料平衡结果,对物质流进行量化分析,寻找物料流失和废弃物产生部位,对审核重点的生产过程作出评估。主要内容如下:

(1)分析输入物料,可采用输入物料利用率、转化率等来衡量;

(2)分析产品输出物料,可采用产品合格率、得率等来衡量;

(3)确定物料流失部位(无组织排放)及其他废弃物产生环节和产生部位;

(4)分析非产品性输出种类、数量和所占比例以及对生产和环境的影响部位。

4.2.3.4　分析废弃物产生的原因

针对每一个物料流失和废弃物产生部位的每一种物料和废弃物进行分析,找出产生原因,可从影响生产过程的八个方面来进行分析。

4.2.3.4.1　原辅料和能源

原辅料指生产中主要原料和辅助用料(包括添加剂、催化剂、水等);能源指维持正常生产所用的动力源(包括电、煤、蒸汽、油等)。因原辅料及能源而导致产生废弃物的原因主要有以下几个方面:

(1)原辅料不纯或(和)未净化;

(2)原辅料储存、发放、运输的流失;

(3)原辅料的投入量和(或)配比的不合理;

(4)原辅料及能源的超定额消耗;

(5)有毒、有害原辅料的使用。

4.2.3.4.2　技术工艺

因技术工艺而导致产生废弃物的原因有以下几个方面:

(1)技术工艺落后,原料转化率低;

(2)设备布置不合理,无效传输线路过长;

(3)反应及转化步骤过长;

(4)连续生产能力差;

(5)工艺条件要求过严;

(6)生产稳定性差;

(7)需使用对环境有害的物料。

图 4-9 给出了淀粉厂加工的物料平衡图(单位:千克/吨淀粉),根据物料平衡可以推敲出潜在的产排污环节以及实施清洁生产的关键部位。

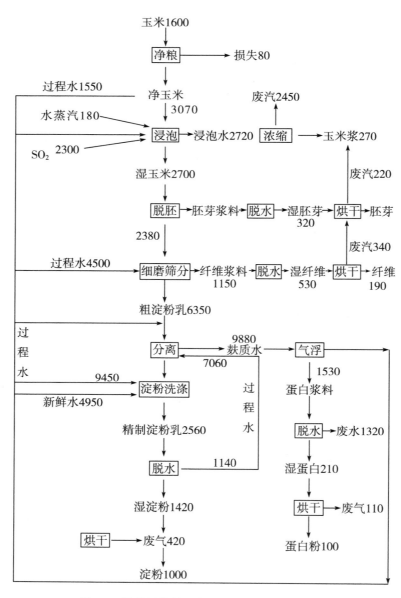

图 4-9　淀粉厂物料平衡图（单位：千克/吨淀粉）

4.2.3.4.3　设备

因设备而导致产生废弃物的原因有以下几个方面：

(1)设备破旧、漏损；

(2)设备自动化控制水平低；

(3)有关设备之间配置不合理；

(4)主体设备和公用设施不匹配；

(5)设备缺乏有效维护和保养；

(6)设备的功能不能满足工艺要求。

4.2.3.4.4　过程控制

因过程控制而导致产生废弃物的原因主要有以下几个方面：

(1)计量检测、分析仪器不齐全或监测精度达不到要求；

(2)某些工艺参数(例如温度、压力、流量、浓度等)未能得到有效控制；

(3)过程控制水平不能满足技术工艺要求。

4.2.3.4.5　产品

产品包括审核重点内生产的产品、中间产品、副产品和循环利用物。因产品而导致产生废弃物的原因主要有以下几个方面：

(1)产品储存和搬运中的破损、漏失；

(2)产品的转化率低于国内外先进水平；

(3)不利于环境的产品规格和包装。

(4)产品的最终处置不合理。

4.2.3.4.6　废弃物

因废弃物本身具有的特性而未加利用导致产生废弃物的原因主要有以下几个方面：

(1)对可利用废弃物未进行再用和循环使用；

(2)废弃物的物理化学性状不利于后续的处理和处置；

(3)单位产品废弃物产生量高于国内外先进水平。

4.2.3.4.7　管理

因管理而导致产生废弃物的原因主要有以下几个方面：

(1)有利于清洁生产的管理条例、岗位操作规程等未能得到有效执行；

(2)现行的管理制度不能满足清洁生产的需要,例如岗位操作规程不够严格,生产记录(包括原料、产品和废弃物)不完整,信息交换不畅,缺乏有效的奖惩办法。

4.2.3.4.8　员工

因员工而导致产生废弃物的原因主要有以下几个方面：

(1)员工的素质不能满足生产需求：

①缺乏优秀管理人员；

②缺乏专业技术人员；

③缺乏熟练操作人员；

④员工的技能不能满足本岗位的要求。

(2)缺乏对员工主动参与清洁生产的激励措施。

4.2.3.5　提出和实施无/低费方案

评估阶段主要针对审核重点,根据问题产生原因,结合物料平衡、水平衡或能量平衡结果,有针对性地提出和实施无/低费方案。

4.2.4 第四阶段 方案的制定和筛选

方案的制定和筛选是企业进行清洁生产审核工作的第四个阶段。本阶段的目的是通过方案的制定、筛选、研制，为下一阶段的可行性分析提供足够的中/高费清洁生产方案。本阶段的工作重点是根据评估阶段的结果，制定有关审核重点的清洁生产方案；在分类汇总基础上(包括已产生的非审核重点的清洁生产方案，主要是无/低费方案)，经过筛选确定出两个以上中/高费方案，供下一阶段进行可行性分析使用；同时对已实施的无/低费方案进行效果核定与汇总；最后编写清洁生产中期审核报告。

4.2.4.1 制定方案

制定方案是贯穿于整个清洁生产审核的各个阶段的工作。清洁生产方案的数量、质量和可实施性直接关系到企业清洁生产审核的成效，是审核过程的一个关键环节，应广泛向群众征集各类方案。属于强制性清洁生产审核的企业，应针对纳入强制性审核的原因，重点征集清洁生产方案；对于污染物超标的企业，通过本轮清洁生产审核，首先要实现排放达标，因此在产生方案过程中，除了常规清洁生产方案外，可结合末端治理技术，确保达标。

4.2.4.1.1 广泛采集，创新思路

在全厂范围内利用各种渠道，采取多种形式进行宣传动员，鼓励全体员工提出清洁生产方案或合理化建议。通过实例教育，克服思想障碍，制定奖励措施以鼓励员工提出创造性的思想和方案。

4.2.4.1.2 根据物料平衡和废弃物产生原因制定方案

针对物料平衡和废弃物产生原因进行分析的目的就是要为清洁生产方案的制定提供依据，因而方案的制定要紧密结合这些结果，只有这样才能使所产生的方案具有针对性。

4.2.4.1.3 广泛收集国内外同行业先进技术

类比是制定方案的一种快捷、有效的方法。企业应组织工程技术人员广泛收集国内外同行业的先进技术，并以此为基础，结合本企业的实际情况制定清洁生产方案。

4.2.4.1.4 组织行业专家进行技术咨询

当企业利用本身的力量难以完成某些方案时，可以借助于外部力量，组织行业专家进行技术咨询，这对启发思路、畅通信息有巨大帮助。

4.2.4.1.5 全面系统地制定方案

清洁生产审核过程中制定方案的原则是要提出全面系统的方案，针对产生污染问题的原因，提出相应的清洁生产方案，系统解决每一个问题的方案可以是一个或者多个，其中包括无/低费方案和中/高费方案。清洁生产涉及企业生产和管理的各个方面，虽然物料平衡和废弃物产生原因分析将有助于方案的制定，但是在其他方面可能也存在着一些实施清洁生产的机会，因而可从影响生产过程的八个方面全面系统地制定方案。这八个

方面分别为原辅材料和能源替代、技术工艺改造、设备维护和更新、过程优化控制、产品更换或改进、废弃物回收利用和循环使用、加强管理、员工素质的提高以及积极性的激励。

4.2.4.2　分类汇总方案

汇总方案主要是为了在方案数量较多的情况下便于统计分析。对所有的清洁生产方案,不论是已实施的还是未实施的,不论是属于审核重点的还是不属于审核重点的,均按原辅材料和能源替代、技术工艺改造、设备维护和更新、过程优化控制、产品更换或改进、废弃物回收利用和循环使用、加强管理、员工素质的提高以及积极性的激励等八个方面列表简述其原理和实施后的预期效果。企业应对提出的方案进行分类汇总,并列表注明方案费用、类型,详见附录 4 中工作表。

4.2.4.3　筛选方案

在进行方案筛选时可采用两种方法,一是用比较简单的方法进行初步筛选,二是采用权重总和记分排序法进行筛选和排序。

4.2.4.3.1　初步筛选

初步筛选是要对已制定的所有清洁生产方案进行简单地检查和评估,从而分出可行的无/低费方案、初步可行的中/高费方案和不可行方案三大类。其中,可行的无/低费方案可立即实施;初步可行的中/高费方案供下一步进行研制和进一步筛选;不可行的方案则搁置或否定。属于强制性清洁生产审核的企业,应把解决涉及强制性清洁生产审核的方案作为筛选重点,加大涉及解决强审问题的方案的筛选权重。

(1)确定初步筛选因素

初步筛选的因素可从技术可行性、环境效果、经济效益、实施难易程度以及对生产和产品的影响等几个方面考虑。

①技术可行性。主要考虑该方案的成熟程度,例如是否已在企业内部其他部门采用过或同行业其他企业采用过,以及采用的条件是否基本一致等。

②环境效果。主要考虑该方案是否可以减少废弃物的数量和毒性,是否能改善工人的操作环境等。

③经济效果。主要考虑投资和运行费用能否承受得起,是否有经济效益,能否减少废弃物的处置费用等。

④实施的难易程度。主要考虑是否在现有的场地、公用设施、技术人员等条件下即可实施或稍作改进即可实施,实施的时间长短等。

⑤对生产和产品的影响。主要考虑方案实施过程中对企业正常生产的影响程度以及方案实施后对产量、质量的影响。

(2)进行初步筛选

在进行方案的初步筛选时,可采用简易筛选方法,即组织企业领导和工程技术人员进行讨论、决策。方案的简易筛选的基本步骤如下:第一步,参照前述筛选因素的确定方法,结合本企业的实际情况确定筛选因素;第二步,确定每个方案与这些筛选因素之间的关系,若是正面影响关系,则打"√",若是反面影响关系则打"×";第三步,综合评价,得出结论。具体参照表 4-11。

表 4-11　方案的简易筛选

筛选因素	方案编号				
	F_1	F_2	F_3	……	F_n
技术可行性	√	×	√	……	√
环境效果	√	√	√	……	×
经济效果	√	√	×	……	√
⋮	⋮	⋮	⋮	……	⋮
结论	√	×	×	……	×

4.2.4.3.2　权重总和计分排序

权重总和计分排序法适合于处理方案数量较多或指标较多,相互比较有困难的情况,一般仅用于中/高费方案的筛选和排序。

方案的权重总和计分排序法基本同第二章审核重点的权重总和计分排序法相似,只是权重因素和权重值可能有些不同。四个权重因素及其权重值的选取可参照以下几点执行,方案的权重总和计分排序如表 4-12 所示。

(1)环境效果,权重值 $W=8\sim10$。主要考虑是否减少了有害物质的排放量及其毒性,是否减少了对工人安全和健康的危害,是否达到环境标准等。对于强制性审核企业,可加大环境效果的权重值,筛选结果应保留至少一项解决涉及强制清洁生产审核问题的清洁生产方案。

(2)经济可行性,权重值 $W=7\sim10$。主要考虑费用效益比是否合理。

(3)技术可行性,权重值 $W=6\sim8$。主要考虑技术是否成熟、先进,能否找到有经验的技术人员,国内外同行业是否有成功的先例,是否易于操作、维护等。

(4)可实施性,权重值 $W=4\sim6$。主要考虑方案实施过程中对生产的影响大小,施工难度,施工周期,是否易被工人接受等。

表 4-12 方案的权重总和计分排序表

权重因素	权重值(W)	方案得分(R=1～10)			
		名称	名称	名称	名称
环境效果					
经济可行性					
技术可行性					
可实施性					
总分($\sum W \times R$)					
排序					

4.2.4.3.3 汇总筛选结果

根据上述筛选方法,按可行的方案、初步可行的方案和不可行方案列表汇总全部方案的筛选结果(见附录 4 中附表 4-12)。可行的方案可根据企业资金、技术力量等实际情况安排实施;初步可行的方案需要进一步研制、论证、筛选加以确定,其中初步可行的中/高费方案需要进行可行性分析予以确定;不可行的方案则搁置或否定。

4.2.4.4 研制方案

经过筛选得出的初步可行的中/高费清洁生产方案,因为投资额较大,而且一般对生产工艺过程产生一定程度的影响,因而需要进一步研制。方案研制主要是进行一些工程化分析,从而筛选出两个以上方案供下一阶段进行可行性分析使用。

4.2.4.4.1 内容

方案的研制内容包括方案的工艺流程详图、方案的主要设备清单、方案的费用和效益估算以及编写方案说明。

对每一个初步可行的中/高费清洁生产方案均应编写方案说明,说明中主要包括技术原理、主要设备、主要的技术、经济指标以及可能的环境影响等。

4.2.4.4.2 原则

一般说来,对筛选出来的每一个中/高费方案进行研制和细化时都应考虑以下几个原则。

(1)系统性。考察每个单元操作在一个新的生产工艺流程中所处的层次、地位和作用,以及与其他单元操作的关系,从而确定新方案对其他生产过程的影响,并综合考虑经济效益和环境效果。

(2)闭合性。尽量使工艺流程对生产过程中的载体(例如水、溶剂等)实现闭路循环。

(3)无害性。清洁生产工艺应该是无害(或少害)的生态工艺,要求不污染(或轻污染)空气、水体和地表土壤,不危害操作工人和附近居民的健康,不损坏风景区、休憩地的美学价值,生产的产品要提高其环保性,使用可降解原材料和包装材料。

(4)合理性。合理性旨在合理利用原料,优化产品的设计和结构,降低能耗和物耗,减少劳动量和劳动强度等。

4.2.4.5 继续实施无/低费方案

实施经筛选确定的可行的无/低费方案。

4.2.4.6 核定并汇总无/低费方案的实施效果

对已实施的无/低费方案,包括在预评估和评估阶段所实施的无/低费方案,应及时核定其效果并进行汇总分析。核定及汇总的内容包括方案序号、名称、实施时间、投资、运行费、经济效益和环境效果。企业将清洁生产审核的结果及时向全体员工公布,并进行广泛宣传,利用清洁生产审核成果促进审核深入进行。

4.2.4.7 编写清洁生产中期审核报告

清洁生产中期审核报告在方案产生和筛选工作完成之后进行,是对前面所有工作的总结。具体编写方法参见附录 4。

4.2.5 第五阶段 可行性分析

可行性分析是企业进行清洁生产审核工作的第五个阶段。本阶段的目的是对筛选出来的中/高费清洁生产方案进行分析和评估,并选择出最佳的、可实施的清洁生产方案。本阶段工作重点是结合市场调查结果和收集的资料,对方案的技术、环境、经济进行可行性分析和比较,从中选择和推荐最佳的可行方案。

最佳的可行方案是指该项目投资方案在技术上先进适用,在经济上既合理有利,又能保护环境的最优方案。

4.2.5.1 进行市场调查和预测

清洁生产方案涉及以下情况时,需进行市场调查和预测,为方案的技术与经济可行性分析奠定基础。

(1)拟对产品结构进行调整;

(2)有新的产品(或副产品)产生;

(3)将得到用于其他生产过程的原材料。

绝大多数中/高费方案并不涉及上述情形,此时可跳过市场调查和预测,直接调研并进一步确定中/高费方案的基本内容。

4.2.5.1.1 调查市场需求

(1)国内同类产品的价格、市场总需求量;

(2)当前同类产品的总供应量;

(3)产品进入国际市场的能力;

(4)产品的销售对象(地区或部门);

(5)市场对产品的改进意见。

4.2.5.1.2　预测市场需求

(1)国内市场发展趋势预测；

(2)国际市场发展趋势分析；

(3)产品开发、生产、销售及周期与市场发展的关系。

4.2.5.1.3　确定方案的基本内容

通过市场调查和市场需求预测，对原来方案中的技术途径和生产规模可能会做相应调整。在进行技术、环境、经济评估之前，要最后确定方案的基本内容。每一方案中应包括 2～3 种不同的技术途径以供选择，其内容应包括以下几个方面：

(1)方案技术工艺流程详图；

(2)方案实施途径及要点；

(3)主要设备清单及配套设施要求；

(4)方案所达到的技术经济指标；

(5)可产生的环境、经济效益预测；

(6)方案的投资总费用。

4.2.5.2　进行技术评估

技术评估的目的是研究项目在预定条件下，为达到投资目的而采用的工程是否可行。技术评估应着重评价以下几方面：

(1)方案设计中采用的工艺路线，技术设备在经济合理条件下的先进性、适用性；

(2)方案中利用的技术同国家有关技术政策、能源政策的相符性；

(3)技术引进或设备进口要符合我国国情，引进技术后要有消化吸收能力；

(4)资源的利用率和技术途径合理；

(5)技术设备操作安全、可靠；

(6)技术成熟，例如国内外有实施的先例。

4.2.5.3　进行环境评估

任意一种清洁生产方案都应有显著的环境效益(包括资源能源效益)，环境评估是方案可行性分析的核心。环境评估应包括以下内容：

(1)资源、能源的消耗与资源可持续利用要求的关系；

(2)生产中废弃物排放量的变化；

(3)污染物组分的毒性及其降解情况；

(4)污染物的二次污染；

(5)操作环境对人员健康的影响；

(6)废弃物的复用、循环利用和再生回收。

4.2.5.4　进行经济评估

本阶段所指的经济评估是从企业的角度，按照国内现行市场价格，计算出方案实施后在财务上的获利能力。

经济评估的基本目标是要说明资源利用的优势。它是以项目投资所能产生的效益为评价内容,通过分析比较,选择效益最佳的方案,为投资决策提供科学依据。

4.2.5.4.1 清洁生产经济效益的统计方法

清洁生产既有直接的经济效益也有间接的经济效益,要完善清洁生产经济效益的统计方法,独立建账,明细分类。清洁生产的经济效益如图 4-10 所示。

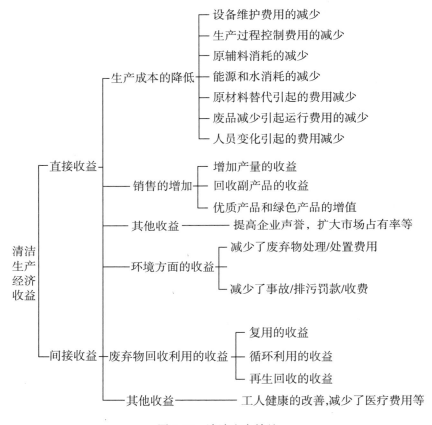

图 4-10 清洁生产效益

4.2.5.4.2 经济评估方法

经济评估主要采用现金流量分析和财务动态获利性分析。

中/高费方案清洁生产经济效益中的直接效益应全部纳入经济评估指标的计算之中,间接收益则应给予恰如其分的定性描述。

4.2.5.4.3 经济评估指标及其计算

经济评估应在项目经济效益与费用估算的基础上进行。清洁生产的经济评估主要采用现金流量分析和财务动态获利性分析方法。以清洁生产方案实施前后现金流量变化的估算为基础,考察整个项目计算期内现金流入和现金流出的变化情况,利用资金时间价值的原理进行折现,计算项目净现值(NPV)和投资内部收益率(IRR)等指标。同时也可计算静态投资回收期指标。

(1)总投资费用(I)

总投资费用(I)的计算见式(4-1)。

$$总投资费用(I)=总投资-补贴 \tag{4-1}$$

总投资包括项目建设投资、建设期利息和项目流动资金。其中,项目建设投资包括固定资产、无形资产、开办费和不可预见费。

(2)新增折旧费(D)

原则上新增折旧费应按照国家税务总局颁布的有关固定资产分类折旧费的估算表来计算。清洁生产方案项目的年新增折旧费可按式(4-2)所示的简单线形折旧公式计算。

$$D=\frac{I}{n} \tag{4-2}$$

式中,D 为项目新增折旧费(万元/年);I 为总投资费用中固定资产原值(万元);n 为项目寿命期(即折旧期,年)。

(3)年新增利润(P)

实施清洁生产方案产生的年新增利润主要来源于销售收入增加额与总成本费用、销售税金及附加等增加额之间的差额(即销售利润增加额),见式(4-3)、式(4-4)及式(4-5)。

$$年新增利润=年新增销售收入-年新增总成本费用-年新增销售税金及附加等 \tag{4-3}$$

其中

$$总成本费用=经营成本+折旧费+摊销费+财务费用(利息支出) \tag{4-4}$$

$$经营成本=外购原材料、燃料和动力费+工资及福利+维修费+其他费用 \tag{4-5}$$

当清洁生产方案项目产生年新增销售收入时,可由企业财务人员负责或协助核算年新增利润。当清洁生产方案项目新增利润全部来源于项目经营成本的减少,且不考虑摊销费和财务费用时,项目投产运行期各年份的新增利润可按式(4-6)计算。

$$年新增利润=年经营成本减少额-年新增折旧费 \tag{4-6}$$

(4)年新增净现金流量(F)

净现金流量是现金流入和现金流出之差额,年净现金流量就是一年内现金流入和现金流出的代数和。清洁生产方案项目的年新增净现金流量是指因项目实施每年给企业带来的净现金流量新增部分,见式(4-7)。

$$年新增净现金流量=年新增现金流入量-年新增现金流出量 \tag{4-7}$$

如果项目增量固定资产的最后残值、项目流动资产增量、项目财务费用(如利息)增量等项均为零,只考虑所得税,且项目总投资仅发生于投资初始年,那么项目投产运行期内各年的净现金流量可按式(4-8)计算,可得到一个相对固定不变的项目新增净现金流量。

$$年新增净现金流量＝年新增净利润＋年新增折旧费 \tag{4-8}$$
$$＝年新增利润×（1－所得税率）＋年新增折旧费$$

年新增净现金流量核算表参见附录。

（5）投资偿还期（N）

投资偿还期是指项目投产后，以项目获得的年净现金流量来回收项目建设总投资所需的年限，可按式（4-9）计算。

$$N=\frac{I}{F} \tag{4-9}$$

式中，I 为总投资费用；F 为年净现金流量。

（6）净现值（NPV）

净现值（Net Present Value）是指在项目经济寿命期内（或折阳年限内）将每年的净现金流量按规定的贴现率折现到计算期初的基年（一般为投资期初）现值之和。净现值是动态获利分析指标之一，可按式（4-10）计算：

$$\text{NPV}=\sum_{j=1}^{n}\frac{F}{(1+i)^{j}}-I \tag{4-10}$$

式中，i 为贴现率（Discount Rate），指将未来支付改变为现值所使用的利率，或指持票人以没有到期的票据向银行要求兑现，银行将利息先行扣除所使用的利率；n 为项目寿命周期（或折旧年限）；j 为年份。

（7）净现值率（NPVR）

净现值率为单位投资所得到的净收益现值。如果两个项目投资方案的净现值相同，而投资额不同时，则应以单位投资能得到的净现值进行比较，即以净现值率进行选择。净现值率可按式（4-11）计算。

$$\text{NPVR}=\frac{\text{NPV}}{I}×100\% \tag{4-11}$$

净现值和净现值率均按规定的贴现率进行计算，它们还不能体现出项目本身内在的实际投资收益率。因此，还需采用内部收益率指标来判断项目的真实收益水平。

（8）内部收益率（IRR）

项目的内部收益率（IRR）是在整个经济寿命期内（或折旧年限内）逐年累计现金流入的总额等于现金流出的总额，使净现值为零的贴现率，可按式（4-12）计算。

$$\text{NPV}=\sum_{j=1}^{n}\frac{F}{(1+\text{IRR})^{j}}-I=0 \tag{4-12}$$

计算内部收益率（IRR）的简易方法可用视差法，具体为

$$\text{IRR}=i_{1}+\frac{\text{NPV}_{1}(i_{2}-i_{1})}{\text{NPV}_{1}+|\text{NPV}_{2}|} \tag{4-13}$$

式中，i_1 是当净现值 NPV_1 为接近于零的正值时的贴现率；i_2 是当净现值 NPV_2 为接近于零的负值时的贴现率。NPV_1 和 NPV_2 分别为试算贴现率为 i_1 与 i_2 时对应的净现值。i_1 与 i_2 可查表获得，i_1 与 i_2 的差值应当不超过 $1\%\sim2\%$。

（9）静态投资回收期（P_t）

静态投资回收期（P_t）是指以项目的净现金流量回收项目全部投资所需要的时间，一般以年为单位表示，并从项目投资初年（建设起始年）算起。在投资初年便完成项目全部投资（I），且在项目资产运行期（$1\leqslant t\leqslant n$）内各年净现金流量为一个固定值（F）时，静态投资回收期可按简化公式（4-14）计算。

$$P_t=\frac{I}{F} \tag{4-14}$$

式中，P_t 为投资回收期（年）；I 为总投资费用（万元）；F 为年净现金流量（万元）。

各方案财务评估指标汇总表参见附录。

【例题】 现有两个清洁生产方案：方案一的总投资（I）为 500 万元，年增加现金流量（F）为 150 万元；方案二的总投资为 70 万元，年增加现金流量为 160 万元。已知两个项目的运行寿命期（n）均为 8 年，银行贴现率（i）为 10%。请分别计算这两个方案的投资偿还期（N）、净现值（NPV）和内部收益率（IRR），并推荐出优先实施方案。

【解】 方案一的计算过程如下：

投资偿还期为

$$N=\frac{I}{F}=\frac{500}{150}\approx3.33（年）$$

净现值为

$$NPV=\sum_{j=1}^{n}\frac{F}{(1+i)^j}-I=\sum_{j=1}^{8}\frac{500}{(1+0.1)^j}-500\approx5.3349\times150-500=300.2（万元）$$

因为 $N=3.33$，查附录 5 中的贴现值系数表可得 $i_1=24\%$，$i_2=25\%$，则 i_1 和 i_2 对应的净现值分别为

$$NPV_1=\sum_{j=1}^{8}\frac{150}{(1+0.24)^j}-500\approx3.4212\times150-500=13.18（万元）$$

$$NPV_2=\sum_{j=1}^{8}\frac{150}{(1+0.25)^j}-500\approx3.3289\times150-500=-0.665（万元）$$

由此可得内部收益率为

$$IRR=i_1+\frac{NPV_1(i_1-i_1)}{NPV_1+|NPV_2|}=0.24+\frac{13.18(0.25-0.24)}{13.18+|-0.665|}\approx0.2495=24.95\%$$

同理，可得方案二的投资偿还期为 4.375 年，净现值为 153.6 万元，内部收益率为

$$IRR=i_1+\frac{NPV_1(i_2-i_1)}{NPV_1+|NPV_2|}=0.15+\frac{17.968(0.16-0.15)}{17.968+|-5.024|}\approx0.1578=15.78\%$$

通过比较两个清洁生产方案的投资偿还期、净现值和内部收益率（见表 4-13），推荐

方案一为优先实施的清洁生产方案。

表 4-13　清洁生产方案比较

	总投资/万元	投资偿还期/年	净现值/万元	内部收益率/%
方案一	500	3.33	300.2	24.95
方案二	700	4.375	153.6	15.78

4.2.5.4.4　经济评估准则

(1)投资偿还期,视项目不同而定。定额投资偿还期一般由各个工业部门结合企业生产特点,在总结过去建设经验和统计资料的基础上,统一确定回收期限,有的也是根据贷款条件而定。一般中费项目的投资偿还期为 2~3 年,较高费项目的投资偿还期大于 5 年,高费项目的投资偿还期则大于 10 年。

(2)净现值为正值,即 NPV≥0。当项目的净现值大于或等于零时(即为正值)则认为此项目投资可行;当净现值为负值时,说明该项目投资收益率低于贴现率,则应放弃此项目投资。在两个以上投资方案进行选择时,则应选择净现值为最大的方案。

(3)净现值率最大。在比较两个以上投资方案时,不仅要考虑项目的净现值大小,而且要选择净现值率最大的方案。

(4)内部收益率应大于基准收益率或银行贷款利率,即 IRR≥i_0。内部收益率是项目投资的最高盈利率,也是项目投资所能支付贷款的最高临界利率,如果贷款利率高于内部收益率,则项目投资就会造成亏损。因此,内部收益率反映了实际投资效益,可用以确定能接受投资方案的最低条件。

(5)静态投资回收期 P_t 小于基准投资回收期 P_0。投资回收期是评价项目盈利能力和抗风险能力的一项参考指标。投资回收期越短,表示项目投资回收越快,抗风险能力越好。静态投资回收期的判别标准是基准投资回收期,其取值可根据行业水平或者投资者的预期水平设定。投资回收期应小于基准投资回收期,则项目投资方案可接受。

对项目寿命期相同的两个及以上互斥的方案进行比较选择时,在选用相同的基准折现率计算的基础上,应选择净现值最大的方案。

4.2.5.5　推荐可实施方案

汇总列表比较各投资方案的技术、环境及经济评估结果,确定最佳、可行的推荐方案。

4.2.6　第六阶段 方案实施

方案实施是企业清洁生产审核的第六个阶段,目的是通过推荐方案(经可行性分析确定的最佳中/高费方案)的实施,提高企业的清洁生产水平,获得显著的经济和环境效益;通过评估已实施的清洁生产方案成果,激励企业推行清洁生产。本阶段工作重点是实施、总结前几个审核阶段已实施的清洁生产方案的成果、统筹规划推荐方案的实施、评价已实施中高费方案的效果、整体评价已实施方案对企业的影响。

4.2.6.1　组织方案实施

推荐方案经过可行性分析,在具体实施前还需要做周密的准备。

4.2.6.1.1　统筹规划

需要筹划的内容有:

(1)筹措资金;

(2)设计;

(3)征地、现场开发;

(4)申请施工许可;

(5)兴建厂房;

(6)设备选型、调研、设计、加工或订货;

(7)落实配套公共设施;

(8)设备安装;

(9)组织操作、维修、管理班子;

(10)制定各项规程;

(11)人员培训;

(12)原辅料准备;

(13)应急计划(突发情况或障碍);

(14)施工与企业正常生产的协调;

(15)试运行与验收;

(16)正常运行与生产。

统筹规划时建议采用甘特图形式制定实施进度表。表 4-14 是某企业的实施方案进度表。

表 4-14　某企业实施方案进度表

内容	××××年												负责单位
	1月	2月	3月	4月	5月	6月	7月	8月	9月	10月	11月	12月	
设计													专业设计院
设备考察													设备与环保科
设备选型、订货													设备与环保科
原辅材料的准备													生产与环保科
设备安装													专业安装队
人员培训													生产技术科
试车													造纸车间
正常生产													造纸车间

注:实施方案名称:造纸车间白水回收方案。

4.2.6.1.2　筹措资金

（1）资金来源主要有两个渠道，分别为企业内部目筹资金和企业外部资金借贷。企业内部资金包括两部分：一是现有资金；二是通过实施清洁生产无/低费方案，逐步积累资金，为实施中/高费方案做好准备。

企业外部资金包括国内借贷资金、国外借贷资金和其他资金。国内借贷资金，如国内银行贷款等；国外借贷资金，如世界银行贷款等；其他资金来源，如国际合作项目赠款、环保资金返回款、政府财政专项拨款、发行股票和债券融资等。

（2）合理安排有限的资金。若同时有数个方案需要资金实施时，则要考虑如何合理有效地利用有限的资金。在方案可分别实施，且不影响生产的条件下，可以对方案实施顺序进行优化，先实施某个或某几个方案，然后利用方案实施后的收益作为其他方案的启动资金，使方案滚动实施。

4.2.6.1.3　实施方案

推荐方案的立项、设计、施工、验收等，都应按照国家、地方或部门的有关规定执行。无/低费方案的实施过程也要符合企业的管理和项目的组织、实施程序。

4.2.6.2　汇总已实施的无/低费方案的成果

已实施的无/低费方案的成果主要有两个方面：环境效益和经济效益。通过调研、实测和计算企业财务数据、计量数据和成本核算数据，对方案的实施效果进行跟踪、统计，分别对比各项环境指标，包括物耗、水耗、电耗等资源消耗指标以及废水量、废气量、固废量（一般固体废物及危险废物）等废弃物产生的指标，分析各项环境指标在方案实施前后的变化，从而获得无/低费方案实施后的环境效果；分别对比产值、原材料费用、能源费用、公共设施费用、水费、污染控制费用、维修费、税金以及净利润等经济指标在方案实施前后的变化，从而获得无/低费方案实施后的经济效益，最后对本轮清洁生产审核中无/低费方案的实施情况作阶段性总结。

效益汇总时应注意：绩效值应以量化的形式体现；绩效值的汇总应全面；所有统计数据必须明确数据源出处，必须是可追溯、可跟踪的数据；必要时需通过实测对统计数据进行补充、完善与核实。清洁生产方案实施产生的经济效益应尽可能按照企业现行的财务统计与核算体系进行量化。对于部分管理类无/低费方案的经济效益，如果无法单独量化统计，可综合考虑并进行定性描述。

4.2.6.3　评价已实施的中/高费方案的成果

对已实施的中/高费方案成果，从技术、环境、经济等三个方面进行综合评价。

4.2.6.3.1　技术评价

主要评价各项技术指标是否达到原设计要求，若没有达到要求，需采取措进行改进。

4.2.6.3.2　环境评价

环境评价主要对中/高费方案实施前后的各项环境指标进行追踪，并与方案的设计值相比较,考察方案的环境效果以及企业环境形象的改善。

通过方案实施前后污染物产量的数字变化,可以获得方案的环境效益;通过方案的设计值与方案实施后的实际值的对比,即方案理论值与实际值进行对比,分析两者差距,从而对方案进行完善。同时结合清洁生产目标中相关的环境目标进行方案环境评价。

4.2.6.3.3　经济评价

经济评价是评价中/高费清洁生产方案实施效果的重要手段。主要通过对比产值、原材料费用、能源费用、公共设施费用、水费、污染控制费用、维修费、税金以及净利润等经济指标在方案实施前后的变化以及实际值与设计值的差距,从而获得中/高费方案实施后所产生的经济效益情况。

4.2.6.3.4　综合评价

从技术、环境、经济三个方面对每一个中/高费清洁生产方案分别进行评价,可以对已实施的各个方案成功与否作出综合、全面的评价结论。

4.2.6.4　分析总结已实施方案对企业的影响

经过征集、设计、实施无/低费和中/高费清洁生产方案等环节,使企业面貌有了改观,但仍有必要进行阶段性总结,以巩固清洁生产审核的成果。

4.2.6.4.1　汇总环境效益和经济效益

将已实施的无/低费和中/高费清洁生产方案成果汇总成表,内容包括实施时间、投资运行费、经济效益和环境效果,并对其进行分析。定量的效益统计与汇总可以直观反映本轮清洁生产审核的实际效果。

4.2.6.4.2　对比分析清洁生产目标

与预审核阶段制定的本轮清洁生产审核的全厂总体目标同审核重点清洁生产目标进行对比,分析设定目标的完成情况、存在的差距、目标设定的合理性及改进方向等。

4.2.6.4.3　综合对比评价清洁生产水平

虽然可以定性地从技术工艺水平、过程控制水平、企业管理水平、员工素质等众多方面考察清洁生产带给企业的变化,但最有说服力、最能体现清洁生产效益的是清洁生产审核前后企业各项单位产品指标的变化情况。

一方面,通过定性、定量分析,企业可以从中体会清洁生产的优势,并通过总结经验来帮助企业推行清洁生产;另一方面也要利用以上方法,与国内外同类型企业进行对比,寻找差距,分析原因并加以改进,从而在深层次上寻求清洁生产机会。

4.2.6.4.4　宣传清洁生产成果

在总结已实施的无/低费和中/高费方案清洁生产成果的基础上,组织宣传材料,并在企业内部广泛宣传,为继续推行清洁生产打好基础。

4.2.7　第七阶段　持续清洁生产

持续清洁生产是企业清洁生产审核的最后一个阶段,目的是使清洁生产工作在企业内长期、持续地推行下去。本阶段工作重点是建立推行和管理清洁生产工作的组织机构,加强和完善促进实施清洁生产的管理制度,制定持续清洁生产计划,并编写清洁生产审核报告。

4.2.7.1　建立和完善清洁生产组织

清洁生产是一个动态的、相对的概念,是一个连续的过程,因而需要一个固定的机构、稳定的工作人员来组织和协调这方面工作,以巩固已取得的清洁生产成果,并使清洁生产工作持续地开展下去。

4.2.7.1.1　明确任务

企业清洁生产组织机构的任务有以下五个方面:

(1)组织、协调并监督实施本次审核提出的清洁生产方案;

(2)经常性地组织对企业职工的清洁生产教育和培训;

(3)考核本轮审核中提出的清洁生产方案实施效果;

(4)选择下一轮清洁生产审核重点,并启动新的清洁生产审核;

(5)负责清洁生产活动的日常管理。

4.2.7.1.2　落实归属

清洁生产机构要想起到应有的作用并及时完成任务,必须落实其归属问题。企业的规模、类型和现有机构等千差万别,因而清洁生产机构的归属也有多种形式,各企业可根据自身的实际情况具体掌握。可考虑以下几种形式:

(1)单独设立清洁生产办公室,直接归属厂长领导;

(2)在环保部门中设立清洁生产机构;

(3)在管理部门或技术部门中设立清洁生产机构。

不论是以何种形式设立的清洁生产机构,企业的高层领导中要有专人直接领导该机构,因为清洁生产涉及生产、环保、技术、管理等各个部门,必须有高层领导的协调才能有效地开展工作。

4.2.7.1.3　确定专人负责

为避免清洁生产机构流于形式,确定专人负责是很有必要的。该职员须具备以下条件:

(1)熟练掌握清洁生产审核知识;

(2)熟悉企业的清洁生产情况;

(3)了解企业的生产和技术情况;

(4)具有较强的工作协调能力;

(5)具有较强的工作责任心和敬业精神。

4.2.7.2　加强和完善清洁生产管理

完善清洁生产管理制度,要把审核成果纳入企业的日常管理轨道,建立激励机制和保证稳定的清洁生产资金来源。

4.2.7.2.1　把审核成果纳入企业的日常管理

把清洁生产的审核成果及时纳入企业的日常管理轨道是巩固清洁生产成效、防止走过场的重要手段,特别是通过清洁生产审核产生的一些无/低费方案,如何监督实施并使它们形成制度显得尤为重要。

(1)将清洁生产方案实施效果纳入企业成本核算工作中,并调整相关核算指标;

(2)把清洁生产审核提出的加强管理的措施文件化、制度化;

(3)把清洁生产审核提出的岗位操作改进措施写入岗位操作规程中,并要求严格遵照执行;

(4)把清洁生产审核提出的工艺过程控制的改进措施写入企业技术规范中。

4.2.7.2.2　建立和完善清洁生产激励机制

在奖金、工资分配、提升、降级、上岗、下岗、表彰、批评等诸多方面,充分与清洁生产挂钩,建立清洁生产激励机制,以调动全体职工参与清洁生产的积极性。

4.2.7.2.3　保证稳定的清洁生产资金来源

清洁生产的资金来源可以有多种渠道,例如贷款、集资等,但清洁生产管理制度的一项重要作用是保证实施清洁生产所产生的经济效益,全部或部分地用于清洁生产和清洁生产审核,以持续滚动地推进清洁生产。建议企业财务对清洁生产的投资和效益单独建账。

4.2.7.2.4　建立企业清洁生产指标管理考核制度

制定企业清洁生产指标管理考核办法,逐步建立、健全清洁生产指标管理制度,定期对清洁生产实施效果进行考核。

4.2.7.3　制定持续清洁生产计划

清洁生产并非一朝一夕就可完成的,因而应制定持续清洁生产计划,使清洁生产有组织、有计划地在企业中进行下去。持续清洁生产计划应包括:

(1)清洁生产方案的实施计划:针对经本轮审核提出却未实施的中/高费方案,制定具体的实施计划。

(2)清洁生产审核的工作计划:指下一轮的清洁生产审核的工作计划。新一轮清洁生产审核的启动并非一定要等到本轮审核的所有方案都实施以后才进行,只要大部分可行的无/低费方案得到实施,取得初步的清洁生产成效,并在总结已取得的清洁生产经验的基础上,即可开始新的一轮审核,根据国家和地方的清洁生产重点领域与方向,提出企业新的审核方向和审核重点。

(3)清洁生产方案的实施计划:指经本轮审核提出的可行的无/低费方案和通过可行性分析的中/高费方案。

(4)清洁生产新技术的研究与开发计划:根据本轮审核发现的问题,研究与开发新的清洁生产技术。

（5）企业职工的清洁生产培训计划：采取有效宣传、培训手段，在企业领导干部、专业技术人员、生产岗位员工中推广普及清洁生产知识和方法，提高清洁生产意识。

4.2.7.4　编写清洁生产审核报告

参照附录4的清洁生产审核报告编写要求，编制审核报告。

4.2.7.5　清洁生产审核的评估及验收

2019年8月中国环境部部长回复关于咨询清洁生产审核相关文件的问题时指出，原国家环保总局印发的《关于印发重点企业清洁生产审核程序的规定的重要通知》（环发〔2005〕151号）是根据《中华人民共和国清洁生产促进法》（2002年版）、《清洁生产审核暂行办法》（2003年版）的规定制定的。2012年，全国人民代表大会常务委员会对《中华人民共和国清洁生产促进法》（2002年版）进行了修订；2016年，国家发展改革委、原环境保护部发布《清洁生产审核办法》，同时废止《清洁生产审核暂行办法》（2003年版）。由于环发〔2005〕151号文的依据文件《中华人民共和国清洁生产促进法》（2002年版）、《清洁生产审核暂行办法》（2003年版）均已修订或废止，建议清洁生产审核工作以最新颁布的《中华人民共和国清洁生产促进法》《清洁生产审核办法》《清洁生产审核评估与验收指南》（环办科技〔2018〕5号）等文件为准。

清洁生产审核的评估和验收是保障和提高企业清洁生产审核质量的重要一环。作为一轮清洁生产审核的最后一个环节，它起着至关重要的作用，既对本轮清洁生产审核的绩效起着评估、验收、监督的作用，同时对下一轮审核起着引导、规范的作用。清洁生产审核的评估和验收既有利于科学推进清洁生产工作，又有利于规范清洁生产审核行为。

4.3　思考题

1. 清洁生产审核的思路是什么？

2. 清洁生产审核的概念是什么？

3. 从哪八个方面分析污染物产生的原因？

4. 清洁生产审核分哪七个阶段？

5. 清洁生产审核操作要点有哪些？

6. 筹划与组织阶段的主要内容是什么？

7. 如何取得管理层的承诺和参与？

8. 组建审核小组一般需要哪几方面的人员参加？

9. 简述预评估阶段的主要工作内容。

10. 怎样确定清洁生产审核的重点？

11. 简述评估阶段的主要内容。

12. 简述物料平衡的作用。

13. 简述方案的产生与筛选阶段的主要内容。

14. 简述可行性研究阶段的主要内容。

15. 简述方案实施阶段的主要内容。

16. 简述持续清洁生产阶段的主要内容。

17. 简述持续清洁生产活动的重要性。

第5章 生态设计

产品的生态设计是 20 世纪 90 年代初出现的关于产品设计的一个新概念,是清洁生产的一个很重要的组成部分。本章主要介绍生态设计的基本概念及其主要战略和方法。

5.1 生态设计概述

5.1.1 生态设计的概念

生态设计有时也称绿色设计或生命周期设计或环境设计,是指将环境因素纳入设计之中,从而帮助确定设计的决策方向。

生态设计要求在产品开发的所有阶段都要考虑环境因素,从产品的整个生命周期减少对环境的影响,最终引导产生一个更具有可持续性的生产和消费系统。

5.1.2 生态设计的重要性

生态设计的概念一经提出,就得到一些国际著名大公司的响应,例如荷兰菲利浦公司、美国电话电报公司(AT&T)、德国奔驰汽车公司等,在 20 世纪 90 年代初就进行了有关产品的生态设计的尝试,并取得了成功。他们积极参与产品的生态设计活动主要基于两个方面的考虑,其一是从保护环境角度考虑,减少资源消耗,实现可持续发展战略;其二是从商业角度考虑,降低成本,减少潜在的责任风险,以提高竞争能力。

5.1.2.1 生态设计在环境方面的重要性

自 1987 年联合国环境与发展委员会提出可持续发展的概念以来,尤其是 1992 年巴西里约高峰会议之后,可持续发展问题逐渐成为全球的一个热点。

环境专家曾做过估算,按照现在全球的发展速度,包括人口增长和生活水平提高的速度,为了维持目前地球的环境状况,50 年以后的环境负荷要降至目前的十分之一的水平。这种大幅度的负荷降低,仅靠末端处理来解决是不可能的,因为末端处理本身就需消耗大量的资源和能源。从降低环境负荷的角度出发,实现可持续发展只有两条途径:第一,进行生产过程的污染预防,即通过清洁生产审核和推行清洁生产技术来减少生产过程中污染物的产生;第二,进行产品的生态设计,从真正的源头开始实现污染预防,构筑新的生产和消费系统。

中国推行清洁生产的企业经验表明,进行生产过程的污染预防,可减少 20%～40%

的污染物产生;而荷兰进行产品生态设计的案例也表明,生态设计可减少 $30\%\sim50\%$ 的环境负荷。

5.1.2.2　生态设计在商业方面的重要性

环境要求对现代企业既是挑战也是机遇。也可以这么理解,环境问题对一个企业可能是一种威胁,那么同时它对另一个企业来说则是一种机遇。因而为了满足现今社会对环境和发展的需求,一个企业赋予其产品可持续的特性是至关重要的。

(1)生态设计可降低成本。通过生态设计可以减少原材料和能源的使用,从而直接降低产品的成本。另外,环境负荷的降低可以减少环保方面的投入,直接或间接降低产品的成本。

(2)生态设计可减少责任风险。环境保护法律、法规对企业的要求会越来越严厉,这是环境保护的需要,也是发展趋势。产品中含有的某些物质现在可能是许可的,但将来并不一定能满足法规的要求。产品的生态设计要求尽量不用或少用对环境不利的物质,可以起到预防的作用,并减少企业潜在的责任风险。

(3)生态设计可提高产品质量。生态设计提出的高水平的环境质量要求,在许多方面提高了产品的质量,例如产品的实用性,运行的可靠性、耐用性以及可维修性等,这些方面的改善都将有利于减少产品对环境的影响。

(4)生态设计可刺激市场需求。随着消费者环境意识的提高,对环境友好型产品的需求将越来越大,这是产品生态设计的一个市场,例如对再生纸的需求。另外,按生态设计思路所设计的新的环境友好型产品,有可能激发起消费者的购买欲望,从而导致新的市场的形成。

总之,产品的生态设计可以提高企业的环境形象,无论是在环境方面还是在商业方面均将有可能给企业提供赢得竞争的机会。

5.1.3　生态设计和传统设计的区别与联系

产品的生态设计在传统设计的基础上增加了一些新的内容,但设计过程的结构还是一致的。

5.1.3.1　生态设计和传统设计的相似性

产品生态设计和传统的产品设计的过程是类似的,即产品的开发过程始于设计产品的筹划和开发任务的分配,最终形成完整的产品文件(如图纸、说明书等)。在这个过程中设计小组通过一系列的步骤进行系统的工作,例如在分析问题之后列出需求清单,然后勾画设计草稿,接着细化设计方案直到设计小组认为可以付诸生产。在设计过程中设计小组和管理层要保持定期的沟通。大多数产品的开发就是依照这种方法进行决策的,机会和风险并存,主要取决于管理层的胆略和设计小组的水平。

5.1.3.2 生态设计的新要求

产品的生态设计虽然不需要改变传统产品开发过程的基本结构,但对信息需求及决策提出了新的要求。

（1）信息需求

生态设计需要确定各种可能的环境问题的信息,首先是现有产品的环境问题分析,其次是新设计产品的环境问题分析。这就要求掌握大量的环境方面的信息,从供货方直至用户和产品使用后的处置。

（2）决策

当要确定何种环境要求应列入产品的要求时,设计小组将面临两种新的决策:第一,在环境要求和其他产品要求间进行决策,例如是否使用已被证明是实用的但可能不是对环境最为友好的原材料;第二,在几个环境要求间进行决策,例如解决某一类环境问题可能会带来二次环境问题时,需要在是否解决该类环境问题上进行选择。

生态设计给传统的产品设计增加了新的内容和要求,是产品设计领域的一个创新和发展。为了达到这种要求,环境意识必须根植于企业的每一个职工的思维之中,将生态设计的思想贯彻到企业的产品开发上。

5.2 生态设计战略

产品的生态设计战略是生态设计的精髓,它从不同的侧面提示在生态设计过程中所要考虑的问题,并提出解决问题的思路。

5.2.1 生态设计的长期战略

从环境的角度考虑,生态设计的最终目标是要找到更加合理的、更具建设性的方案来长期地、持续地减少环境影响。这就需要开发新的设计理念来构筑生态设计的长期战略。

5.2.1.1 非物质化

非物质化并不意味着简单的产品小型化,它包括用非物质的替代品来代替物质产品以满足某些需求,例如互联网上的电子邮件装置就是通信结构的改进,它通过减少信函,采用传真传递信息,降低了纸张和信函交递过程的能源、资源消耗。

5.2.1.2 产品共享

假设几个人共用一个产品而不是单独占有（例如公用洗衣机）,则可提高产品的使用效率。

5.2.1.3　功能的组合

如果几种功能或产品能被组合进一个产品中,则可节约大量的原材料和空间,例如笔记本电脑将键盘、显示器等合成为一个小型的微机。

5.2.1.4　产品(组件)功能的优化

当从总体上考虑一个产品的主要功能和辅助功能时,产品的某些组件可能是多余的。进一步说,可以改进某些辅助功能以减少污染,例如香水、化妆品等往往过度包装以示其豪华,但更为聪明些的设计也可能达到这个目的。

5.2.2　生态设计的中、短期战略

中、短期战略主要提供在生态设计中近期可以采用的改进方案。

5.2.2.1　选择低影响的原材料

生态设计中考虑原材料的目的是选择对环境最为友好的原材料。

(1)清洁的原料。最好避免使用在生产过程、产品焚烧过程或填埋时会产生有害物质的原材料。

(2)可再生的原料。尽量避免使用不可再生的或需很长时间才能再生的原料,例如矿物燃料、金属铜、锌等。

(3)能源密度低的原料。有些原料在其采掘和生产过程中消耗了大量的能源,即能源密度高。使用这类原料时应综合考虑,例如铝是一种能源密度高的物质,因为在冶炼过程中需消耗大量的能源,但当铝被用于经常运输(因为铝较轻)而又有回收系统(因为可以回用)的产品时,却是合适的。

(4)循环利用的原料。再次使用原料说明原料开发所投入的能源未丢失。

(5)可循环利用的原料。当收集和回用系统还不具备时,也应考虑使用可循环利用的原料,除非可能导致其他环境问题。

5.2.2.2　减少原材料的使用

产品生态设计应致力于产品体积的最小化,以减少重量,降低原材料的消耗,当然这不应影响到产品的技术寿命。

(1)减少重量。使用的原材料越少,说明产生的废物越少,同时运输过程的环境影响也越小。

(2)减少体积。当某一产品和其包装能减小体积时,则同一运输工具一次可运更多的产品。

5.2.2.3　优化生产技术

应采用对环境影响较小的生产技术,即实现生产过程的清洁。

（1）选择对环境影响小的生产技术，当然设计小组并不总有机会去选择生产技术，但当这种机会存在时，应选择对环境影响小的生产技术。

（2）减少生产步骤。生产步骤越长，所使用的能源越多，造成的污染机会越大。

（3）减少能耗和使用清洁能源，减少现有生产设备的能耗。

（4）减少废弃物的产生，优化现有生产过程以提高效率，减少废弃物的产生。

（5）减少生产过程中的消耗品使用量，使用清洁消耗品并确保是无毒无害的。

5.2.2.4 优化销售系统

销售系统要确保产品能以最有效的方式从工厂运送到零售商和用户手中。

（1）使用小的、清洁的、可回用的包装，包装用得越少，则节约的原料越多，运输过程的能耗越低。

（2）选择节能的运输模式，尽量选择陆运或海运，因为空运对环境的影响要比海运大得多。

（3）完善配送体系以减少运输量。

5.2.2.5 减少使用期的影响

若用户在产品的使用期内需使用消耗品（例如能源、水、洗涤剂等）和其他产品（例如电池、磁带等），则在产品的设计过程中应考虑减少这些方面可能对环境造成的不利影响。在商品生产周期内，尽可能做到：

（1）选择节能组件以降低产品的能耗，从而减少在能源开发过程中对环境的影响。

（2）使用清洁能源，大大降低对环境有害的污染排放，尤其是对高耗能的产品。

（3）在满足功能的前提下尽量减少对消耗品的需求，例如将辅助材料的使用降到最低程度。

（4）使用清洁的消耗品。一旦辅助产品或消耗品为新产品所必须，则须把它当作具有其自身生命周期的独立产品看待，分别进行分析。

（5）无不良的能源和消耗品损耗。使用者的态度会受到产品设计的影响，例如产品上标示出的刻度，可以帮助使用者准确掌握辅助产品的用量（例如洗衣粉），从而避免不必要的浪费。

5.2.2.6 优化产品寿命

一般产品均有技术寿命（指产品功能保持良好的时间）、美学寿命（指产品对用户具有吸引力的时间）和初设寿命三种寿命期。设计时应尽量延长这三种寿命，以保持产品的长寿命。

（1）可靠性和耐久性。增加产品的可靠性和耐久性是任何一个产品设计者必须考虑的。

(2)易维护和修理。易维护和修理对产品的及时清洗、维护和修理是非常重要的。

(3)产品结构的模块化。模块化设计产品有利于产品的升级和换代,从而延长产品的技术寿命和美学寿命,例如插入式计算机内存块的设计。

(4)经典式设计。赶潮流的设计可能会在短期内失去美学价值,例如去年的流行服饰可能因过时而在今年成为废品。

(5)强烈的产品—用户关系。增加产品和用户之间的关系可以保持产品对用户的吸引力,并使其愿意花时间去维护和修理产品,从而延长产品的寿命。

5.2.2.7 优化寿命终止系统

产品寿命终止系统的优化是任何一个产品设计所必须考虑的,战略重点是要循环再用有价值的产品组件并对废弃物进行有效的管理。

(1)产品采用的重点是要将产品的整体再用于同样的或新的用途。产品的原有成份(组件)保留得越多,则对环境的影响越少。例如给产品一个经典的设计以避免失去对二手用户的吸引力。

(2)再制造和再刷新应考虑重新利用产品中有价值的组件,以免其直接进入焚烧炉或填埋场,例如设计的产品易于拆卸可以有助于组件的回收和再造。

(3)物料的循环利用往往可以节省时间和投资,并带来经济效益。循环利用可分为三级:初级循环利用,指物料按其原有的使用级别重新循环利用;第二级循环利用,指物料降低使用级别重新循环利用;第三级循环利用,指物料经加工后重新循环利用,例如塑料分解后作为其他产品的原材料。物料的循环利用应首先考虑初级循环利用,其次是第二级和第三级循环利用。

(4)安全焚烧,如果再用和循环利用均无法实现,下一步最好的方案是安全焚烧以回收热能。

5.3 生态设计实施

产品的生态设计程序的总体结构和一般的传统设计大致相同,但由于增加了环境要求,其内容更为丰富。生态设计的程序大致可分为七个阶段,即筹划和组织、选择产品、建立生态设计战略、产生和筛选产品创意、细化构想、实施、建立后续活动。具体程序如图 5-1 所示。

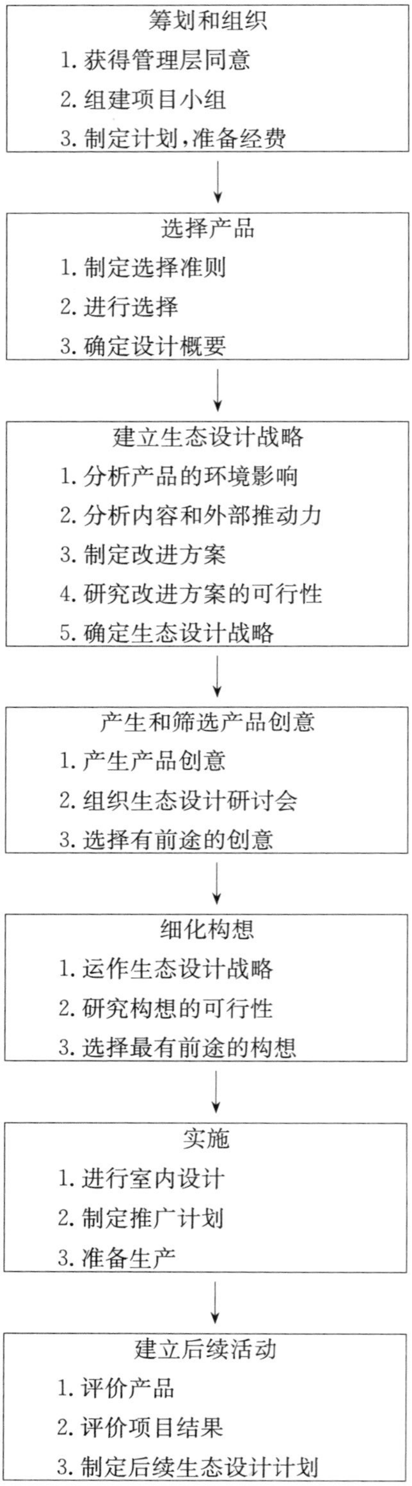

筹划和组织

1. 获得管理层同意

2. 组建项目小组

3. 制定计划,准备经费

↓

选择产品

1. 制定选择准则

2. 进行选择

3. 确定设计概要

↓

建立生态设计战略

1. 分析产品的环境影响

2. 分析内容和外部推动力

3. 制定改进方案

4. 研究改进方案的可行性

5. 确定生态设计战略

↓

产生和筛选产品创意

1. 产生产品创意

2. 组织生态设计研讨会

3. 选择有前途的创意

↓

细化构想

1. 运作生态设计战略

2. 研究构想的可行性

3. 选择最有前途的构想

↓

实施

1. 进行室内设计

2. 制定推广计划

3. 准备生产

↓

建立后续活动

1. 评价产品

2. 评价项目结果

3. 制定后续生态设计计划

图 5-1　生态设计程序框图

5.3.1　筹划和组织

筹划和组织是生态设计项目的开始。在这个阶段首先要获得管理层的承诺,尤其是最高管理层的承诺,其次是组建项目小组,最后制定计划并作出预算。

生态设计必须纳入企业的环境方针,并得到设计部门和管理层双方的支持。

生态设计影响到企业许多不同的部门,需建立一个小型而有效的项目小组以全权负责整个生态设计项目及其后续项目。设计小组应由以下人员构成:项目组长(负责统筹整个生态设计项目)、产品开发员(或产品设计师)、环境专家、市场经理以及采购部门主管。

一般的生态设计项目需 3～12 个月时间,具体时间视产品的复杂程序而定,因而需预先做好整个项目的实施计划。

5.3.2　选择产品

第二阶段的工作是选择合适的产品进行生态设计。首先须制定选择产品的准则,然后再进行选择并确定详细的设计概要。

(1)选择产品应考虑以下几个方面:

①减少产品的环境影响;

②市场的潜力;

③环境改善的潜力;

④产品的复杂性;

⑤企业的积极性;

⑥企业的能力和经费。

(2)设计概要应至少包括以下几个方面:

①对原有产品的总分析;

②对选定产品进行生态设计的原因;

③项目小组对本项目的看法;

④产品的环境和财务指标及其物理性状描述;

⑤项目管理方式;

⑥拟产出的结果文件及形式;

⑦项目小组的组成;

⑧拟采用的设计工作程序;

⑨项目的计划和时间表;

⑩预算。

5.3.3　建立生态设计战略

第三阶段的任务是建立产品的生态设计战略。首先要对产品造成的主要环境问题进行分析,这是生态设计的基础和关键。然后分别进行内部和外部的"强—弱"分析,以确定生态设计的内部推动力(例如增产、节支等)和外部推动力(例如法律、法规现在的或潜在的要求、用户的要求、竞争对手的态度等)。

在分析产品的环境影响期间,许多改进方案可能已经被提出。这些改进方案要先按生态设计战略要求进行分类汇总和补充;分析改进方案的可行性,包括评价所期望的环境价值,技术、组织和经济可行性,以及市场机会,从而确定哪些方案与内部和外部的推动力相符合;最终确定本次生态设计的战略,并列出设计要求清单。

5.3.4 产生和筛选产品创意

第四阶段的主要工作是产生和筛选产品创意。在第三阶段列出设计要求清单之后,本阶段的首要任务是制定解决这些设计要求的方案。

方案的制定有许多方法,一般通过组织有效的生态设计研讨会来进行。通过集思广益的方法,充分采集大家的创新思路,最后选择有前途的创意。

5.3.5 细化构想

第五阶段的主要工作是将产品创意进一步开发,形成产品构想,并进行深入分析以确定推荐方案。在此阶段新产品的材料、尺寸和生产技术等都将确定。

首先将第三阶段建立的生态战略付诸实施,并依照该战略和设计要求清单优化产品的设计;然后研究设计构想的可行性,即估计新产品的环境价值、技术可行性和财务可行性;最终汇总所有备选方案的信息,选择最有前途的生态设计构想,并向管理层和有关部门汇报。

5.3.6 实施

第六阶段的主要工作是对新产品进行详细设计,并做好正式投产前的准备工作。首先需进行新产品的室内设计,包括绘制设计图纸、制作三维实物模型等;然后研究推广计划,包括进行市场调研和预测、产品宣传、征求用户意见等;最后准备投产,包括报批、制作样品(机)、样品(机)测试以及试生产等。至此,本次新的生态设计产品开发工作基本完成。

5.3.7 建立后续活动

在基本完成生态设计工作之后,还有一项重要的工作就是进行评估,以总结经验并指导后续生态设计工作。

首先应评价产品,主要包括五个方面的内容:

①考察新产品的环境和财务价值;

②分析新产品的功能是否比老产品有效;

③分析是否需要拓展应用于新产品的生态设计战略,尤其是长期战略以及如何应用;

④评估产品再设计的合理性;

⑤评估产品生命周期中哪些阶段需重点考虑,以利于以后的生态设计项目。

在完成产品评价之后,还需进行项目的评价,包括评价本生态设计方法是否适用于本企业,设计小组组成是否合理,本企业环境认识方面的差距以及如何改进等。最后制定后续的生态设计计划。

5.4　生态设计案例分析

5.4.1　案例一　环境友好的火柴(选用低影响的原料)

在经过深入的环境研究之后,1992 年英国 Bryand & May 公司开始了他们的"环境火柴"行动。该公司在研究中所评估的第一个问题是:火柴的原料、生产过程和使用会对环境如何构成危害;第二个问题是:与其他点火方式相比,火柴的环境负担是什么。

就第一个问题,火柴头的成分中含有三种有害物质:硫、氧化锌和重铬酸盐。在燃烧过程中,硫产生的二氧化硫是酸雨的主要成分;含锌的生产废物的处置费用正在不断上涨;有毒物质重铬酸盐被用作敏化剂,虽然仅占火柴头的 8%,但该公司不想再使用它。石蜡是火柴生产中唯一不可再生的燃料。该公司还发现包装对大量能源浪费负有责任,并有可能得到改进。原本包装由纯木浆制成,用再生纸板代替可节省大量的能源,因为从废纸板中分离纤维的耗能要比从木头中分离少得多。火柴头中的一些其他组分,例如碳酸钾、氯酸盐和磷也具有很高的能源密度。

为了回答第二个问题,该公司将火柴与一次性的、可重新灌装的打火机进行比较。长期使用可重新灌装的打火机对环境的危害比火柴明显要少,因为每打 1000 次火仅需 2 克丁烷。而一次性打火机的危害最大,因为需要大量高能源密度、不可再生的资源,并且在处置后对环境的危害将持续许多年。

该公司进行了市场调查以发现如何改善产品对环境的影响。研究结果表明火柴头颜色和包装的改变可以被消费者接受。最终,Bryand & May 公司改进了他们所有的火柴,并将包装材料及形式作了更有利于环境的改进。这些改进包括消除火柴头中的硫、锌和重铬酸盐;将火柴棍改用从再生林生产的欧洲山杨木;包装用再生纸板制成;胶水则由废料和植物淀粉制成。该公司在每一盒火柴中夹带简短的说明,强调该产品的环境效益。

5.4.2　案例二　Beosound Century 音响的改进(减少使用期的影响)

Bang & Olufsen(简称 B&D)是丹麦一家生产电视机、录像机、收录机、激光唱机和其他电子设备的公司。Beosound Century 是该公司出品的一种可移动的音响系统,由调频收音机、激光唱机、磁带录音机和两个喇叭组成,重 12 千克,高 11 厘米。在过去 10 年中,音响系统待命状态的典型能耗为 5~10 瓦。对 Beosound Century 音响系统的环境计划是待命状态的能耗不应超过 1 瓦。

为达到这个目标,需在开关模式电源(SMPS)和分离转换器二者之间作出选择。由于几方面的原因,较贵的分离转换器优于开关模式电源。因对备选组件进行总体优化并重点考虑待命状态下必需的功能(如红外接收器和显示),最终待命状态的能耗降为0.8瓦。

5.4.3　案例三　飞利浦公司的绿色设计(开展生命周期评价LCA)

2019年,工信部发布首批工业产品绿色设计示范企业名单,创建了一批绿色设计示范标杆,并在网站对部分行业及企业的典型做法进行了介绍和分享。为更好指导企业开展绿色设计,选取了以下几个经典案例,分析其经验做法,供相关行业及企业参考借鉴。

飞利浦公司是荷兰的一家电器电子产品生产企业,产品主要包括彩色电视、照明、电动剃须刀、医疗诊断影像和病人监护仪器等。自20世纪90年代以来,飞利浦一直持续开展生命周期评价(LCA)工作,通过环境损益(EP&L)表来衡量企业对整个社会的环境影响,并运用生命周期评价结果指导产品绿色设计,获得绿色解决方案。飞利浦的主要做法包括以下几个方面:一是持续加大绿色设计产品与技术开发投入。2019年飞利浦在绿色设计方面投资2.35亿欧元,不断提高产品中可再生、可循环利用原材料的使用比例,严格限制有害物质使用。开发的剃须刀、电动牙刷、空气净化器、母婴护理等新产品,能耗不断降低,且不含聚氯乙烯(PVC)和溴化阻燃剂(BFR);开发的患者监护仪的能耗较其前代产品降低18%,产品和包装重量分别减少11%和25%。根据飞利浦集团年报,2019年飞利浦绿色设计产品收入131亿欧元,占销售总额的67.2%。二是加强绿色设计相关信息的宣传披露。在企业网站设置环境专栏,介绍绿色设计理念、产品与技术研发进展、工厂的绿色生产措施和排放数据等信息。定期发布年度报告,公开绿色产品的性能指标、对供应商的绿色要求、绿色创新与环境绩效影响等信息数据,鼓励公众参与和社会监督,积极引导绿色设计、绿色制造和绿色消费。

5.4.4　案例四　法拉基集团的绿色管理要求(采用节能减排的绿色建材)

拉法基集团是法国建材企业,业务领域涉及水泥、屋面系统、混凝土与骨料、石膏建材,该公司的绿色设计实践的重点是围绕采矿、生产、采购、服务等建材产品生命全周期的主要环节,严格落实绿色管理要求。在采矿环节,对生产场所进行四年一次的环境审核,制定和执行矿山恢复计划,同时对所有矿山进行生物多样性筛查,为环境敏感矿山制定和实施生物多样性发展计划。在采购环节,将环境绩效评估列入分包商和供应商的选择程序中,并严格遵守有关规定和程序。在生产环节,持续降低单位产品的粉尘、氮氧化物、硫氧化物等污染物排放强度,探索建立水泥窑持久性污染物排放基准,推动不可再生资源使用最小化、危险废物和其他固废排放最小化,尽可能再利用和回收原材料,安全处置废物。在服务环节,与政府、消费者、下游企业广泛合作,持续提升产品绿色环保性能,力求减少建筑对人体健康和环境影响。

据拉法基公布的社会责任报告介绍,该公司开发的水泥绿色设计产品,通过增加粉煤灰或炉渣、石灰石等物质的使用,产品环境足迹明显减少,与普通硅酸盐水泥相比,该绿色水泥的二氧化碳排放降低50%以上;新石膏产品采用聚苯乙烯泡沫材料,可提升隔热、隔音性能;超高性能纤维混凝土可降低热传导性,产品可节能约35%,其抗压强度、抗折强度、耐久性均高于普通混凝土,且无配筋。在这些绿色建材基础上开发建设的桥梁,与普通钢混桥梁相比,原材料、一次性能源分别节约35%和45%以上,二氧化碳排放降低50%以上。

5.4.5　案例五　西门子集团的绿色数字化(产品绿色化水平的定量分析)

德国西门子集团在绿色设计方面致力于为汽车、电子、机械、化工、医药等行业制造和开发绿色产品,提供绿色设计的总体解决方案。该公司的主要做法是通过西门子硬件软件无缝集成能力,结合自动化、智能化、工艺流程软件和数据分析,从产品、研发、生产管理、数字化应用等方面为客户提供一套全面掌握产品整个生命周期状况的绿色数字化解决方案,全方位打通工业产品绿色设计与绿色制造一体化的路径。以西门子"数字化双胞胎综合方案"为例,该方案重新定义了端到端的过程,帮助客户实现产品开发和生产规划的虚拟环境与实际生产系统、产品性能之间的闭环连接,实现了产品绿色化水平的定量分析和持续优化,产品开发效率大幅提升,降低了生产和维护的成本,目前已在汽车、电子等行业推广应用。

为加快推行工业产品绿色设计,促进制造业高质量发展,根据《工业和信息化部办公厅关于组织推荐第二批工业产品绿色设计示范企业的通知》(工信厅节函〔2020〕110号),经企业自评估、省级工业和信息化主管部门(或中央企业)推荐及专家评审,珠海格力电器股份有限公司等67家企业通过评审。工业和信息化部、科技部、生态环境部征集国家鼓励发展的重大环保技术装备(见图5-2),旨在促进创新型设备及技术的开发,这为清洁生产有序稳步运行提供了技术支撑。

（a）重大环保技术设备领域　　　　（b）国家鼓励发展的重大环保技术装备

图 5-2　工业产品生态设计

5.5　思考题

1. 什么是生态设计？
2. 简述生态设计在商业方面的重要性。
3. 生态战略有哪些？

第6章 生命周期分析

随着工业化的发展,进入自然生态环境的废物和污染物越来越多,超出了自然界自身的净化吸收能力,对环境和人类健康造成了极大影响。同时,工业化也将使自然资源的消耗超出其恢复能力,进而破坏全球生态环境的平衡。因此,人们越来越希望有一种方法对其所从事的各类活动的资源消耗和环境影响有一个彻底、全面、综合的了解,以便寻求机会采取对策,减轻人类对环境的影响。目前,生命周期评价(Life Cycle Assessment,LCA)就是国际上普遍认同的可达到上述目的的方法。

6.1 生命周期评价的产生和发展

生命周期评价也称为生命周期分析,其最初应用可追溯到1969年美国可口可乐公司对不同饮料容器的资源消耗和环境释放所作的特征分析。该公司在考虑是否以一次性塑料瓶替代可回收玻璃瓶时,比较了两种方案的环境友好情况,并肯定了前者的优越性。通过类似分析,他们还决定用铝制饮料罐替代原来的钢制饮料罐,因为铝制产品的可重复利用性较好。从此,LCA方法学不断发展,现已成为一种广泛应用的产品环境特征分析和决策工具。

对于LCA的应用,研究者最初的兴趣主要集中在产品的能源消耗上。20世纪60年代末和70年代初,由于石油危机引起的能源短缺,人们开始关注资源和能源节约问题。"净能量分析"(Net Energy Analysis)成为当时的热门话题,研究者利用这一方法对不同包装材料的能源需求进行分析,并将其应用于分析酒精、汽油和太阳能卫星等产品。在短短几年时间内,"净能量分析"发展成为一种正式的方法学。与此同时,欧洲国家的一些研究人员(以英国的Ian Boustead为代表)提出了类似清单分析的"生态衡算"(Ecobalance)方法。该方法以能源和物料平衡以及生态试验为基础,对环境的所有输入、输出进行核算,目前已发展成为一种物料和产品的环境评价工具。

后来,LCA方法又被进一步扩展到研究废弃物的产生情况,由此为企业选择产品提供判断依据。在这方面,最早的事例之一是20世纪70年代初美国国家科学基金的国家需求研究计划(RANN)。在该项目中,采用了类似于清单分析的"物料—过程—产品"模型,对玻璃、聚乙烯、聚氯乙烯瓶产生的废弃物进行分析比较。另一个事例是美国国家环保局(EPA)利用LCA方法对不同包装方案所涉及的资源与环境影响所作的研究。

利用LCA分析产品对环境的影响,并由此判定产品环境性能优劣的做法,引起了有关技术界及公众的广泛兴趣和关注。例如：用这一方法对可重复使用的布尿布和一次性纸尿布进行比较，发现后者产生的废弃物是前者的 90 倍；而前者的水污染为后者的 10 倍，能源消耗为后者的 3 倍。由于两者影响环境的性质不同，孰优孰劣，成为当时公众争论的热点。

另一个引起公共争论的经典示例：麦当劳在使用木浆纸汉堡包盒还是聚苯乙烯汉堡包盒上所做的选择。在当时绿色运动正在兴起和倾向于选择天然材料的背景下，麦当劳最终选择了前者。但后来 LCA 的研究结果表明，尽管聚苯乙烯泡沫盒需占用更多的填埋空间，但在各自的生产过程中，纸盒要比泡沫盒多耗用 36 倍的电和 580 倍的水。此外，纸还会在填埋场中发生厌氧分解，生成甲烷。如此明显的差别，两者的优劣也就不难断定了。

从 20 世纪 80 年代中期至 90 年代初，LCA 研究进展迅速。发达国家开始推行环境报告制度，要求对产品形成统一的环境影响评价方法和数据。一些环境影响评价技术，例如对温室效应和资源消耗等的环境影响定量评价方法，也在不断发展。这些都为 LCA 方法学的发展和应用领域的拓展奠定了基础。1993 年出版的《LCA 原始资料》被认为是当时最全面的 LCA 活动综述报告。

20 世纪 90 年代以后，在国际环境毒理学和化学学会（SETAC）以及欧洲生命周期评价开发促进会（SPOLD）的大力推动下，LCA 方法在全球范围内得到较大规模的应用。1990 年，SETAC 首次主持召开了有关生命周期评价的国际研讨会，在会议上首次提出了"生命周期评价"的概念。在以后的几年里，SETAC 又主持和召开了多次学术研讨会，对生命周期评价从理论到方法进行了广泛的研究。1993 年，SETAC 根据在葡萄牙召开的一次学术会议的主要结论，出版了一本纲领性报告——《生命周期评价纲要：使用指南》。该报告为生命周期评价方法提供了一个基本技术框架，是生命周期评价方法论研究起步的一个里程碑。

目前，LCA 在方法论上还不十分成熟，仍然有很多问题值得研究。值得欣慰的是：SETAC 和 ISO 已经在积极促进生命周期评价方法论的国际标准化研究。ISO 14040 标准（环境管理—生命周期评价—原则与框架）已于 1997 年颁布，相应的标准 ISO 14041（1998 环境管理—生命周期分析—目标和范围的界定及清单分析）、ISO 14042（2000 环境管理—生命周期分析—影响评价）、ISO 14043（2000 环境管理—生命周期分析—解释）也相继颁布。该标准体系拟对生命周期评价的概念和技术框架及实施步骤进行标准化。

一些国家（美国、荷兰、丹麦、法国等）和有关机构也通过实施研究计划和举办培训班，研究和推广 LCA 方法学。在亚洲，日本、韩国和印度均建立了本国的 LCA 学会。我国对 LCA 的工作也极为重视，并于 1999 年和 2000 年相继推出了 GB/T 24040—1999《环境工作生命周期评价原则与框架》及 GB/T 24041—2000《环境管理生命周期评价目的与范围的确定和清单分析》等国家标准。

6.2　生命周期评价的定义、主要特点及其意义

6.2.1　生命周期评价的定义

对于 LCA 的定义,目前比较有代表性的有以下三种:

(1)国际环境毒理学和化学学会(SETAC)对 LCA 的定义为:"生命周期评价是一种对产品、生产工艺以及生产活动对环境的压力进行评价的客观过程,它是通过对能量和物质利用以及由此造成的环境废物排放进行辨识和量化来进行的。其目的在于评估能量和物质利用以及废物排放对环境的影响,寻求改善环境影响的机会以及如何利用这种机会。这种评价贯穿于产品、工艺和生产活动的整个生命周期,其包括原材料提取与加工,产品制造、运输以及销售,产品的使用、再利用和维护,废物循环和最终废物弃置。"

(2)联合国环境规划署(UNEP)对 LCA 的定义为:"生命周期评价是评价一个产品系统生命周期整个阶段——从原材料的提取和加工,到产品生产、包装、市场销售、使用、再使用和产品维护,直到再循环和最终废物处置——的环境影响的工具。"

(3)国际标准化组织(ISO)对 LCA 的定义为:"生命周期评价是对一个产品系统的生命周期中输入、输出及其潜在环境影响的汇编和评价。"

关于生命周期评价的定义,尽管存在着不同的表述,但各国际机构目前已经趋向于采用比较一致的框架和内容,其总体核心是:生命周期评价是对贯穿产品生命周期全过程(即所谓从摇篮到坟墓)——从获取原材料、生产、使用,直至最终处置——的环境因素及其潜在影响的研究。

6.2.2　生命周期评价的主要特点

(1)全过程评价

生命周期评价是与整个产品系统原材料的采集、加工、生产、包装、运输、消费、回用以及最终处理生命周期有关的环境负荷的分析过程。

(2)系统化与量化

生命周期评价以系统的思维方式去研究产品或生产行为在整个生命周期中每一个环节中所有资源消耗、废弃物的产生情况及其对环境的影响,定量来评价这些能量和物质的使用以及所释放的废弃物对环境的影响,辨别和评价改善环境影响的机会。

(3)注重产品的环境影响

生命周期评价强调分析产品或生产行为在生命周期各阶段对环境的影响,包括能源消耗、土地占用及排放污染物等,最后以总量形式反映产品或生产行为的环境影响程度。生命周期评价注重研究系统在生态健康、人类健康和资源消耗领域内的环境影响。

6.2.3　生命周期评价的意义

(1)可以对某一给定产品分析其生命周期内的环境影响并进行不同产品的比较分

析,给出综合环境影响评价,用于帮助识别、改进产品生命周期各个阶段中改善环境影响的机会。

(2)可以为授予"绿色"标签的产品提供量化依据;对给定经济单位或行为计算能源和原材料使用效率,对指定产品进行工艺流程有效性评估,选择有关的环境表现(行为)参数。

(3)可以对同一确定的经济单位,比较不同国家间环境行为的效果。

(4)可以评估和比较不同地区、不同国家的工业效率,寻求能源、资源的最低消耗,为国际环境政策协商提供技术支撑。

(5)可以通过分析不同情况下可能的替换政策的环境影响,评估政策变动所降低的环境影响效果,从中找出最佳的方针政策,如战略规划、确定优先项、对产品或过程的设计或再设计。

6.3 生命周期评价的基本原则和技术框架

6.3.1 生命周期评价的基本原则

生命周期评价必须遵从一定的原则,这些原则在开展生命周期评价的各个阶段都必须注意,以保证评估结果科学、可靠。一般来说,生命周期评价遵循以下七个基本原则:

(1)系统性:开展生命周期评价研究,应系统地、充分地考虑产品系统从原材料获取到最终处置的全部过程中的环境因素。

(2)时间性:生命周期评价研究的目的和范围在很大程度上决定了研究的时间跨度和深度。

(3)透明性:生命周期评价研究的范围、假定、数据质量描述、方法和结果应具有透明性。

(4)准确性:应讨论并记载数据的来源,并给以明确、适当的交流。

(5)知识产权:应针对生命周期研究的应用意图规定保密和保护知识产权的要求。

(6)灵活性:由于被分析系统的生命周期的各个阶段存在着折中因素和具体处理的复杂性,将 LCA 的结果简化为单一的综合得分或数字尚不具备科学依据,因此 LCA 研究具有灵活性,没有统一模式,用户可按照生命周期评价的原则和框架,根据具体的应用意图实际地予以实施。

(7)可比性:一般来说,从 LCA 研究所取得的信息只能作为一个比它长远、全面的决策过程的一部分加以应用,或是用来理解广泛存在的或一般性的权衡与折中,对于不同的 LCA 研究,只有当它们的假定或背景条件相同时,才有可能对其结果进行比较。

6.3.2 生命周期评价的技术框架

1993 年 SETAC 在《生命周期评价纲要:实用指南》中将 LCA 的基本结构归纳为四

个有机联系的部分(见图 6-1):目标定义和范围界定(goal definition and scoping);清单分析(inventory analysis);影响评价(impact assessment)和改进评价(improvement assessment)。

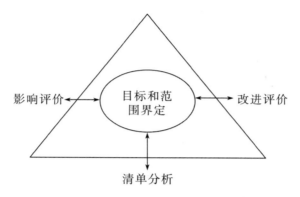

图 6-1　LCA 的技术框架(SETAC,1993)

在 1997 年颁布的 ISO 14040 标准中,LCA 的实施步骤分为目标和范围定义、清单分析、影响评价和结果解析 4 个部分,如图 6-2 所示。

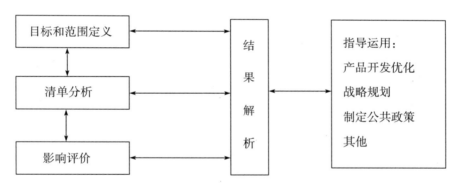

图 6-2　LCA 实施步骤(ISO 14040,1997)

(1)目标定义和范围界定

这是生命周期评价的第一步,它直接影响到整个评价工作程序和最终的研究结论。目标定义即清楚地说明开展此项生命周期评价的目的和原因,以及研究结果的可能应用领域。研究范围的界定应保证能满足研究目的,包括定义所研究的系统、界定系统边界、说明数据要求、指出重要假设和限制等。

(2)清单分析

对一种产品、工艺和活动在其整个生命周期内的能量与原材料需要量,以及对环境的排放(包括废气、废水、固体废弃物及其他环境释放物)进行以数据为基础的客观量化过程。其中固体废弃物包括一般废弃物和危险废弃物,根据《国家危险废物名录》(2016版)的定义,危险废弃物为具有腐蚀性、毒性、易燃性、反应性或者感染性等一种或者几种危险特性的;不排除具有危险特性,可能对环境或者人体健康造成有害影响,需要按照危险废弃物进行管理的。

该分析评价贯穿于产品的整个生命周期,即原材料的提取、加工、制造、销售、使用和用后处理。

(3)影响评价

对清单分析阶段所识别的环境影响压力进行定量或定性的表征评价,即确定产品系统的物质、能量交换对其外部环境的影响。这种评价应考虑对生态系统、人体健康以及其他方面的影响。

(4)改进评价

系统地评估在产品、工艺或活动的整个生命周期内削减能源消耗、原材料使用以及环境释放的需求与机会。这种分析包括定量和定性的改进措施,例如,改变产品结构、重新选择原材料、改变制造工艺和消费方式以及废弃物管理等。

6.4 生命周期评价的实施过程

SETAC 所确定的生命周期评价实施框架,如图 6-3 所示。这些过程,虽然在理论上是可行的,但目前大部分对生命周期评价的研究和实施仍没有超过清单分析的阶段。部分原因是生命周期评价还有待进一步发展,另一个原因是在某些生命周期评价中(例如当集中考虑原材料使用的选择情况时),不需要考虑产品的整个生命周期过程。

图 6-3 LCA 实施框架

以下具体叙述生命周期评价的各个过程的内容:

6.4.1 目标定义和范围界定

生命周期评价的第一个步骤是明确它的目标和范围,这样直接影响到整个评价工作程序和最终的研究结论。生命周期的目标应包括:

(1)为什么要进行这项研究;

(2)谁资助这项研究;

(3)研究的参加者有哪些;

(4)研究的组织者如何运用研究的结果;

(5)生命周期评价需要哪些原始数据;

(6)对生命周期评价的结果进行交流的要求。

一项研究的目标有很多,应明确主要目标,使企业在确定输入输出的时候获得有效的依据。研究的范围也应该明确,从而根据研究的广度和深度确定研究的目标。研究范围应包括:

(1)定义所研究的系统;

(2)系统的边界;

(3)系统的功能;

(4)各功能单元;

(5)所需数据;

(6)重要的假设和限定条件。

由于用于生命周期评价的数据是变化的,所以它的目标和范围也应根据限制条件的不同而做出修改。

6.4.2 清单分析

在研究的目标和范围被确定以后,生命周期评价的下一个步骤是清单分析。产品的生命周期可以被描述为一个包括所有生产过程的系统。生产过程对环境的影响是由于物质和能量的流动造成的,这种流动包括从环境到生产系统的输入及从生产系统到环境的输出。清单分析的主要任务是收集数据来量测与整个系统相关的物质和能量的输入输出情况。

清单分析是整个生命周期评价过程中工作量最大的一步,它通常由以下四部分组成:

(1)过程流程图的建立

ISO 14041 要求生命周期评价在建立系统模型时使用过程流程图来详细描述每一个过程单元,列出所需数据的种类,明确过程单元的测量方法,并描绘出典型的技术,一般流程图如图 6-4 所示。

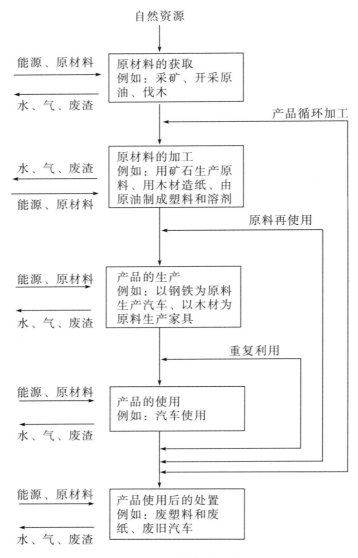

图 6-4 清单分析流程图

　　流程图汇集了与产品的生产、使用和处置相联系的原材料和能源的使用以及废物的排放情况的总清单。如果生产的是一个有多种材料制成的复杂产品,生命周期清单就会比较复杂,与每一种重要的原料相关的原材料和能源的使用以及废弃物的排放情况都要进行评估。

　　(2)数据的收集

　　数据收集是收集与生产系统的所有输入输出有关的数据。输入包括原材料和能源,输出包括废气、废水、废渣和废弃的产品。数据的来源可以直接从生产过程中获得,也可以从每年管理部门颁布的环境公报中获得,还可以由特定的计算公式间接求得。数据的收集是一个复杂的过程,它因研究的对象、范围以及应用目的不同而不同。数据类型则是由系统边界的输入输出的类型来决定的。

每一个系统又可以分为多个子系统或过程单元。将一个复杂的系统分为若干单元是必要的,因为这样能更好地收集与每一个具体过程有关的输入输出的数据。对子系统作了划分以后,应根据原材料和中间材料以及中间产品和最终产品确定一个子系统的开始处和终结处。另外,对系统进行物理描述也很重要。物理描述是对原料和能量在系统边界输入输出的整个流动过程的定性描述。

系统边界将系统和它周围的环境分隔开来,环境向系统提供了输入并且接收系统的所有输出。确定系统范围就是要确定哪些过程是系统中的,哪些过程不是系统中的。例如,如果原料的获取过程不被定义在一个生产系统中,那么这一过程中原料和能源的使用情况将不被列在系统清单中。系统边界应根据分析的目的来确定,例如,分析产品生产过程和分析运输过程所确定的系统边界是不一样的。

生命周期评价需要大量的数据,要确保研究的可信度,很重要的一件事就是确定数据质量的目标和应用。比如,研究在某一特定地点的某一特定公司,就会强调获得最近的、特定地点的数据。

当数据用于比较的时候,生命周期评价研究要求数据是简洁、完整和有代表性的。并且要求在整个评价过程中数据收集的方法是一致的。

(3)系统边界的定义

在进行生命周期评价时,应明确被研究的系统的功能。例如,涂料厂的功能是生产涂料,软包装饮料厂的功能是为顾客提供软包装饮料,杂货车的功能是帮助顾客搬运杂货,等等。划分功能单元是为了便于分析整个生产过程,如考察哪些过程是可量测的、哪些过程将产生特殊后果等。另外,在进行比较研究时,对功能相同的生产系统进行比较是很重要的。例如,一个生产 1 千克聚乙烯的系统不能和一个生产 1 千克聚丙烯的系统进行比较。因此,明确定义系统、分清一个特定的生产过程是否包括在系统中尤为重要。

由于工业部门的职能主要是产品的生产,因此生命周期评价也主要针对生产系统。一个生产系统就是一个执行特定功能的各个过程的集合,如图 6-5 所示。

系统边界能够帮助组织者确定分析范围。例如,原料的获取过程开始于获取原材料或能源的所有行动,结束于对原料进行加工阶段的起始处。使用、再使用和保存产品的系统的边界开始于产品生产的完成阶段,结束于产品被废弃进入废弃物管理系统。

一个完整的研究应该将原材料和能源的输入分析到它们最初从地壳中被获取的阶段。相应地,废弃物的释放也应该分析到它们的最终处置阶段,但这实际上是不可能的。因此,研究者应确定合理的分析范围。这就是定义边界的重要性的原因。

一项完善的生命周期评价研究应有一个明确的定义系统边界的标准。这个标准决定了生命周期中的哪些阶段是不重要的,也就是说,某些阶段与整个系统输入输出的关系不大,从而可以排除在生命周期评价的范围之外。系统边界可以从几个角度来划分:

如根据技术系统和自然界来划分的边界,根据地域尺度和时间尺度来划分边界,根据产品利润和产品成本来划分的边界,等等。系统边界的选择对生命周期评价的结果有很大影响,因此必须充分考虑如何确定系统边界。

一个系统或子系统的边界一旦被定义出来,便可以用过程图表来表示各过程单元之间的关系。分析系统的各组成单元的主要目的是得到一个各过程单元输入输出情况的清单。一个过程单元的输入输出反映了原材料和能源在生产过程中的流动情况。

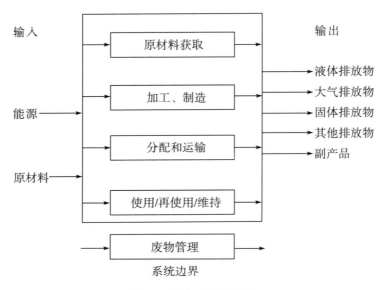

图 6-5　生产系统示意图

（4）数据处理

数据处理的内容主要是计算,以得到用以明确划分功能单元和定义系统边界的数据结果。计算过程可以包括如下几步:

①在每个子系统中准备数据;

②分析数据从而找到问题、差距和不一致性;

③收集不同来源的数据,若有必要则与其他生命周期评价的参与者或使用者进行交流;

④将各个子系统连接起来从而对整个系统进行计算;

⑤在对不同产品进行比较时将各个子系统的功能单元联系起来。

6.4.3　影响评价

生命周期评价的影响评价目前正处于发展阶段,影响评价是将清单分析的结果进行定性、定量的评价,一般包括两方面内容:

（1）分类和特征化

1）分类

将生命周期评价清单的输入和输出数据组合成为相对一致的环境影响类型。通常可分为资源的消耗、对人体健康的影响和对生态环境的影响三大类,每一大类又分为不同的小类,如表 6-1 所示。

表 6-1 生命周期评价对环境影响的分类

资源的消耗	对生态环境的影响	对人体健康的影响
能源	气候变暖	中枢神经系统受损
原材料	臭氧层破坏	生殖系统受损
水	酸雨	呼吸系统受损
土地	水体富营养化	致癌
	光化学烟雾	
	生态毒性影响	
	生态环境破坏	
	生物多样性破坏	

根据这样的分类,管理者就能够识别不同类型的环境污染。在定义具体的影响类型时,应该关注相关的环境过程,这样有利于尽可能根据这些过程的科学知识来进行影响评价。

2)特征化

对数据进行分类之后,再定性描述每一类污染的特征。此外,很重要的一步是用相关的物理、化学、生物和毒理数据来描述潜在的环境影响。但是根据清单分析的数据所描述的环境影响还是不全面的,目前有些研究正在试图建立模型来描述潜在的、可能的不确定影响。目前国际上使用的特征化模型主要有:①负荷模型,这类模型根据清单的大小来评价清单提供的数据。假定条件是数量越少,产生的影响就越小。如一个制造系统产生的二氧化硫为 1 千克,另一个系统生产等效的产品时释放二氧化硫为 2 千克,则认为前者对大气的影响小。②当量模型,这类模型使用当量系数(如 1 千克甲烷相当于 69 千克二氧化碳产生的全球变暖潜力)来汇总清单的数据。前提是汇总的当量系数能测量潜在的环境影响。③固有的化学特性模型,这类模型以释放物的化学特性,如毒性、可燃性、致癌性和生物富集等为基础来汇总清单数据。前提是这些标准能将清单数据归一化,以测定潜在的环境影响。④总体暴露-效应模型:这类模型以一般的环境和人类健康信息为基础来估计潜在的环境影响。⑤点源暴露-效应模型:这类模型以点源相关区域或场所的影响信息为基础来确定产品系统实际的影响。

(2)赋值

赋值是将分类并定量化的各种影响因子统一归结为一个指标,作为该产品对环境影响的综合评价指标。瑞典环境学会总结了"环境优先策略"(the environment priority strategies,EPS)的方法。在这个方法中,通过给清单分析中的每一个环境指标赋值来确定整个环境容量。一些物质的环境指数见表 6-2。

表 6-2 EPS 方法中使用的部分环境指数

原料	指数	排出的气体	指数	排出的废液	指数
钴	76	二氧化碳	0.09	含氮废液	0.1
铬	8.8	一氧化碳	0.27	含磷废液	0.3
铁	0.09	氮氧化物	0.22		
锰	0.97	一氧化氮	7.0		
钼	1.500	硫化物	0.10		
镍	24.3	氟氯昂	11 300		
铅	180	甲烷	1.0		
铂	350 000				
铑	1 800 000				
锡	1200				
钒	12				

这些指数表示每 1 千克其对应的物质的环境负荷,即单位物质的环境负荷。例如,假设生产 1 千克的乙烯产生 0.53 千克的二氧化碳和 0.006 千克的氮氧化物,那么与这两项清单有关的环境负荷是:

$$0.53 \text{ 千克 } CO_2 \times 0.09 \text{ 环境负荷单位}/\text{千克 } CO_2 = 0.048 \text{ 环境负荷单位}$$

$$0.006 \text{ 千克 } NO_x \times 0.22 \text{ 环境负荷单位}/\text{千克 } NO_x = 0.0013 \text{ 环境负荷单位}$$

通过把整个清单中所有物质的负荷进行加和,就得到了整个生产过程所产生的环境负荷。

在 EPS 方法中,环境指数的选择对分析结果有很大的影响。选择环境指数主要从以下几个方面考虑:环境影响的范围,影响的程度,影响的频率和强度,影响的持久性,一种物质对环境的影响相对于所有影响的重要性,削减单位物质排放的费用大小。所选择的环境指数根据以上因素的不同而有所不同。EPS 是当前生命周期分析影响评价的重要方法之一,不足之处是该方法的主观性比较强。

6.4.4 改进评价

改进评价是生命周期评价的最终目标,主要通过对工艺、产品或技术进行某种改变,以期待得出改善环境影响的定性和尽可能定量的结论。

(1)结论和解释

生命周期评价的结论要回答目标中所列出的问题。作出结论的目的是把生命周期评价的结果变为对决策者有意义的、便于理解的信息。

（2）报告

生命周期评价的结果应准确地报告给民众。报告中的资料应详细，使读者能够准确理解并应用，从而达到生命周期评价的目的。报告的目的是提高方法和数据的透明度。

（3）批评意见

批评意见是对生命周期分析有效性和可信度的检测。在批评意见中主要回答以下问题：考虑到一项生命周期评价的目的，在评价中是否使用了有效的、科学的技术方法；数据的使用是否合理；结论是否合理；整个分析过程是否具有前后一致性；分析是否透明。

6.5　生命周期评价在清洁生产中的应用

生命周期评价是一种有效的环境管理工具，它可以帮助人们进行有关如何改变产品或如何设计替代产品方面的环境决策。这将带来更清洁的生产，即由更清洁的工艺制造更清洁的产品。由此可见，产品生命周期评价在促进和推动清洁生产方面的应用十分广泛，可以归纳为针对企业行为和消费者行为两大类。另外，政府决策行为也受产品生命周期评价结果的影响。

6.5.1　改变企业行为

产品生命周期评价最早是由企业对其原料能源供应分析发展起来的，它在企业内部、外部管理中的巨大作用日益明显。

（1）产品生命周期评价可促进企业对其生产过程进行审查并改进，减少生产性排污，促进无废工艺、清洁生产在企业的推行。

（2）促进企业对产品的设计开发提出更高要求，使其在产品设计阶段就考虑到资源的消耗和保护环境的要求。产品设计不仅要遵循经济原则，也要遵循生态原则。例如瑞典的环境优先战略计划，其利用生命周期评价，建立全面的产品环境评价系统，用于产品的设计。其方法与目标包括：

①运用环境负荷来描述产品各生命周期的原材料、能源消耗和污染排放；

②对不同生产方法、产品设计提供具有良好可比性的环境评估方法；

③提供系统的、以产品生命周期评价的基本原则为基础的环境影响评价信息、方法信息。

（3）促进企业对其产品的包装、运销、使用、回收处置作出反应。现在的生产部门将产品推向市场之后，产品就与企业几乎脱离了关系，废弃物的回收、处置均成为社会性的问题。通过产品生命周期评价，可以明确污染责任，促进企业尽可能减少废弃物的产生量，并采取回收、回用等措施使废弃物进入生产的再循环环节，节约社会资源。最为明显的是产品包装问题，若企业有回收并处置其包装废弃物的责任，对城市固体废弃物的减少和资源化将产生重大意义。

（4）通过产品生命周期评价，可明确某种产品各种环境问题的根源所在，它是建立企业内部环境管理体系的前提。污染源详细数据及相关信息在企业间进行交流，则更有利于产品生产工艺、技术的改进提高，企业外部交流则有利于成为行业标准。

6.5.2 引导消费

产品的生产是以其产品的出售来实现其价值的。消费者逐渐对存在环境污染问题的产品或企业予以排斥，致使企业增加了对污染问题的重视，希望加速环境改善。世界各国新兴起的绿色消费，或可持续消费，更使得公众舆论成为解决企业环境问题的重要动力，消费者团体开始考虑他们在帮助消费者做出环境无害选择方面的作用。国际消费者联合组织关于"可持续消费"的定义如下：①从消费者的角度，可持续消费是一种通过选择不危害环境的产品与服务来面向满足需要又不损害未来各代人满足其自身需要的能力的有意识行为。可持续消费强调要尊重生态系统极限，保护未来各代人的机会，同时为消费者提供高质量生活的消费方式。②从工业界和政府的角度，可持续消费意味着提供满足基本需要和提高生活质量的服务及有关产品，同时最大限度减少自然资源和有毒物质的使用，以及在这些服务或产品的生命周期内废弃物和污染物的排放，旨在不损害未来各代人的需要。

产品生命周期评价对可持续消费的贡献包括：

（1）帮助发展中国家建立生态产品基准和改进生态消费基准；

（2）帮助发展中国家通过利用清洁生产技术保持进入西方市场的通道；

（3）广泛传播清洁生产方法论和思维过程，这些是可持续消费的一个先决条件，例如生态效率、污染费用内化以及更好的消费信息等。

引导消费者朝着可持续消费方向努力必须同时研究近期办法和远期办法。这必将涉及：

（1）寻找消费者自身利益与环境改善一致的机会，并向消费者证实他们的行动能带来显著的环境回报；

（2）更好的环境消费信息，包括消费用途；

（3）把握生态设计方向，使之能长期产生新产品和新服务；

（4）重新思考消费者获得产品的途径（例如购买与租赁）。

6.5.3 影响政府决策

在社会产品无限丰富的今天，任何一种产品都与其他产品紧密相连，构成了产品体系的复杂性。全部产品总和就构成了社会的总产品体系，它们之间相互作用、相互影响，共同受经济规律和生态规律的制约。LCA 研究涉及社会生产的各个方面，运用 LCA 思想可以了解产业结构与社会环境问题间的关系，从而为地区和行业发展政策的制定提供依据；也可寻找到产品的使用、回用、再生和处置等各生命过程在社会产品中的合理布置，以便制定相应的税收、信贷、投资政策，促进废物回收、再生行业的发展等。

2019 年 7 月,为贯彻落实《工业绿色发展规划(2016—2020 年)》任务要求,加快推动产品全生命周期绿色管理,对有色金属行业全生命周期大数据采集、评价与应用系统开发建设项目启动会在京召开。此项目由中国有色金属工业协会指导,中国有色金属工业技术开发交流中心联合有关企业、研究机构共同承担建设开发,项目建成将为有色金属行业开展产品绿色设计、制造、评价等提供全生命周期的定量化数据支撑,也将对推动有色金属行业绿色高质量发展发挥重要的支撑作用。

万事利集团有限公司(以下简称"万事利")是一家以丝绸纺织、文化创意为主业,辅以生物科技、资产经营、金融管理等产业(多元经营)的现代企业集团,也是我国工业产品生态(绿色)设计第一批试点企业。万事利将全生命周期理念贯穿于丝绸产品上下游,搭建起丝绸面料"供应链生态要求—绿色生态印染—产品循环利用"的覆盖产品完整生命周期的绿色设计体系。在产品设计开发环节,万事利建立了上游供应链各产品的全生命周期数据库,并以此为基础初步创建了丝绸行业的首个绿色设计管理体系;依托全生命周期数据库和相应的评价工具,完成丝绸产品碳足迹、水足迹报告,全方位分析工艺流程短板,引导产业链推动能效、水效提升,推广应用先进清洁生产技术工艺。在原材料选取和使用环节,万事利按照安全、环保等要求,甄选优质的绿色染料助剂供应商。在制造环节,万事利通过采用自主研发的数码印花绿色设计与制造技术,有效解决了丝绸产品传统印染资源消耗高、用人多、成本高等问题,引领丝绸行业向绿色化发展。在产品回收利用环节,万事利开展高质量蚕丝被回收利用行动,建立健全丝绸废弃面料回收再利用模式。

清洁生产期间,该集团生产的丝绸面料水回用率达到 54%,远高于行业 30% 的平均水平,污水排放可减少 23%(约 57.5 吨/万米);从种桑到印染的生命周期过程,丝绸产品碳足迹结果相比减少 13%;助剂和染料的使用量下降 11%,产品优等品率提高至 95%。通过推行绿色设计及生命周期分析,万事利有力地促进了绿色丝绸产品研发,切实降低了企业生产成本,大大提升了品牌核心竞争力。

6.6　生命周期评价展望

生命周期评价做为一种环境管理工具,不仅对当前的环境冲突进行有效的定量化的分析、评价,而且对产品及其"从摇篮到坟墓"的全过程所涉及的环境问题进行评价,因而是"面向产品环境管理"的重要支持工具。它既可用于企业产品开发与设计,又可有效地支持政府环境管理部门的环境政策制定,同时也可提供明确的产品环境标志,从而指导消费者购买环保产品的消费行为。因此当前国际社会各个层次都十分关注生命周期评价方法的发展和应用(见表 6-3)。

生命周期评价可能应用的领域有:

(1)工业企业部门

①识别对环境影响最大的工艺过程和产品系统;

②以环境影响最小化为目标,分析比较某一产品系统内的不同方案;

③新产品开发(生态设计)或再循环工艺设计;

④评估产品(包括新产品)的资源效益;

⑤帮助设计人员尽可能采用有利于环境的产品和原材料;

⑥替代产品(或工艺)比较。

(2)政府环境管理部门

①决策支持:制定环境产品标准,实施生态标志计划;

②优化政府的能源、运输和废水处理规划方案;

③评估各种资源利用与废弃物管理的效益;

④向公众提供有关产品和原材料的资源信息;

⑤评估和区别普通产品与环境标志产品

表 6-3 部分企业所开展的生命周期评价工作

企业名称	国家	主要研究内容
惠普公司	美国	有关打印机和微机的能源效率和废弃物研究
美国电报电话公司	美国	生命周期评价方法论研究;商业电话生命周期评价示范研究
国际商业机器公司	美国	磁盘驱动器生命评价示范研究;微机报废及能源效率研究
数字设备公司	美国	生命周期评价方法论研究;电子数字设备部件的生命周期评价
施乐公司	美国	产品部件报废研究
德国西门子公司	德国	各种产品生命周期结束后的有关问题研究
奔驰汽车公司	德国	生命周期评价方法论研究;空气清洁器生命周期评价示范研究
Loewe-opta	德国	彩色电视机生命周期评价
飞利浦有限公司	荷兰	广泛开展了各种产品的生命周期评价
菲亚特集团	意大利	汽车发动机生命周期评价示范研究
ABB 集团	瑞典	大规模的环境管理系统研究
爱立信公司	瑞典	无线电系统生命周期评价示范研究
沃尔沃汽车公司	瑞典	生命周期评价方法论研究
Bang&Olufeen 电器公司	丹麦	生命周期评价方法论研究;机电设备、电冰箱、彩色电视机、高压清洗器等产品的生命周期评价

在企业层次上,以一些国际著名的跨国企业为龙头,一方面开展生命周期评价方法论的研究,另一方面积极开展各种产品,尤其是新、高技术产品的生命周期评价工作。

在公共政策支持层次上,很多发达国家已经借助于生命周期评价制定"面向产品的环境政策",欧盟已制定了一些"从摇篮到坟墓"的环境产品政策。特别是欧盟产品环境标志计划,已对一些产品颁布了环境标志,如洗碗机、洗衣机、卫生间用纸巾、浓缩土壤改善剂、油漆、洗衣粉以及电灯泡等,而且正在准备对更多的产品授予环境标志。近年来,一些国家相继在环境立法上开始反映产品和产品系统相关联的环境影响。如1995年,荷兰国家环境部出版了一本有关荷兰产品环境政策的备忘录。丹麦也在 1996 年相应提出了一份有关以环境产品为导向的建议书。在具体的行动方案上，德国、瑞典和荷兰均建立了回收电子产品废弃物的系统。而欧盟也规定必须对包装品进行全过程的环境影响评价。

生命周期评价在环境管理领域将成为一种很有潜力的重要工具，其定量化的分析评价特性将会被广泛地理解和接受。从方法论的角度看，亟待解决的问题是：

(1)生命周期清单分析方法的标准化

标准化研究主要针对系统研究范围确定、数据选择标准、清单分析和影响评价处理方法等，此外还涉及术语的标准化。ISO 组织已对 LCA 的原则和框架作了规定，其他部分的标准化工作还有待于今后几年出台。

(2)数据库的标准化和有效性

由于时间和地点不同，以及数据获取方法的不一致，造成了数据之间的不一致性，从而影响 LCA 结果。为此可通过制定工业规章来提高 LCA 的信息结构，或建立 LCA 数据库，提供最新的、精确的和不同类型的数据。

(3)环境影响评价方法

环境影响评价是通过数据分析来给出各项活动对环境的影响的结论。目前有关这方面的方法论研究甚少，因此尽管 SETAC 等组织已做了大量的工作，但影响评价的方法论研究还须继续。

总之，生命周期评价仍然处于发展阶段，随着经验的不断积累，可对更多的产品、工艺和材料进行分析。不同工业部门的产品均有不同的特性、维护条件、生命期，对环境的影响也不同。一方面生命周期评价会变得越来越复杂，另一方面会变得越来越重要。生命周期评价将成为 21 世纪最有生命力和发展前途的环境管理工具。在今后的生命周期评价研究过程中应着重开展以下工作：

①研究企业(组织)的污染全过程控制和环境管理的新模式。研究如何利用 LCA 思想和方法，帮助企业(组织)进行产品开发、市场营销、投资、环境管理等方面的决策。

②研究政府部门如何利用 LCA 手段进行环境管理和决策。对于与产品、技术、工艺和产业等有关的国家重大计划和政策(产品政策、绿色采购)的出台，进行生命周期分析。

③研究和示范生命周期评价在清洁生产审核、产品生态设计、废物管理、生态工业等领域的应用。

6.7　思考题

1.联合国环境规划署(UNEP)对生命周期评价的定义是什么？

2.简述生命周期评价的重要特点。

3.简述生命周期评价的意义。

4.简述生命周期评价在清洁生产中的应用。

第 7 章　环境标志

7.1　环境标志产生的背景

　　产品是资源和环境属性的载体,寄寓着社会和自然的关系。产品的生产不但消耗资源,而且影响环境,当今高度的工业化和城市化造成的环境污染正威胁着世界上的每一个人。随着人们对环境问题感受的加深和认识的提高,对环境的关注不再局限于产品的生产过程,而正逐步扩大到产品的整个生命周期,也就是说,为了保护环境,需要改变的不仅是生产模式,还要包括消费模式和商贸模式。20 世纪六七十年代美国出现了"绿色消费运动"(也称"可持续消费",是指在社会消费中不仅要满足当代人的需要,还要满足后代人的需求),且这一运动的规模和影响正在日益扩大。绿色消费运动反映了公众环境意识的提高,很多消费者愿意把自己的消费行为作为一种保护环境的手段,要求购买优质而且对环境无害或友善的产品。加拿大的一次全国性民意测验的结果表明,94%的人相信,如果要挽救生活在地球上的人类,人人都要负起责任;80%的人愿意多付 10%的钱,去购买对环境危害较小的产品。产品的环境性能已成为市场竞争的重要因素。这种形势促使开发和生产适合消费者愿望、有利于市场竞争的较为清洁的产品。一方面,产品的制造者采取"生态设计"的方法将污染预防的原则落实到产品生命周期的各个阶段;另一方面,在产品的销售时需要突出产品的环境性能,为消费者提供必要的信息,也就是环境标志。

　　环境标志是一种产品的证明性商标,受法律保护,是经严格检查、检测、综合评定,并经国家专门委员会批准使用的标志。它是印刷或张贴在产品或其包装上的图形,表明该产品不但质量合格,而且在生产、使用、消费和处置等过程中也符合特定的环境保护要求。正是有了这种"证明性商标",使得消费者清楚地知道哪些产品有益于环境和健康,以便于消费者购买和使用;而通过消费者的选择和市场竞争,可以引导企业自觉调整产业结构,采用绿色制造技术,生产对环境有益的产品,最终达到环境和经济协调发展的目的。环境标志制度是建立在市场经济体制上的一项重要的环保措施,它运用市场这只"无形的手"把企业的经济效益与环境效益紧密地联系在一起。

　　实施环境标志制度,为公众参与环境保护提供了一个良好的机会,扩大了环境保护在公众中的影响,拉近了环境保护与人们日常生活之间的距离,无形中提高了环境保护在人们心目中的地位,增强了公众环境保护意识。

　　在国际贸易中,环境标志就像一张"绿色通行证",发挥着越来越重要的作用。调查资料显示,84%的荷兰人、90%的德国人、89%的美国人在购物时会考虑消费品的环保标准,85%的瑞典人愿为环境清洁支付较高的价格,77%的日本人只挑选和购买对环境有益的产品。鉴于此,很多国家把绿色产品当作贸易保护的有力武器,他们严格限制没有环境标志的产品进口。谁拥有绿色产品,谁就拥有市场。实行环境标志有利于参与世界经济大循环,增强本国产品在国际市场上的竞争力;也可以根据国际惯例,限制别国不符合本国环保要求的商品进入国内市场,从而保护本国利益。

7.2　环境标志制度的含义和目标

国际标准化组织(ISO)将"环境标志"定义为:印在或贴在产品或其包装上的宣传环境品质或特性的用语和(或)象征符号。环境标志又称生态标签、绿色标志、环境选择等,它不同于一般的产品商标,它表明产品从生产、使用、消费到回收处置整个过程都符合特定的环境保护要求,对生态环境和人体健康无害或损害极小,有利于资源再生和回收利用,使广大消费者通过选择、购买商品而直接参与环境保护。

环境标志制度是依据有关环境标准、指标和规定,由国家指定的认证机构确认通过并颁发标志和证书,以证明某一产品符合环境保护要求,对生态环境无害或损害极小。环境标志制度的认证标准包含资源配置、生产工艺、处理技术、产品循环、再利用及废弃物处理等各个方面。因此该制度是环境管理思想的进一步发展,其实质是对产品生产的全过程的环境行为进行控制管理。

推行环境标志制度能够实现许多目标,归结起来有:

(1)为消费者提供准确的信息

许多厂家认识到环境因素在市场竞争中的重要性,在产品广告中冒称对环境有益,欺骗消费者。环境标志可为消费者提供一个容易理解的、经过权威机关审查的产品环境性能的公正评价。

(2)增强消费者的环保意识

环境标志使商店的货架变成环境保护的课堂,消费者在日常的购物活动中接受环境保护教育,激发环保主体意识,促进消费模式的转变。

(3)促进销售,改变被标志产品的形象

有环境标志的产品易获得顾客青睐,可增加生产厂家的销售收入,促进厂家在改变产品的环境形象上下功夫,促进清洁生产技术的推广。

(4)推动生产模式转变

指导产品的制造厂家将环境因素贯穿到整个产品的开发过程之中,推动生产模式的转变。通过广大消费者的消费活动和市场机制,使环保产品得到鼓励和支持,减少工业活动对环境的有害影响。

7.3 实施环境标志制度的基本方法

实施产品环境标志制度已成为当今世界的潮流,许多国家已取得了不少经验,这些经验都是和不同国家的具体情况联系在一起的。对于实施这一制度的方法和步骤,可以用图 7-1 表示。

(1)建立机构

发放环境标志要由专门的机构来主持和管理,对该机构有如下的要求:

①权威性。环境标志对于产品的销售和促进清洁生产都有重要意义,特别是国家级和多国集团的标志的发放。管理应由权威性机构来负责。

②独立性。该机构应具有相对的独立性,不受社会利益集团的左右。

③公正性。环境标志评价的产品的环境性能本身具有相对性,是相互比较而言的,并不是满足某种绝对的标准。一个坚持公正性的机构才能被公众和工业界所接受,才能顺利地推行这一制度。

④科学性。评价产品的环境性质本身是一个饱含科学性的任务,需要广泛的知识基础,还涉及许多专业领域,这一机构采取的行动要有科学依据,因此离不开专家的参与。

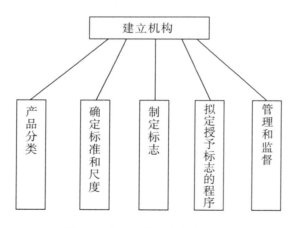

图 7-1 实施环境标志制度的方法

这样的机构可以是政府组织,也可以是非政府组织,或两者的结合。例如,加拿大的环境标志计划——"环境选择",它是由加拿大环境部建立的一个由秘书处主持,并由环境部部长指定 16 名成员组成的一个咨询委员会,这些成员是环境界、工业界、医学界、零售商和消费者团体的代表,该委员会既是审查机构又是环境部长的直接顾问。标志申请的标准由加拿大标准协会(CSA)在秘书处的直接参与下制定。由加拿大政府部门主持这项工作,以保证其充分的权威性,但它的独立性往往会受到政府更迭和政策变动的影响。日本的"生态标志计划"是由非官方的日本环境协会主持的,接受政府环保部门——日本环境厅的监督,具体由两个委员会负责。"生态标志计划"促进委员会主要起监督作用,批准标志计划的实施导则,对日常活动提出建议,选择合适的产品种类和确定标准;批准委员会则审查申请者的产品是否符合要求。德国则由三个机构共同管理:联邦环境局(FEA)、环境标志评审团(ELJ)和质量保证与标志研究所(RAL)。FEA 是政府的环保机构,属于联邦环境、自然保护和核安全部;ELJ 是一个非政府组织,其 11 名成员来自科学界、新闻界、环境界、宗教界、工业界、商业界和消费者协会;RAL 是一个非营利组织,它的成员包括 140 个民间协会,这些协会在 RAL 的指导下,为各种产品和服务的质量制定标准,确保这些标准的实施,并为产品提供质量保证。这三个机构中,FEA 检查产品类别的提议,ELJ 审议并确定这些提议中需要进一步调查的产品类别,RAL 组织专家听取产品种类的情况,为授予标志确定标准,再由 ELJ 的审议专家提出建议并决定标准是否充分,最终由 RAL 批准申请,与申请合格者签订使用标志的合同。

(2)确定授予环境标志产品类型

环境标志的产品类别由申请人提出,并由主管机构审查确定。分类的原则是考虑同类产品应具有相似的使用目的、相当的使用功能并且相互间能有直接竞争的关系。正确的产品分类对实施环境标志计划至关重要,不但要有充分的科学依据,还要兼顾消费者的利益。迈好第一步的关键在于从庞大的产品体系中选出优先考虑授予环境标志的产品类别。一般来说,这些优先类别应该是对环境危害较大、确定标准比较复杂、消费者感到重要、工业界乐于支持、市场容量大的产品。

此外,授予标志的产品类别名单需定期审查,不断补充和修改。

(3)确定授予标志的标准和尺度

在通过产品类别后,需根据这些产品生命周期、各阶段对环境的影响,确定授予标志的标准以及这些标准所应达到的要求。确定标准的主要手段是所谓"从摇篮到坟墓"的产品生命周期评价。确定标准时还应注意标准应该合理、明确,并采取通过或不通过的方式,使申请厂家一目了然,不会劳而无功。

(4)制定标准图形

产品环境标志图形的设计既要简洁明快,又要含义丰富,既要显示民族特色,又要易于国外消费者所接受。图 7-2 是一些国家采用的产品环境标志图形。

德国的产品环境标志图形是以联合国环境规划署的蓝色天使标志表示的,上面写有"环境标志"字样。这一标志是德国环境、自然保护和核安全部的注册商标。1988 年对德国家庭主妇进行的民意测验表明,消费者对蓝色天使的认识率达 79.8%,这一标志已成为市场上被人熟知的图案。

加拿大的环境标志图形的中央是一片代表加拿大的枫叶,这片枫叶由三只和平鸽构成,象征环境保护的三个主要参与者:政府、工业和商业,上面的字样是"环境选择"。

日本消费者熟知的环境标志图形是双臂环抱的世界,体现"用我们的双手保护地球,保护环境"的愿望,双臂又构成英文字母"e",代表"地球"、"环境"和"生态"。上方写有

"善待地球"的字样。这一优秀设计是从公开征集的图案中优选出来的,获得了日本环境厅长官奖,现已成为日本环境协会的注册商标。

| (a)德国 | (b)加拿大 | (c)美国 |

| (d)日本 | (e)北欧诸国 | (f)欧共体 |

| (g)新加坡 | (h)中国 | (i)新西兰 |

图 7-2　各国产品环境标志图形

北欧委员会的环境标志图形以绿色为背景,以北欧委员会的白色天鹅为象征,上端有以瑞典语、挪威语或芬兰语表达的"环境标志"。

欧共体 12 国(比利时、德国、法国、意大利、卢森堡、荷兰、丹麦、爱尔兰、英国、希腊、西班牙和葡萄牙)的环境标志计划于 1993 年 6 月实施,其标志图形是由 12 颗星星环绕着英文字母"E"组成的一枝花朵。

我国的环境标志图形是从数百份应征的设计中优选出来的,于 1993 年 8 月 25 日在中国环境报上发布。它由青山、绿水、太阳和 10 个环组成。其中心结构表示人类赖以生存的环境;外围的 10 个环紧密结合,环环紧扣,表示公众参与,共同保护;10 个环的"环"字与环境的"环"同字,寓意为"全民联合起来,共同保护人类赖以生存的环境"。

(5)拟订授予产品环境标志的程序

拟订授予标志程序总的要求是简明和快速。各国的授予程序因机构的不同和着重点的不同而有所差别,但大致包括以下步骤:

①申请。申请是自愿的,任何人包括外国人都可以就任何产品提出申请。但通常不考虑易燃、易爆、有毒的危险品,也不包括食品、饮料和药品,因为它们另外各有标志。提出申请时一般要提交申请书、产品的自我评价材料、测试证明、使用说明、生产销售情况等资料,有的还要提交产品样品、产品原料样品等实物,同时要缴纳规定的申请费。

②审查。主管机关根据申请进行审查。如果所申请的产品未在已有的产品类别之内,则审查机关应先确定是否将该产品类别列入可授予标志名单之内,得到肯定的结论后,则还要确定相应的标准和要求。若申请的产品属于已有的产品类别,则即可依据已有的标准进行审查,必要时还可委托专门单位进行测试和检验。对于申请产品的审查,一般都有专家参与。

③公议。为了增加授予过程的透明度和置信度,有些国家的程序中还设置了公众咨询这一步,即公布初步审查结果,征求社会上的异议。有些国家为了加快批准速度,对于提出的申请省略公议环节。

④批准。对申请的审查需要强调公正性和科学性,所以一般都要有由专家组成的咨询委员会参与或负责,而批准则需突出权威性,并有法律保障作为后盾。对授予标志的批准,并不是多多益善。为了促进清洁生产水平的提高,一般来说,将批准授予标志的产品数量控制在同类产品市场占有率的10%～20%范围内。超过这一百分比时,应进一步提高标准,以体现不间断地开发清洁产品的原则。

⑤授予标志。标志的授予可采取订立使用标志合同的形式,也可采取注册商标的形式。标志的使用期一般定为2～3年,期满后需重新申请或续签使用合同。

(6)管理和监督

主持发放环境标志的机构除上述几项活动外,还有如下的一些日常的管理和监督工作:

①防止标志被不正当地使用,发现这种情况,应依法采取必要的措施。

②调查标志使用的实际情况。

③对生产标志产品的厂家进行不预先通知的抽查,检查其设计、生产、试验、储存的任何部位,取必要的样品进行测试,如发现有不符合标志规定的,可撤销其继续使用标志的权利。

④收费。大多数国家要求在提交申请时缴纳一定数量的申请费以及必要的测试费。在授予标志后,每年要缴纳标志使用费,使用费的数量与销售额或产品的零售价格挂钩。由于这些费用的收取标准都比较低,所以主持发放环境标志的机构一般都需要政府的补贴。

7.4　中国的环境标志制度

我国的环境标志工作开始于1993年3月。1994年5月17日,中国正式成立环境标志产品认证委员会(CCCEL),它是代表国家对环境标志产品实施认证的唯一合法机构,它的成立使我国的环境标志产品认证工作有了组织保证。同时,《中国环境标志产品认证委员会章程》《环境标志产品认证管理办法》《中国环境标志产品的认证证书和环境标志使用管理规定》等文件以及一系列"环境标志产品技术要求"的批准发布,为环境标志产品的认证奠定了基础。国家环保局与国家技术监督局联合举办了环境标志产品国家注册检查员培训班,使环境标志制度的开展有了人员保证。1995年3月有6类18种产品首批获得环境标志,至今公布的环境标志认证产品有22类,80多家企业的200多种产品通过了环境标志产品认证。为便于与国际接轨,我国环境标志产品认证侧重于可回收利用类,节能、节水类,低毒、低污染类,可生物降解类及无公害产品类。2007年4月5日,中国环境标志与德国环境标志(蓝天使)在北京正式签署《中德环境标志互认合作协议》。该协议是继中国环境标志与澳大利亚、韩国、日本、新西兰等国环境标志签署互认合作协议后的第5家。截至2020年3月,国家颁布的现行环境标志标准目录中包含105项涉及各类制造业。

我国环境标志制度采取的是企业自愿申请认证和认证强制管理相结合的方式。环境标志的申请是自愿的,但企业一旦申请认证,就必须按认证的有关要求进行。为了使贴在产品上的环境标志更具有说服力和代表性,我国采取的是标志产品认证委员会领导下的认证制度。企业产品在质量符合其使用功能的前提下,经产品测试符合环境标志产品技术要求,环境管理体系能满足企业持续稳定生产出符合要求的产品的条件下,才能通过环境标志产品认证。企业自愿认证与认证强制性管理相结合,既体现了社会主义市场经济条件下自由竞争的特点,又体现了政府的宏观调控作用,有利于调动企业采用新技术、新工艺和开展环保工作的自觉性,也有利于提高环境标志的信誉。

近年来,我国环境标志制度虽有所发展,但与国外发达国家相比还有许多不足,具体表现在:

(1)公众环境意识较低,环境标志未发挥其引导生产和消费的作用;

(2)企业环境标志意识不足,申请标志认证的积极性不高;

(3)环境标志制度未纳入环境法律体系中,其法律保护不足;

(4)环境标志产品价格高于同类非标志产品,降低了环境标志产品的竞争力,并且产品或其包装上的环境标志不明显。

(5)环境标志产品认证之后,生产过程的环境行为有相应的监督管理措施,但在运输、销售、使用、废弃处理过程中缺乏相应的监督。

7.5 我国实施环境标志制度的意义和作用

(1)实施环境标志制度,有利于环境、经济、社会的持续协调发展

现代社会对生态环境的破坏主要源自工业企业,但是,由于生态环境的好坏对企业

的经济效益一般不产生直接和现实的影响,企业也就不会在环境保护方面主动投入人力、物力和财力。政府运用行政、法律的手段去制约和管理企业,虽然可以起到一定的作用,但企业对此的反应往往是消极和被动的。只有把保护环境同企业自身的经济效益紧密地结合起来,才能调动起企业对环境保护的自觉性和主动性。环境标志制度正是运用市场这只"无形的手"把企业经济效益与环境效益紧密联系在一起。产品要在市场中立住脚跟,除了重视产品的质量性能、外观设计、服务宣传等因素外,环境保护也是一个必不可少的条件。谁重视环境保护,谁就将占领市场;谁忽视环境保护,谁就将失去市场。例如:青岛电冰箱总厂在这方面具有远见卓识,于 1988 年成立专门机构,边研制边考察,在吸收了各国先进经验之后,1990 年 9 月推出了削减 50%氟利昂的电冰箱,同年 11 月底荣获了"欧洲绿色标志",仅销往德国市场的电冰箱就达五万多台,在数量上居亚洲国家之首。

实施环境标志制度可促使企业根据消费者的需求主动投资,积极自觉地采取对环境有益的新技术、新工艺,既增强了产品的竞争力,给企业带来了效益,又保护了环境。实施环境标志制度是我国在环境管理方式上的一次重大变化,它将使我国的环境管理由单纯的强制性管理逐步发展为强制性和指导性相结合的管理方式,从而使企业在环境保护上由被动治理逐步变为预防为主、防治结合、综合治理。实施环境标志制度使生产过程控制管理思想进一步发展成为产品环境行为全过程控制管理思想。因此,环境标志制度是经济发展与环境保护的有机结合,是可持续发展战略的重要组成部分。

(2)实施环境标志制度,有利于增强全民的环境意识

保护环境有赖于全体公民的自觉行动和积极参与,公众环境意识的增强是实施环境标志的基本前提之一。过去,公众不了解自己在环境保护中所起的作用,事实上,诸如气候变暖、臭氧层破坏等全球环境问题的产生和发展,与我们日常生活中使用的许多产品如电冰箱、喷发胶、洗衣剂、纸张等是密切相关的。改变这些日用商品的生产工艺或公众的生活方式对解决全球环境问题将起到一定的作用。消费者是主导市场的"上帝",当标明"再生""纯天然""无污染""合乎环境标准"等字样的商品出现在人们面前时,很容易使消费者联想到健康、洁净和生态平衡。受到环保思想潜移默化的熏陶,人们将树立新的环境道德观,把保护环境看成应尽的义务,并通过选购消费、处置商品等日常活动,直接参与环境保护,影响企业的环境决策。

(3)实施环境标志制度,有利于促进我国的对外贸易发展

环境标志的盛行,给国际贸易深深地烙上了绿色的生态标志。1993 年世界贸易组织(WTO)专门设立了一个贸易与环境委员会来研究环境与贸易的关系。中国的经济将进入国际经济的大市场,中国的市场将全方位地向国外开放,成为国际市场的一部分。我国的经济发展在面临机遇的同时也要接受严峻的挑战。由 ISO/TC 207 技术委员会制定的 ISO 14000 系列标准已将环境保护目标扩充到产品的开发设计、生产加工、产品标准

的各个过程及领域。目前产品的环境标准将成为世界贸易的先决条件,关于产品环境标准的竞争将进而发展成为一种新的非关税壁垒——绿色贸易壁垒,以保护本国工业免受进口商品的冲击。今后国际贸易中的保护主义将更多地运用环境保护的名义采取更加严格的环境管理措施,设置种种障碍来抵制外国商品的进口。环境保护措施作为一种新的非关税壁垒,必将以其隐蔽性强、技术要求高、灵活多变的特点而得到越来越多的利用。因此,在我国实行环境标志制度,有利于冲破这一贸易技术壁垒,从而顺利地参与世界经济,增强我国产品在国际市场的竞争力;同时也有利于根据国际惯例保护我国的环境利益,限制国外不符合我国环境保护要求的商品进入国内市场。

7.6 我国实施环境标志制度需要做的工作

环境标志实质上是将非经济的手段转化为经济刺激手段,利用具有高度环境意识的消费者引导市场,用市场来刺激有利于环保的产品的开发及利用。根据国外的经验,实施环境标志的前提有两个:一是广大消费者高度的环境意识;二是高水平的环境技术。而目前我国消费者的环境意识不高,环境技术水平有限,在这种情况下,推行环境标志制度时须做好以下几方面的工作:

(1)产品分类与范围的确定

在人们的生产和消费活动中,涉及的产品数量繁多,所以环境标志如何进行合理的产品分类,确定什么样的产品范围,是环境标志制度实施中遇到的首要问题。由于各国的实际情况和环境标志活动开展的程度不同,所确定的产品种类与范围也不尽相同,如德国72类共四千多种产品贴用环境标志,分属以下产品类型:可回收利用型、低毒低害型、低排废型、节能型、可生物降解型、低噪音型。加拿大与德国产品种类基本相似。日本产品种类则侧重于与国民生活联系密切的家用产品,如厨房用品、生活垃圾堆肥器、太阳能产品、回用纸等。我国首批发放环境标志的产品有六种:家用制冷器具、气溶胶制品、降解地膜、无铅车用汽油、水性涂料和卫生纸。因此不难发现,尽管各国环境标志计划所确定的产品类别不同,但大多数集中在低毒害、可回收利用和低排废等几大类产品上,这主要是因为这些产品的衡量标准比较容易确定,实施起来也相对容易。

环境标志作为环境政策适应市场的一个有效工具,可以把产品的环境保护特性引入市场竞争机制。从理论上讲,环境标志考虑的应是所有的产品,因为覆盖的产品越多,其影响面和作用范围越大。但同时也应注意到,产品拥有了环境标志并不意味着产品极少或几乎不对环境产生危害。相反,环境标志计划首先考虑的是对环境有害,但通过采取一定措施能较大程度地减轻污染或危害的那类产品。对环境有害而又无法减轻其污染的产品类,无法成为环境标志产品;同样,对环境基本无害的产品也不可能成为环境标志产品,因为在这类产品中无法比较相互间环境特性的差别。

（2）产品评价与标准制定

完全符合环境要求的产品是不存在的，每一个产品只能说是适应环境，即与其他功能上相当的同类产品相比较，该产品对环境的影响和危害相对轻一些。而环境标志产品应是同类产品中环境效益最佳的产品，所以环境标志产品技术要求及标准值制定的是否合适就成为环境标志计划成功实施的核心问题。目前，国内外都采用生命周期评价的方法对产品的整个生命周期进行环境影响分析，同时考虑不可再生资源和能源的利用，产品的耐用性、易维护和安全性能。但由于各种产品性能各异，适应范围不同，有的产品从生产利用到回收处置具有很长的生命周期，加之缺乏通用的、全面的环境危害检测和环境衰退评价方法，要对产品各个阶段产生的环境影响进行多因素综合评价、全面衡量产品的环境特性是很难做到的。因此，目前各国的具体做法常常是以产品的单一阶段、单一特性来确定标准，或者仅集中对几个主要影响进行研究，来建立适当的标准阈值并制定相应的标准。例如，纸张的标准是按废纸回收的百分比来制定，吸尘器的评价标准根据噪声大小来制定。在评价指标确定后，指标阈值水平的确定也是非常重要的。

近几年来环境标志计划实施的经验表明，环境标志制度需要建立一个较高的阈值水平，使同一产品类别中的大部分产品都难以达到标志的要求。德国和加拿大制定环境标志产品标准时，其达标产品比例分别控制在 5％和 10％～15％以下，以保证标志产品具有较大的市场吸引力，并提高引导其他产品革新的能力。标准阈值应是可调的，随着经济技术的进一步提高，某些产品的阈值应进一步提高，以保证标准吸引力的相对稳定。环境标志的标准制定与产品类别和范围的确定并不是截然分开的，它们相互联系、相互促进。一般在产品类别和范围初步确定后开始制定标准，在标准制定过程中还应对初选的产品作进一步的精选。

（3）加强环境宣传教育，提高全民环境意识

环境标志制度是体现公众参与的一项环境政策。提高公众的环境意识，可采取以下几方面的措施：加强新闻媒介对环境标志制度的宣传；加强与社会团体、群众组织的联络，逐步将环境宣传教育纳入共青团、妇联、学联、工会、科协等团体的活动计划，形成社会不同群体广泛参与的活动机制；配合教育部门，加强环境法制和环境政策的宣传教育。

（4）加强各有关部门之间的协调与合作

环境标志产品分布在各个工业部门和资源管理部门，这给环境标志制度实施带来了许多的不便和困难。只有充分发挥各部门、各系统的积极性，环境标志制度才能得到有效地实施。各经济主管部门应结合产业结构调整，作出发展本部门环境标志产品的规划；并对有关的企事业单位给予人力、物力和财力上的支持；将发展环境标志产品的战略方针纳入计划、经贸、科技、财政等部门的计划中；在新产品开发、技术改造、价格、税收、投资等方面给予一定的优惠政策，使环境标志制度的实施有法律的保障和政策的支持。

（5）制定实施 ISO 14000 系列标准的对策

国际标准化组织已开始实施 ISO 14000 系列标准,并开展企业环境管理系统的审核工作,把企业的清洁生产、产品生命周期评价、环境标志产品、企业环境管理系统作为一个整体加以审核。

7.7　思考题

1.环境标志的定义是什么?

2.简述我国实施环境标志制度的意义和作用。

第8章　ISO 14000

　　清洁生产的实现需要具备两方面的条件,首先是技术革新,要采用新工艺、新方法;其次是完善环境管理,二者对于清洁生产而言缺一不可。对于前者,关键在于鼓励创新,并应用于生产实践,而对于后者则需要有一套针对生产全过程的标准的环境管理方案。ISO 14000系列标准就是在这种背景下应运而生的。

　　ISO 14000系列标准与以往的环境管理方法不同,它将环境保护与经济发展相结合,使企业在产品设计、原料获得及整个生产全过程中,都主动考虑最大限度地保护资源和环境,以实现可持续发展的目标。因此,从长远来看,ISO 14000标准比传统的环境标准更具有生命力。

8.1　ISO 14000产生的背景

　　随着科学技术和全球经济的迅猛发展,环境污染和生态破坏日趋严重:人口爆炸、资源匮乏、环境恶化。人类赖以生存的空间环境正惨遭破坏,而人口的过度膨胀使得本已有限的自然资源更显短缺,不同程度地影响和制约了社会的进步和经济的发展。

　　环境问题引起世界各国的关注,制定国际统一的环境管理标准在当今具有十分特殊的意义。一些发达国家和国际组织率先制定和推出环境管理的法规和标准,并在本国实施。但是由于环境问题的国际性,一个国家的环境标准并不能满足可持续发展的需求,自20世纪80年代以来,许多国家和组织都一直试图制定一些国际通用的标准,但是由于种种原因一直未能成功。在联合国环境与发展大会的筹备过程中,这一想法不断被提及并逐渐酝酿成熟。在1992年的联合国环境与发展大会上,"可持续发展商务委员会"强调了商业界和企业界在环境管理方面需要帮助,希望能够制定出可以测量环境行为和加强环境管理的方法。ISO 14000环境管理体系国际标准就是在这样的背景下产生的。

　　1996年9月,国际标准化组织(ISO)经过充分的准备,终于推出了ISO 14000系列标准,这是继ISO 9000系列标准后推出的又一重要的国际通行的管理标准。其目的是规范全球企业及各种组织的活动、产品和服务的环境行为,节约资源,减少环境污染,改善环境质量,保证经济可持续发展。目前,ISO 14000系列标准已被许多国家采用,我国采用的GB/T 24000—ISO 14000环境管理系列标准已于1997年4月1日起实施。

8.2　ISO 14000系列标准介绍

8.2.1　ISO 14000系列标准构成

　　ISO 14000系列标准是一个系列的环境管理标准,它包括了环境管理体系、环境审核、环境标志、生命周期评价等国际环境领域内的许多焦点问题。国际标准化组织(ISO)给 ISO 14000 系列标准预留了 100 个标准号,编号为 ISO 14001～ISO 140100。根据 ISO/TC 207 的各分技术委员会的分工,这 100 个标准号的分配如表 8-1 所示。

随着标准的推广和使用,为适应不断出现的新情况,国际标准化组织也可指定 100 个标准号之外的标准,或根据具体情况另外命名标准号。如产品标准中的环境因素,由于制定过程中意见不同,最终以 ISO 14060 标准导则 64——《产品标准中的环境因素》发布。

这一系列标准以 ISO 14001 为核心,针对组织的产品、服务、活动逐渐展开,向各国组织的环境管理提供了一整套全面、完整的支持科学环境管理的工具手段,体现了市场条件下自我环境管理的思路和方法。

表 8-1　ISO 14000 系列标准标准号分配表

分技术委员会	任　　务	标　准　号
SC1	环境管理体系(EMS)	14001～14009
SC2	环境审核(EA)	14010～14019
SC3	环境标志(EL)	14020～14029
SC4	环境绩效评价(EPE)	14030～14039
SC5	生命周期评价(LCA)	14040～14049
SC6	术语和定义(T&D)	14050～14059
WG1	产品标准中的环境因素	14060
	备用	14061～14100

8.2.2　ISO 14000 部分标准简介

(1)ISO 14001《环境管理体系——规范及使用指南》

ISO 14001 是 ISO 14000 系列标准中的主题标准。它规定了组织建立、实施并保持的环境管理体系的基本模式和 17 项基本要求。该体系适用于任何类型和规模的组织,并在各种地理、文化和社会条件下适用。这样一个体系可供组织建立一套机制,用来确定环境方针和目标等,通过环境管理体系的持续改进实现组织环境绩效的持续改进。本标准的总目的是支持环境保护和污染预防,协调它们与社会需求和经济需求的关系。

本规范是对一个组织的环境管理体系进行认证、注册和自我声明的依据,它和用来为组织实施或改进环境管理体系提供一般性帮助的非认证性指南有重要的差别,一个组织可以通过展示对本标准的成功实施,使相关组织或个人确信它已经建立了妥善的环境管理体系。

本标准不包括职业安全卫生管理方面的要求,尽管它的认证、注册过程仅适用于环境管理体系方面的内容,但它并不限制一个组织将这方面的要素纳入管理体系。本标准的附录提供了规范的使用指南和与 ISO 9000 的联系。

（2）ISO 14004《环境管理体系——原则、体系和支持技术通用指南》

本标准简述了环境管理体系的五项原则，为建立和实施环境管理体系，加强环境管理体系与其他管理体系的协调提供可操作的建议和指导。它同时也向组织提供了如何有效地改进或保持的建议，使组织通过资源配置，职责分配以及对操作惯例、程序和过程的不断评价（评审或审核）来有序而一致地处理环境事务，从而确保组织确定并实现其环境目标，达到持续满足国家或国际要求的能力。

本指南不是一项规范标准，而是为环境管理体系的实施以及它和组织全部管理工作关系的强化提供帮助，不适用于环境管理体系的认证和注册。环境管理体系是组织全部管理体系的一个有机组成部分，环境管理体系的设计是一个不断发展和交互作用的过程，实施环境方针、目标和指标所需的组织结构、职责、操作惯例、程序、过程及资源应与其他管理领域现行工作协调一致（包括质量、职业卫生和安全）。

（3）ISO 14010《环境审核指南——通用原则》

环境审核是验证和帮助改进环境绩效的一种重要手段。ISO 14010 标准给出了环境审核定义及有关术语，并阐述了环境审核通用原则，旨在向组织、审核员和委托方提供各种环境审核的一般原理。本指南是关于环境审核的系列标准之一。

（4）ISO 14011《环境审核指南——审核程序——环境管理体系审核》

本标准提供了进行环境管理体系审核的程序，包括审核目的，以及启动审核直至审核结束的一系列步骤要求，以判定环境管理体系是否符合环境管理体系审核准则。本标准适用于实施环境管理体系的所有类型和规模的组织。

（5）ISO 14012《环境审核指南——环境审核员资格要求》

本标准提供了关于环境审核员的资格要求，它对内部审核员和外部审核员同样适用。内部审核员与外部审核员都需具备同样的能力，但由于组织的规模、性质、复杂性和环境因素不同，组织内有关技能与经验的发展水平不同等原因，审核员不必满足本指南规定的所有具体要求。

以上五个标准围绕环境管理体系与环境管理体系审核展开，各自有不同的作用，互为补充。其中 ISO 14001 环境管理体系标准是唯一的据以认证的标准。

（6）ISO 14040《生命周期评价——原则和框架》

这一标准于 1997 年 6 月 1 号正式颁布，是 ISO 14000 系列标准中的工具性标准。该标准将一个产品完整的环境生命周期评价工作分为四个基本阶段：目的与范围的确定、清单分析（即分析产品从原材料获取到最终废置整个生命过程各个阶段中的环境投入与产出，及其影响的清单）、影响评价（根据清单分析的结果，分析产品的各个生命阶段对环境的影响，或比较类似产品对环境的影响）、改进评价（将得到的结果与所确定的目的进行比较，确定潜在的改进方向）。

本标准规范了生命周期分析方法,并给出了生命周期评价过程所涉及的概念、定义和具体的方法要求。

8.2.3 ISO 14000 系列标准的特点

ISO 14000 系列标准以极其广泛的内涵和普遍的适用性,在国际上引起了极大的反响,其特点主要有:

(1)标准的自愿性

世界各国的环境管理逐渐由末端治理转向污染预防的全过程控制,环境管理手段逐渐由以行政手段为主转为综合采用法律、经济、技术和提高公共意识的各种手段。企业进行自身环境管理的动力逐渐由政府的强制管理转向由于社会的需求、相关方和市场的压力驱动。ISO 14000 系列标准为企业提供自我约束的手段,帮助企业改进环境绩效。因此,ISO 14000 系列标准被设计为自愿标准,组织可根据自己的经济、技术等条件选择自愿采用。

(2)标准的灵活性

因实施 ISO 14000 系列标准的组织范围广泛,且其具体环境和经济条件不同,因此灵活性是 ISO 14000 系列标准的必然特点。实施 ISO 14000 系列标准的目的是帮助组织实施或改进其环境管理体系。该系列标准没有建立环境行为标准,它们仅提供了系统地建立并管理行为承诺的方法。也就是说它们关心的是如何实现目标,而不注重目标应该是什么。它将建立环境行为标准的工作留给了组织自己,而仅要求组织在建立环境管理体系时必须遵守国家的法律和相关的承诺。

(3)标准的广泛适用性

ISO 14000 系列标准的龙头标准 ISO 14000 系列标准引言中指出,该体系适用于任何规模的组织,并适用各种地理、文化和社会条件。标准的内容广泛,可以适用于各类组织的环境管理体系及各类产品的认证。任何组织,无论其规模、性质、所处的行业领域,都可以建立自己的环境管理体系,并按标准所要求的内容实施,也可向认证机构申请认证。

该标准的广泛适用性还体现在其应用领域十分广泛,涵盖了企业的所有管理层次,可以将生命周期评价方法(LCA)用于产品的设计开发、绿色产品优选、产品包装设计;环境绩效评价(EPE)可以帮助企业建立环境绩效指标,进行环境绩效评估,改进组织的环境绩效;环境标志(EL)则起到了改善企业社会关系、树立企业环境形象、促进市场开发的作用;而环境管理体系标准则进入企业的深层管理,直接作用于现场的操作与控制,全面提高管理人员和员工的环境意识,明确职责与分工。

(4)标准的预防性

这一系列标准突出强调了以环境保护预防为主的原则。环境管理体系强调系统的全过程管理,要加强企业生产现场的环境因素管理,并建立严格的操作控制程序,以保证企业环境目标的实现。生命周期评价和环境绩效评价则将产品的环境影响及企业的绩效评估也纳入环境管理之中,可在产品最初的设计阶段和企业活动策划过程中,比较、评价其产品或活动的环境特性,为决策提供支持。ISO 14000 系列标准强调以预防为主,从污染源头的削减开始进行全过程污染控制,体现了当前国际环境保护领域的发展趋势。

8.3　ISO 14000 系列标准的现实意义

8.3.1　减少环境危害,节约自然资源

实施 ISO 14000 系列标准的根本目的在于改善并维持生态环境质量,减少人类活动所造成的环境污染,保证社会的可持续发展。

ISO 14000 系列标准是指导组织建立和完善环境管理的行动大纲,它系统地阐释了如何进行有效的环境管理。同时,采用了该标准并进行认证工作的组织必须对遵守有关环境法律、法规及其他标准要求作出承诺,达标和获得认证的最基本条件就是满足这些强制性的环境要求。可见,ISO 14000 不仅在环境管理的方法上为企业提供了技术支持,还通过认证体制对目标企业施加了保护环境的压力。这些无疑都会促进企业改善其环境表现,最终减少环境危害。

ISO 14000 系列标准着眼于环境的管理机制,对于生产型企业而言,要求企业在生产过程中实现污染物最小化,而不仅仅是传统的末端治理。企业将通过改进工艺流程、循环利用等方法加以实现,从物料守衡的角度来看,这必然会使企业减少原材料、能源的使用量,从而减少了不必要的自然资源的消耗。不难看出,在环境保护这一主题上,ISO 14000 标准与清洁生产在指导思想方面有着高度一致性。

8.3.2　促进技术更新,加速产业结构调整

由于 ISO 14000 系列标准强调全过程的环境管理与控制,突出生产过程中污染物最小化的重要性,必然会鼓励企业积极开发或采用无毒、无污染、节约原材料和能源的生产工艺,并积极使用新材料和新能源。最终实现生产技术由高污染、高消耗向低污染、低消耗转变。ISO 14000 系列标准对于不同行业所产生的影响是不同的。对于那些对环境影响较大的行业(如电镀、印染、造纸等)而言,标准的约束力将更大,企业为通过认证所需付出的努力也将更多,因此企业完善管理,加快技术革新的动力也就越大。

上述过程在宏观上的体现将是行业内清洁型的企业数量增多,行业间高效率、低污染的产业比重上升。

8.3.3　统一标准,增进公平,消除贸易壁垒

在 ISO 14000 系列标准出台前,世界各国颁布了各种有关环境的标准。由于国家间自然、经济条件的差异和发展阶段的不同,各国的环境标准之间存在很大的差别,从而使得生产能力相同的企业由于执行了不同的标准而导致各自承担不同的环境成本,最终造

成国际市场上竞争的不平等。另一方面,标准的不统一使得一些国家对他国产品及其生产和消费过程可能产生的影响提出自己的环境要求,制造贸易壁垒,形成新的保护主义。这对于发展中国家尤为不利。

ISO 14000 系列标准统一了环境管理体系的基本要求,以企业是否符合环境管理的要求为衡量准则,而不用绝对量的标准来评价企业的环境表现,这使得不同国家、不同企业能在更加公平合理的条件下来进行市场竞争和国际贸易。标准还要求各国公开其有关体系、产品标准和认证方法,为其贸易伙伴提供便利条件,以消除基于环境因素的贸易壁垒。这对于发展中国家的产品进入国际市场尤为重要。

但是我们也应该看到,在 ISO 14000 系列标准实施之初,由于国与国之间存在信息通达性、技术水平、经济条件和自然条件等诸多方面的差异,对那些认证工作进展较为缓慢的组织或国家来说,事实上形成了新的技术贸易壁垒。一些发达国家在 ISO 14000 标准的起草阶段就开始了试点认证工作,并做好了标准出台以后的国内转换工作。当标准正式出台后,发达国家就以先行者的姿态向发展中国家提出基于环境管理因素的贸易条件。因此为了真正实现开放、公平、符合各国比较优势的国际贸易新秩序,发展中国家就必须迅速开展 ISO 14000 系列标准的实施工作。可以预见,当 ISO 14000 系列标准在全球范围内得以实施之后,环境因素将不再成为贸易壁垒的重要组成部分。

8.3.4 增强组织(企业)市场竞争力

以上所述均为 ISO 14000 系列标准在宏观上的意义,对具体的企业或组织而言因采用了 ISO 14000 系列标准,提高了企业的环境管理水平,促使企业进行技术更新,最终将提高企业的微观经济效益。主要体现在:

(1)降低企业成本

首先,采用该标准有助于企业或组织降低生产活动的投入,节能,降耗;其次,有助于企业减少污染物的排放量,减少因环境管理不善引起的工伤事件,从而减少排污费用和环境风险开支。

(2)提高企业的社会声誉

ISO 14000 系列标准向消费者传达了这样一个信息:谁取得了 ISO 14000 的认证,谁就是在为社会做贡献,一个对环境、对社会负责的组织所提供的产品和服务必然会对消费者负责。这种信任感对于企业来说是一笔巨大的无形资产。

(3)有助于企业进入国际市场

由于技术贸易壁垒的存在,ISO 14000 认证已经成为企业进入国际市场的通行证。

当然,企业采用 ISO 14000 标准并寻求通过认证会有一定的初始成本。但一些示范项目已经表明,内部管理的改善和工艺的改进可以使企业在较短的时间内收到经济和环境的双重效益,有些技术更新和产品改进方案需要较大的初始投资,但从长远来看效益要远大于成本。总体看来,ISO 14000 系列标准的采用能够增强企业在国内及国际市场上的竞争力。

8.3.5　有利于提高民众的环境意识

传统的环境标准往往以具体的数量形式出现在普通民众眼前,对于未受过专业训练的人来说,枯燥无味的专业术语和成千上万的数据难以激发他们关注并了解环保工作的欲望。一方面,ISO 14000 系列标准则是以认证、自我声明等具体生动的形式来反映环境管理工作的成果,这有助于引发民众关心环保产业的兴趣。同时,随着认证工作的不断进展,获得环境标志的绿色产品越来越多地进入普通民众的日常生活,也会使人们进一步认识到环境保护的重要性。另一方面,从组织内部来看,实施 ISO 14000 系列标准,建立环境管理体系要求对企业的全体员工进行环保知识的系统培训,以使员工在观念和行为方式上发生转变。员工有权利也有义务了解企业所面临的环境问题,以及如何有效地提高企业的环境表现。如果众多的企业能够实施 ISO 14000 系列标准,建立环境管理体系,就会有相当数量的企业员工和管理者通过较为系统的学习来加深对于环境保护的认识。

总之,通过以上两种途径,ISO 14000 系列标准将对民众环境意识的提高起到积极的作用。

8.4　清洁生产与 ISO 14000

清洁生产与 ISO 14000 管理体系是世纪之交的环境保护新思路,备受人们关注,二者既有不同点又密切相关,相辅相成。

8.4.1　清洁生产与 ISO 14000 的不同点

(1)侧重点不同

清洁生产着眼于生产本身,通过技术改造改进生产,以减少污染的产生为直接目标,辅以加强管理;而 ISO 14000 侧重于管理,以国家法律、法规为依据,使集团内外管理于一体的标准化环境管理模式,进而促进技术改造。

(2)审核方法不同

清洁生产重视从工艺流程分析、物料和能量平衡等方法入手,确定最大污染源和最佳改进方法;环境管理体系审核则侧重于检查企业自我管理状况。

(3)产生的结果不同

清洁生产技术人员和管理人员提供了一种新的环保思想,将企业环保工作重点转移到生产全过程控制上,通过提出和实施大量的清洁生产方案实现经济效益与环境效益的统一;ISO 14000 标准为管理层建立一种先进的管理模式,将环境管理纳入其他的管理之中,让所有的职工提高环保意识并明确自己的职责。

总之,清洁生产虽已强调管理,但生产技术含量高;ISO 14000 管理体系强调污染预防技术,但管理色彩较浓。ISO 14000 管理体系为持续清洁生产提供组织和管理保证。清洁生产为 ISO 14000 环境管理体系的运行提供了环境改善的目标和机会。

8.4.2 清洁生产与 ISO 14000 的相依关系

(1)清洁生产是环境管理体系的要求。ISO 14000 条款 4.2 中明确要求企业采取清洁生产手段来控制污染。

(2)ISO 14000 管理体系对员工的环境意识提出明确要求。环境管理体系认证工作最重要的前提是提高企业员工的环境意识。环境意识的增强是实施环境管理的根本动力。ISO 14000 管理体系为企业顺利实施清洁生产打下良好的基础,环境管理体系为持续清洁生产提供保障。

(3)清洁生产可为企业建立环境管理体系提供科学的数据支持。实行清洁生产,在环境因素调查,确定环境问题根源、重点,方案产生,可行性分析上有一套操作性很强的具体方法,即通过物料平衡计算、生命周期评估、确定物料损失原因和造成污染的原因后,提出解决方案,这些清洁生产工作为环境管理体系的建立提供了丰富的内涵。

(4)推行清洁生产可提高企业的整体技术和管理水平。企业推行清洁生产,主要从原料、设备、管理人员等全方位进行优化,采用先进的、科学的方法进行技术改造,同时产生大量有关加强管理的清洁生产方案,这些方案可提高企业的综合管理水平,利于促进建立良好的环境管理体系。

(5)建立管理体系和实施清洁生产是企业实现经济效益和环境效益相统一的最佳选择。

ISO 14000 系列标准的制定就是为了规范一切组织的环境行为,以达到节省资源、减轻甚至消除对环境的不利影响,使全球的经济达到可持续发展的目的。国家应该加快推广实施 ISO 14000 系列标准的步伐。自 1996 年 9 月国际标准化组织(ISO)颁布首批 ISO 14000 系列标准以来,为有效地开展环境管理体系认证工作,我国积极探索环境管理体系认证方法、认证程序及技术规范,从 1996 年开始到 1998 年下半年试点工作结束时,有近 70 家企业获得了环境管理体系认证证书。同时,国家环保总局还在全国 13 个试点城市开展了 ISO 14000 标准的试点工作,探索了在城市和区域建立环境管理体系以及推进实施 ISO 14000 系列标准的政策和管理制度的办法。ISO 14000 系列标准的实施也是发展我国外向型经济,使企业走向国际市场的必经之路。

在中国实施 ISO 14000 系列标准,应遵循以下四条原则:

(1)符合国际标准基本要求的原则。为与国际接轨,便于国际间相互认可,中国实施 ISO 14000 系列标准,应当符合国际标准的基本要求,按国际标准规范操作程序。

(2)结合中国环境保护工作实际的原则。中国的环境保护工作与其他国家的环境保护工作有不少共同点,但也有自己的特点,应把中国现行的环境管理制度与国际标准结合起来,只有这样才能有效地促进中国的环境保护工作。

（3）实行统一管理原则。环境保护工作涉及社会、经济的方方面面，政策性较强，因此对 ISO 14000 系列标准的实施必须实行统一管理，方便企业实施，并保证我国环境管理体系认证工作有序、健康地发展。

（4）坚持积极、稳妥、适时、到位的原则。

8.5　思考题

1. 简述 ISO 14000 系列标准的构成。
2. 简述 ISO 14000 系列标准的现实意义。
3. 简述清洁生产与 ISO 14000 的关系。

第 9 章 绿色包装

9.1 绿色包装概述

(1)绿色包装的来源

绿色包装的兴起始于白色污染的泛滥。究其根源主要在于随着包装材料及包装制品日益丰富而带来的包装废弃物的与日俱增。由于人们在生产和经营活动中忽视环境因素,对难处理的塑料包装制品不予理睬,对应该回收的包装制品不予回收,以及不良的社会习惯,如乱丢废弃物等,对环境造成了极其严重的污染,特别是塑料包装废弃物所带来的白色污染更是触目惊心。包装多属一次性消费品,寿命周期短,废弃物排放量大,在城市固体废弃物中占有很大的比例。据美、日及欧共体统计,包装废弃物(PSW)年排放量在重量上约占城市固定废弃物的 1/3,而在体积上则占 1/2,且排放量以每年 10% 的速度递增,从而使包装废弃物引起的环境污染问题日益突出,引起了公众及环保界的高度重视。美国等国家的环保界人士对减少包装废弃物的污染提出了三方面的意见:商品的包装过多,应尽量不用或少用包装;应尽量回收利用商品包装容器;凡不能回收利用的包装材料应是可生物降解的材料,用完之后可以生物分解,不危害公共环境。为此,德、法、美等国家先后制定了严格的包装废弃物限制法,欧洲的一些国家还对能重新使用或再生的包装使用了"绿点"的识别标志。在世界绿色浪潮的冲击下,在 80 年代末、90 年代初涌现出"绿色包装"作为有效解决包装与环境矛盾的策略。国外也把"绿色包装"概念称为"无公害包装"或"环境之友包装"。我国包装界则从 1993 年开始,采用环保的意蕴,统称这类包装为绿色包装。

(2)绿色包装的含义

从绿色包装的来源分析,可以看出绿色包装最重要的含义是保护环境,同时也兼具资源再生的意义。具体言之,它应具有以下的含义:

1)实行包装减量化(Reduce)

绿色包装在满足保护、方便、销售等功能的条件下,应是用量最少的适度包装。欧美等国将包装减量化列为发展无害包装的首选措施。

2)包装应易于重复利用(Reuse)或易于回收再生(Recycle)

通过重复使用,或通过回收废弃物实现废弃物再生利用、焚烧产生热能、堆肥化改善土壤等措施,达到再利用的目的。这些措施既不污染环境,又可充分利用资源。

3)包装废弃物可以降解腐化(Degradable)

为了不形成永久的垃圾,不可回收利用的包装废弃物要能分解腐化,进而达到改善土壤的目的。当前世界各工业国家均重视发展利用生物或光降解的包装材料。Reduce、Reuse、Recycle 和 Degradable 即是当今世界公认的发展绿色包装的 3R 和 1D 原则。

4)包装材料对人体和生物应无毒无害

包装材料中不应含有有毒物质或有毒物质的含量应控制在有关标准以下。

5)在包装产品的整个生命周期中,均不应对环境产生污染或造成公害

包装制品从原材料采集、材料加工、制造产品、产品使用、废弃物回收再生,直至最终处理的生命全过程均不应对人体及环境造成公害。

以上绿色包装的含义中,前四点应是绿色包装必须具备的要求,最后一点是依据生命周期评价,用系统工程的观点,对绿色包装提出的理想的、最高的要求。

(3)绿色包装的定义及分级目标

通过上述分析,我们对绿色包装可作出如下定义:能够循环复用、再生利用或降解腐化,且在产品的整个生命周期中对人体及环境不造成公害的适度包装,称为绿色包装。

绿色包装是一种理想包装,完全达到它的要求需要一个过程,我们可以按照绿色包装分级标准的办法,制定绿色包装的分级标准:

1)A 级绿色包装指废弃物能够循环复用、再生利用或降解腐化,有毒物质的含量在规定范围内的适度包装。

2)AA 级绿色包装指废弃物能够循环复用、再生利用或降解腐化,且在产品的整个生命周期中对人体及环境不造成公害,有毒物质的含量在规定范围内的适度包装。

上述分级,首先要考虑的是要解决包装使用后的废弃物问题,这是当前世界各国环境保护关注的热点,也是提出发展绿色包装的主要内容,在此基础上解决包装生产过程的污染问题。生命周期评价的方法既是全面评价包装环境性能的方法,也是比较包装材料环境性能优劣的方法,但在解决问题时应有轻重缓急之分。采用两级分级目标,可使我们在发展绿色包装中突出解决问题的重点,重视发展包装后期产业,而不要求全责备,搅乱发展思路。

9.2　绿色包装体系的组成

绿色包装体系应包括技术、应用、管理、评价、政策及法律等诸多方面,通过该体系来保证绿色包装得以顺利地实施。

(1)技术体系

绿色包装技术体系建立的实质就是遵循"3R"和"1D"原则,研究绿色包装技术,开发绿色包装产品。具体内容如下:

①优化包装结构,减少包装材料消耗,避免过剩包装,即实行包装减量化。如采用标准化的集装箱运输和一体化的包装方式,可以大大节省包装材料,减少工作量,提高包装

运输质量。

②采用可回收重用的包装材料,方便拆卸与重复使用。

③采用可循环再生的包装材料。

④包装废弃物可以降解腐化(Degradable),如研制与开发以有机酸、糖类、纤维素及变性淀粉等物质为主要原料的生物降解塑料,它可被微生物分解,从而避免了对环境的污染。

(2)应用体系

对于一些新型的绿色包装技术的推广与应用,必须经过一定的手段来加以保障,即需要绿色包装应用体系来保证绿色包装技术的有关工艺、设备和材料的到位与落实,并按一定的程序达到所推广的绿色包装的标准。绿色包装应用体系包括绿色材料供应渠道的提供、质量标准的鉴定、使用前后的处理及回收方式的指导等。

(3)管理体系

企业应建立绿色包装管理体系,以制定、实施和维持绿色包装方针,进行管理和评审等。对于包装业的材料、容器的生产厂家而言,只有"省能省资,回收再用"是远远不够的,企业应从长远利益出发,建立绿色包装管理体系,并取得权威机构的认证。绿色包装管理体系将引导企业不断地改善自身的环境行为。

(4)评价体系

在企业建立和运行绿色包装管理体系时,需要一种系统的管理手段,对企业的环境影响和资源再生的数据进行评估。绿色包装评价体系正是基于这一点而建立的。为了定量的表达评价结果,可参照 ISO 14000 系列标准采用生命周期评价法。ISO 14000 推行的办法是以预防为主,要求企业采用绿色技术、清洁工艺进行全过程控制。这样才能使产品包装的每一个环节通过 LCA 评定,该企业才能获得"绿色企业"称号及绿色标志,它所生产的产品包装才是"绿色包装"。

(5)政策体系

在政策上采用各种措施限制那些不利于环境保护包装的生产和流通,鼓励和扶持绿色包装的应用和推广。推广产品的绿色标志,凡是标有绿色标志的产品,表明该产品的生命周期全过程均符合环保要求。对取得绿色标志的产品在政策上实行倾斜,如税收给予优惠,优先扶持外贸等。

(6)法律体系

应用与推广绿色包装,需要通过法律来加以保证,这是世界各主要工业国普遍采用的一项行之有效的措施。在建立绿色包装法律体系时,可借鉴美国、德国、法国、荷兰等国家成熟的包装立法经验,采用单项立法与综合立法相结合的措施。

9.3 我国发展产品绿色包装的重要性

绿色包装作为可持续发展的重要组成部分,日益成为"绿色浪潮"中引人注目的焦点问题。我国现有耕地约 18.51 亿亩,人均耕地面积不到世界平均值的一半,而残留在农田里的废包装盒、包装碗、包装袋却高达几十万吨。据专家统计,每公顷土地残留塑料制品 58.5 千克,减产幅度为玉米 11%～13%,小麦 9%～10%,水稻 8%～14%,大豆 5.5%～9%,蔬菜 14.5%～52.9%,这无疑为我国本已紧张的土地资源雪上加霜。1994 年我国年产塑料 630 万吨,1995 年 680 万吨,按国际经验估算,应有 15%(约 100 万吨塑料)可回收,而我国物资部门仅回收了 30 万吨,可见回收不力造成大量资源浪费的现象十分严重,这与我国频频告急的资源现状形成鲜明反差。

近年来,我国包装业有了很大发展,并已进入国际市场,在世界包装之林中占有一席之地。在当前世界环保呼声日益增强的大环境下,绿色包装在我国悄然兴起,并已经成为我国包装业取得长足发展的主攻方向。

(1)绿色包装顺应了国际环保发展趋势

随着环境保护浪潮的冲击,消费者对商品包装提出了越来越高的要求。他们要求新型包装应符合"3R"要求,即减少材料起始消费量(Reduce)、回收循环使用(Recycle)和能量的再生(Reuse),并且可降解(Degradable)。人们已从注重选购实惠和健康为主的商品逐渐转移到热衷于购买对环境无害的产品,许多经济发达的国家,带有环境标志或对环境无污染的商品特别受到消费者的青睐。同时,凡标有绿色标志的产品,在外贸中更易于为外商所接受,并能在关税和价格上受到优惠;相反没有绿色标志的产品,一些外商可能拒绝销售,价格和关税上也不能受到优惠对待。

(2)绿色包装是世界贸易组织及有关贸易协定的要求

环境保护已提上议事日程,在世界贸易组织的一揽子协议中增加了《贸易与环境协定》,在区域经济一体化组织的多边贸易谈判中,环保问题始终是主题之一。这些国家的环保多边规范促使企业必须生产出符合环境保护要求的产品及包装。

(3)绿色包装是绕过新的贸易壁垒的重要途径之一

随着环境意识的提高,今后国际贸易中的环境标准、法规只会越来越严格,绿色贸易壁垒将会成为国际贸易中的主要壁垒。世界各国都有自己的环境标准,国际标准化组织就环境保护方面也制定了相应的标准。ISO 14000 环境管理体系将环境管理纳入制度,要求企业生产的产品及包装不仅要重视效能,还要将环保的观念加上去。一些国家还利用相关法规来限制不符合标准的商品进口。绿色包装有利于突破一些新贸易保护主义者利用包装设置的技术性壁垒。

(4)绿色包装是国际营销强有力的手段之一

现代商品营销中许多营销人员把包装化(Packaging)称为第五个 P,前面四个 P 分别为价格(Price)、产品(Product)、地点(Place)和促销(Promotion)。包装已成为商品营销中的一个重要因素。在重视环境保护的形势下,绿色包装在销售中的作用日益重要,它越来越受各国消费者的欢迎。作为 21 世纪绿色革命重要内容的"绿色包装革命"是新一轮市场竞争的重要砝码。可以肯定的是,带有浓厚环保气息的绿色包装的商品在国际市场中具有较强的生命力和竞争力。

(5)绿色包装有利于国家产业政策的调整

《全国包装行业"九五"发展规划及 2010 年远景发展目标》中明确指出,包装行业发展应遵循坚持加速增长与保护环境相结合的原则。近年来在包装工业快速发展的同时,加强对环境的保护,避免重蹈发达国家"先污染、后治理"的覆辙。要运用现代的新技术,从包装原辅材料,到包装技术和机械设备、包装废弃物的管理和处置及配套的政策、法规、税赋、分配等诸多方面协同配合,实施绿色包装工程。要大力推广绿色包装,用高性能的包装材料代替传统包装,利用先进技术提高包装物的复用率和再生利用率,形成规模化生产,降低成本,使其既有良好的社会效益,又有一定的经济效益。

(6)绿色包装是我国实施可持续发展战略的重要组成部分

第八届人大四次会议正式批准实施我国"九五"计划和 2010 年远景目标可持续发展战略。可持续发展理论是绿色营销的理论依据,而绿色营销的重要组成部分——绿色包装则是实现可持续发展的有效手段之一。改革开放以来,我国经济发展迅速,令世界瞩目。但由于人们环保意识比较薄落,许多地方的经济发展是以牺牲环境或是对资源掠夺性开采为代价的,致使环境日渐恶化,由包装引起的污染到处可见,而绿色包装具有无污染、可重复使用、节约资源的特性,完全符合这一战略方针的要求。因此实施绿色包装既是保护环境的需要,又是增强我国包装业发展后劲、提高竞争能力的重要手段。

9.4 我国实行产品绿色包装的法律依据

世界各国为维护本国生态环境不受污染,纷纷制定了强制性的环保法规,包括包装的环保立法,以法律手段来管理包装的生产、流通和使用,并利用法律来促进绿色包装的发展,尽量减少包装对环境的污染。同样,《中华人民共和国宪法》第二十六条规定:"国家保护和改善生活环境和生态环境,防止污染和其他公害。"为此,相应地制定了《中华人民共和国环境保护法》。我国目前发展绿色包装的原则是:严格执行环保法,加强环保教育,在包装工业中推行绿色标志,实行政策倾斜及行政首长责任制。

严格执行环保法,就是以现行法律为依据。《中华人民共和国宪法》第二十六条,《中华人民共和国环境保护法》第十六条、第三十五条至第四十五条对违反环保法行为应负的法律责任作出了详细、具体、易于执行的规定。无论是我国的宪法还是环保法,都是规范人们从事一切政治、经济和社会活动的行为准则,是保护和改善环境的有力的法律武器。目前,我国的包装工业发展很快,对环境保护的影响也越来越大,为了减少包装废弃物对环境的影响,我国应针对性地制定包装废弃物限制法,国际上有些国家(例如德国、法国等)已经制定并执行了多年,对环保等起到了非常大的作用。因此,我们应借鉴国外的经验,尽快制定并更新出适合我国国情的包装废弃物限制法。

9.5　我国发展绿色包装应采取的措施

随着包装工业的迅猛发展,产生了数量巨大的包装废弃物,使得废纸、废塑料膜满地成堆,塑料瓶、玻璃瓶、金属罐盒、复合包装膜及容器等到处可见。在我国许多地区,这些废弃物已超出了环境系统自净、自我调节的能力,从而导致环境均衡系统的破坏,并已引起人民群众的强烈不满和忧虑。因此,根据中国国情,发展绿色包装应采取下列措施:

(1)发展玻璃瓶罐包装,尤其是开发高强度薄型玻璃瓶罐

玻璃在包装工业中,主要是制成玻璃瓶罐等制品。由于玻璃瓶罐具有保证食物、饮料的纯度和卫生的作用,具有透明、美观、良好的化学稳定性,并且不透气、易于密封、造型灵活,可多次回收周转使用等一系列优点。生产玻璃的原料丰富,价格低廉,使玻璃成为食品、医药、化学工业广泛采用的包装容器。

玻璃瓶罐不仅在生产时对环境的污染较少,生产使用后对环境的污染与塑料等包装材料相比更少。玻璃瓶罐易于回收,可多次回收使用,且玻璃瓶罐可根据包装的特点,使其包装功能延伸。例如:玻璃瓶罐既可以包装食品罐头、饮料罐头,而且在食品与饮料食用完后,又可以作为人们盛放饮用水或其他物品的容器。另外,除了对玻璃瓶罐有特种用途或独特风格需求的产品外,其他各种产品,如酱油、醋、普通酒类及饮料等,可采用统一容量、规格和造型的瓶罐,以扩大就地回收处理及重复利用的可能性与范围。

在我国,玻璃包装占所有包装材料的40%左右,但我国目前生产的玻璃瓶罐并不能满足人们的需要。有关科研部门和高等院校应加强科研工作,在提高玻璃瓶罐强度、功能的基础上,应尽量减少玻璃瓶罐的厚度及自身的重量,以减少运输费用等。

(2)大力发展纸制品包装,特别是采用以纸代塑包装食品

纸和纸板是一种古老的包装材料,即使在现代,在工业产品包装中纸制品包装仍然占有非常重要的地位。在国外,其使用量要占所有包装材料的40%以上,而在我国约占25%左右。纸及纸制品具有一系列的优点,例如:原料来源广,价格较低,均匀性较好,单位面积强度较大,易于印刷和黏结,耐高温、低温性能好,无毒无味,包装卫生,适合于自动包装且包装形状不易改变,易于回收利用,成为垃圾后易腐烂变质,可改良土壤等。因此,纸及纸制品在包装材料中占有越来越很重要的地位。

目前,美国、日本和西欧等国家和地区大量采用纸制品包装代替塑料及薄膜包装。我国应加强造纸工业的发展,大力发展和研究无碱造纸法,大力研制和生产出强度、阻隔性能与塑料及塑料薄膜相当的纸制品,以在某些方面代替塑料薄膜及其制品,减少塑料废弃物对环境的污染。

(3)研究和采用生物塑料薄膜包装

塑料包装对世界包装的繁荣和发展起着重大的作用,但由于塑料的不可分解性,各类塑料包装对环境已造成了越来越大的污染。虽然塑料包装废弃物对环境污染严重,但

塑料包装的许多性能是其他材料无法代替的,例如:透明度好,防水防潮,耐药品腐蚀,耐油脂,耐污染等。目前美国、德国、日本等国已研制出生物塑料,这种塑料膜包装商品后的废弃物被埋入地下或放入水中,经过适当的时间可进行分解,对环境污染少或无污染,埋入土壤中也可对土壤的改良起到促进作用。我国不少科研单位也在这方面做了大量工作,目前也取得了不少成果,也建立了专业工厂。今后,中央及各级地方政府仍需要大力加强对降解塑料的研制,使其研制水平和技术不断成熟,尽量降低成本等。

(4)使用多种包装废弃物处理技术,重点发展回收再生技术,保护生态平衡

绿色包装的主要内容是废弃物处理和使用无公害材料。当代包装废弃物处理的主要方法有填埋、焚化、回收复用、回收再生、降解消失等多种方法。

对那些不能焚烧以及焚烧将产生有毒气体的废塑料集中起来填充陆地,进行深埋,无疑是一种最经济的包装废弃物处理方法。例如美国约有1/3的塑料包装制品经使用后被废弃,其中50％被深埋在地下。然而深埋并不能促使垃圾迅速分解成无害物,特别是塑料废弃物深埋若干年后仍无多大变化。我国人多地少,目前城市垃圾大量充斥城市周围良田,若在这样发展下去,一二十年后,我国掩埋废弃物的能力将耗尽。

推动包装行业落实全生命周期理念,应考虑设计、生产、检测、流通、回收、循环利用等环节,设计开发绿色产品,对提升我国包装行业竞争力,实现绿色发展具有重要意义。工业和信息化部确定的首批包装行业绿色设计示范企业(以下简称示范企业)包括深圳劲嘉集团股份有限公司、芜湖红方包装科技股份有限公司、浙江大胜达包装股份有限公司等三家企业。示范企业在绿色设计方面主要开展了以下工作:

一是强化产品全生命周期评价。通过构建包装产品全生命周期评价系统,综合分析纸、塑料等包装产品在不同阶段的环境负荷参数与环境影响数据,从选材、生产、管理等环节改进设计方案,设计开发一批功能化、个性化、定制化的中高端绿色产品,提高产品质量、品质,减少资源能源消耗和污染物排放。如浙江大胜达包装股份有限公司生产的易折叠、无胶带多功能快递包装纸箱等。

二是研发使用绿色包装材料。注重采用无毒无害、可降解、易回收利用的绿色包装材料,从源头推动包装绿色化和循环利用。如深圳劲嘉集团股份有限公司研发了丝印麻布纹仿进口特种麻纹纸;芜湖红方包装科技股份有限公司使用"水基油墨＋UV紫外光固化"替代传统的胶印印刷等。

三是提供绿色包装产品整体解决方案。积极延伸服务链条,从包装制造向包装整体方案提供商转型,努力打造绿色包装品牌,提升市场竞争力和影响力。如芜湖红方包装科技股份有限公司为奇瑞汽车的整车包装和散件出口提供整体包装解决方案,推广设计合理、耗材节约、回收便利、经济适用的一体化生产服务方案,引导塑造绿色包装新理念。

据估算,我国快递业每年消耗的纸类废弃物超过900万吨,塑料废弃物约180万吨,并呈现快速增长的趋势,对环境造成的影响不容忽视。加强快递绿色包装标准化工作,

妥善处理快递包装污染问题,已成为行业转型升级、可持续发展的内在要求。

近年来,我国各省市大力推行绿色包装,根据《湖南省政府采购两型(绿色)产品首购办法》,经国家和省工业和信息化部门评估认定的绿色产品,直接纳入《湖南省首购产品目录》,通过政府采购方式由采购人优先采购。这将有助于充分发挥政府采购政策功能,推动绿色产品的有效供给和市场应用,引导绿色生产和绿色消费,促进资源节约型和环境友好型社会建设。

2020 年 8 月,市场监管总局、发展改革委、科技部、工业和信息化部、生态环境部、住房城乡建设部、商务部、国家邮政局等八个部门联合印发《关于加强快递绿色包装标准化工作的指导意见》(以下简称《意见》),提出到 2022 年年底前,制定实施快递包装材料无害化强制性国家标准,基本建立覆盖全面、重点突出、结构合理的快递绿色包装标准体系。《意见》紧扣快递包装治理"绿色化、减量化、可循环"的要求,提出了未来三年我国快递绿色包装标准化工作的总体目标,列出了标准体系优化、重点标准研制、标准实施监督、标准国际化等四个方面八项重点任务。

9.6　思考题

1.绿色包装的定义是什么?
2.简述我国实行绿色包装的重要性。

第 10 章　环境会计

10.1　环境会计产生的社会背景

从二三百万年前人类开始征服自然以来,总是以牺牲大自然为代价换取自身的物质利益。特别是到近现代,人类走上"黑色工业化道路"之后,工业文明以前所未有的速度破坏着人类赖以生存的自然环境,自然环境的恶化正困扰着人类自身的生存和发展。

从 1940 年开始人们已逐渐看到环境问题的严重性,20 世纪 60 年代在"绿色革命"旗帜的引领下,涌现了以绿色和平组织为代表的"绿色运动",并试图通过建立"绿色经济之路"实现绿色回归。20 世纪 70 年代以来,联合国召开了一系列国际会议,由各国政府领导人、生态学家、社会学家、法学家等共同制定和颁布了《环境宣言》等保护自然生态环境的法律文件。1992 年在巴西联合国环境与发展大会上通过了《21 世纪议程》。其间不少国家颁布了环境法,把"绿色计划"纳入国民经济发展计划,并出台了"绿色技术"、"绿色产品"等重视自然生态环境的新举措。中国政府也在 1994 年发表了《中国 21 世纪议程——人口、资源和环境白皮书》,把可持续发展确定为实现中国社会、经济和环境协调发展的基本战略。

环境会计的产生以比蒙斯在 1971 年发表的《控制污染的社会成本转换研究》和马林在 1973 年发表的《污染的会计问题》为标志,20 世纪 80 年代末出现了较完善的理论。环境会计一直是许多国家的政府部门和会计组织以及国际会计理论界研究的热点,美国注册会计师协会、美国会计学会、美国全国会计师协会、美国证券交易委员会都曾对环境、其他社会责任及其所披露的问题发表过研究公告和建议。联合国国际会计和报告标准问题专家工作组从 1995 年 3 月第 13 次日内瓦会议开始,专门就环境会计和环境披露问题连续多次展开讨论,还就环境披露的问题和各国相关的环境会计准则研究提出了建议。

10.2　环境会计的概念与本质

10.2.1　环境会计的概念

环境会计属于相对新兴学科,一般认为环境会计是运用专门的方法,对企业和其他组织的各种对环境产生影响的经济活动的过程及结果进行连续、系统、分类和序时核算与监督,为企业内外部有关的会计信息使用者进行决策提供数量化的和其他形式的信息的一种管理信息系统。

一般的会计定义中强调会计主要提供数量化的财务数据。而在上述定义中则没有强调这一点，这主要是因为目前对于企业行为的环境影响在定义和计量方面，还存在着诸多有待解决的难题，而为了发挥环境会计的职能，在这些难题解决之前，非财务性的信息仍然是具有相关性和有用性的。因此，在现阶段环境会计不仅不应排斥或忽视非财务性信息，相反在一定程度上应该借助这类信息。例如，英国大多数公司都主动向股东提供年度环境报告，其内容没有强制性的规范，然而英国特许会计师公会在其《环境与能源报告指南》中提出了15项建议性的重要内容，包括组织概况、环境政策与责任、目标报告对象、环境管理、主要的环境影响、向环境中排放废弃物的有关数据、资源的使用、业绩指标、目标、对有关法规的执行情况、产品设计与管理、供应商、财务信息、可持续性报告和外部独立审查等。其中许多都是非财务性的或非数量化的，它们对于会计信息使用者来说都是非常有用和重要的。

10.2.2　环境会计的本质

国外会计界又称环境会计为绿色会计。我国会计界还有"环境保护（或简称环保）会计"的说法。正确地理解环境会计的本质需要有效地把握以下几点：

（1）环境会计是企业会计的一个新兴分支

由于行政事业单位对环境的作用和影响相对较小，因而在今后相当长的一个时期内行政事业单位是没有必要建立它们的环境会计的。也就是说，环境会计仅限于企业，从这个角度看，完全可以认为环境会计是企业会计的一个分支。明确了这一观点后，可以总结出如下三点：

①作为企业会计的一个分支，环境会计要继承企业会计（包括财务会计、管理会计等）的基本原理和基本方法；

②作为一个新兴分支，环境会计面临着许多创新问题，这也是会计学发展的体现；

③环境会计的主体是企业，不过对于企业的认识可能需要进一步修正。

（2）环境会计是环境学、环境经济学与发展经济学、会计学相结合的产物

相应地，环境会计除了要秉承会计学的基本原理和基本方法之外，它同时要吸收、借鉴包括环境学、环境经济学（及其分支学科如污染经济学又称公害经济学、资源经济学、生态经济学）、发展经济学等学科和领域的一系列观念及方法，在此基础之上才能形成一套环境会计的理论与方法体系。例如，环境会计中依然要有会计主体观念，而且企业就是一个会计主体，但这个主体不单单是一个营利性的经济组织，我们还必须将其看作是一个社会总体系中的单元和环节，它要承担一定的社会性责任，否则，环境会计将无从建立。相应地，不但要考察企业的经济效益，同时还要考察企业的环境效益以及反映企业两种效益组合的部分；环境会计中的计量将会较之传统会计中的计量发生重大变革，既要有货币计量也要经常用到实物计量，在货币计量中既要用到历史成本又可能经常采纳其他计量属性。

（3）环境会计的基本职能仍然是反映和控制

会计的职能是反映和控制,这两种职能在环境会计中应用的基本道理是一致的,只是环境会计在履行反映职能时适当地扩大了实物计量单位的应用。因此,环境会计的工作体系也就大致地可以归纳为两类:提供信息,包括外部使用的信息和内部使用的信息;参与企业的环境管理,从而促使企业在实现良好的经济效益的同时,实现良好的环境效益。

（4）环境会计的对象是企业的环境活动以及与环境有关的经济活动

环境会计的对象包括企业所发生的与环境有关的所有活动。这些活动大致可分为两类:一类是单纯的环境活动,即暂时并不直接地涉及财务状况和经营成果的环境活动;另一类是与环境有关的经济活动,即指直接涉及财务状况和经营成果的环境活动。前者包括企业的环境目标与环境政策、员工的环境教育、员工环境素质的提高、排放或减少了多少标准量的何种污染物、对企业外部环境主义思想与运动的态度与参与情况等,从国外的初步实践来看,这些问题在会计上是应该列入对外信息披露的范围之内的;后一类属于由环境问题引发的,但能够用货币表现或者说会计形成财务问题的活动,例如,环境污染的税费和罚款缴纳、环境管理支出、环境投资评估与分析、由环境可能引发的负债与损失、涉及环境质量问题的赔付及捐赠等。前一类可能会在财务报表附注中或专门的环境报告中披露;后一类则可能同时在常规财务报表和报表附注或专门的环境报告中披露。与此同时,这两类中也都有可能需要会计参与其中。综合上述几点,对环境会计的本质归纳为:环境会计是企业会计的一个新兴分支,具体地说,它是运用会计学的基本原理与方法,采用多种计量手段和属性,对企业的环境活动和与环境有关的经济活动所作的反应和控制。

10.3 环境会计要解决的问题

传统会计只把企业看作是营利性经济组织,没有从其作为社会组织和自然生态组织的性质来考虑,因而很少对企业与自然生态环境相关的经济活动作出反应。如我国现行会计制度仅在企业管理费用中设置了排污费、绿化费等项目。为纠正以往会计形式与实质在正确与公证中的矛盾,环境会计主要应解决以下两个问题:

（1）消除外部不经济

外部不经济是指某些企业或个人因其他企业和个人的经济活动而受到不利影响,又不能从造成这些影响的企业和个人那里得到补偿的经济现象,如江河上游造纸厂排放污水,造成下游农作物欠收、农业减产的情况。造成这种现象的根源在于环境资源的不可分割性,使其产权界定成本非常高或根本就难以界定,环境资源因此具有全部或部分公共性,进而使得人们可以互不排斥地共同使用自然生态环境资源,而不考虑其公正性和整个社会的意愿。

微观经济学认为,外部不经济可能导致市场调节失灵,使资源配置不能达到最优,影响经济正常运行。如果没有社会强制力的约束,市场机制自身不可能有效地解决自然生态环境资源的公共性与生产目的个体性之间的矛盾。在"看不见的手"的操纵下,微观经济最终将在宏观方面产生恶果,无节制地争夺有限资源最终将不可避免地导致所有资源的浪费和人类自身的毁灭。为了消除外部不经济的影响,国家可以利用税收、规定财产权等政策措施,建立一个既凌驾于企业和个人之上,又代表所有参与者共同利益的社会中心,对所有企业和个人进行符合大众利益的协调和约束,通过外部不经济的内化,以经济手段来解决经济发展中的环境问题。这样做的基础正是通过环境会计来核算企业自身遭受和造成的外部影响,并根据两者之差来确定是享受国家在财政、金融、税收方面的扶持还是要接受环境保护方面的制裁。国家还可以据此判断企业对社会的影响及整个社会生态环境的优劣。

(2)重新确定有关环境的资产、成本、产值

自然生态环境也是资产,而且是全世界所有国家及人类子孙后代所共有的社会特定资产,不仅具有现实价值,还有潜在价值。而传统会计体系却排斥了环境资产要素,只计算"人造成本",而不对"资源成本""环境成本"作出反映,总是以无偿使用自然资源、破坏生态环境为代价虚增利润和产值。

从国民生产总值的情况看,各国政府普遍把经济增长放在第一位,追求片面的国民生产总值的单一增长模式,没有在经济平衡表上反映自然资源消耗、对环境的破坏和污染等负面影响。如果减去对自然生态环境和资源的破坏值以及所付出的环保开支,一些国家的国民生产总值将微不足道,甚至是负数。因此,必须重新确定有关环境的资产、成本、产值等,以建立新的环境会计理论和实务体系。

10.4　环境会计计量的基本理论与方法

会计计量是根据被计量对象的计量属性,选择运用一定的计量基础和计量单位,确定应记录项目金额的会计处理过程。计量单位是指记录尺度的度量单位。计量基础是指所用量度的经济属性,即按什么标准来记账。会计计量单位与会计计量基础的不同组合形成不同的计量方法。会计核算中离不开会计计量,只有经过会计计量才能在会计核算系统中正式记录所要反映的经济事项。因此会计核算的过程就是会计计量过程,会计计量是会计核算的灵魂。

10.4.1　环境会计计量的基本理论

环境会计是以环境资产、环境费用、环境效益等会计要素为核算内容的一门专业会计。环境会计核算的各会计要素都采用一定的方法折算为货币进行计量,但环境会计货币计量单位的货币含义不完全是建立在劳动价值理论基础上的。按照劳动价值理论,只有交换的商品,其价值才能以社会必要劳动时间来衡量,对于非交换、非人类劳动的物品

是不计量的,会计不需对其进行核算。然而这些非交换、非人类劳动的物品有相当部分是环境会计的核算内容,因此环境会计必须建立能够计量非交换、非劳动物品的价值理论。

环境会计的诸要素不是商品,难以在市场的交换中体现其价格,并不能通过价格表现其价值。环境会计的对象大多不是人类劳动的产物,而是自然界千百万年长期演变的结晶。按照劳动价值理论,环境资源只有使用价值,没有交换形成的价值和价格,以社会必要劳动时间为尺度的计量单位对没有交换价格的物品不能进行计量。总之建立在劳动价值理论基础上的财务会计计量方法难以对环境会计诸要素进行计量。随着环境管理的发生、发展,对环境会计提出了很多的要求,但由于环境会计的计量方法始终得不到解决,致使环境会计一直停留在理论探讨阶段,其实务始终得不到发展。可见,计量方法在建立环境会计体系是至关重要的。对环境会计要素进行计量的关键是建立计量方法的理论。

由于环境会计要素中相当部分不是劳动的结晶,没有交换形成的价值和价格,但对人类有一定的效用。这种效用是指环境资源能够满足人类欲望的能力,或者是消费环境资源时感受到的满足程度。环境资源是否对人类具有效用,取决于人类是否有消费它的欲望,以及它是否具有满足人类欲望的能力。环境资源的这种效用应与资源稀缺结合在一起,资源稀缺意味着环境资源不是取之不尽的,资源的供给不能满足人类的需求。

随着人类的繁衍和发展,一方面,人类对自然资源的需求越来越大,已远远超出自然界自身的更新能力;另一方面,人类排放到环境中的废弃物也越来越多,超出了环境的容量。在这种情况下,良好的环境已成为经济学意义上的稀缺资源,也成为经济资源。当环境资源成为经济资源时,环境资源是有价格的,使用环境资源必须付出代价,也就是必须付出相应的费用。在资源稀缺的情况下,人类要维持其效用,就会自觉地寻找替代物品,如利用太阳能替代现有能源,使环境资源具有替代性的特点。

从环境资源的效用性、稀缺性、替代性、非交易性等特点来看,效用性构成了环境资源的价值源泉,稀缺性决定了必须引进边际概念,替代性决定了环境资源的价格,非交易性决定了环境资源的价格必须借鉴数学方法。同时有些环境要素,如环境费用、环境投资等表现为货币流出,能够用包含劳动价值的货币计量。

因此环境会计的计量方法可以考虑建立在以劳动价值理论与边际价值理论相结合的理论基础上,对于包含劳动的环境诸要素按劳动价值理论建立的计量方法计量,对于不是劳动结晶的环境要素按边际价值理论建立的计量方法计量。

边际是指事物在时间或空间上的边缘和界限,它是反映事物数量的一个概念。边际价值理论的主要内容包括:

①效用分析是边际价值理论的一个重要内容;

②边际量在边际价值理论中占有相当重要的地位;

③边际均衡定律是边际价值理论的基本观念；

④应用数学方法可作为边际抽象演绎法的一种必要补充。

依据边际价值理论的基本内容以及环境会计要素的特点，需要建立以边际价值理论为基础的环境会计计量方法。按照边际价值理论建立的环境会计计量方法应体现以下几方面特点：

(1)环境会计计量的单位采用货币单位

环境资源虽然不是劳动产品，但是它有使用价值，即有效用，可以把环境资源的价值归结为效用。按照边际价值理论的原理，效用可以用来衡量环境资源的价值。效用本质是用来表示人类在消费环境物品时感受到的满足程度，因此产生了"满足程度"的度量。在商品经济条件下，货币充当一般等价物，既可以作为商品的计量单位，也可以作为效用的计量单位。会计的显著特点是以货币作为计量单位，因而环境会计的计量单位仍然以货币计量为主，辅之以其他的计量单位，如实物量。

(2)环境会计计量的基础可以采用机会成本、边际成本、替代成本等

环境资源虽然不是通过交换形成的价格，不能建立以交换为基础的计量基础，但环境资源是有效用的，而且是稀缺的，人类可以在可持续发展的基础上，追求环境资源效用的最大化。效用的最大化可以从不同的角度来计量。

环境资源究竟有多大的效用，其效用的最大化究竟有多大，有时是很难计量的，如张家界国家森林公园的风景价值。对于这些直接估计其价值有困难的资源，可以考虑采用机会成本来估算。机会成本即选择成本，是指因采取某一行动方案而失去来自其他可供选择行动方案的最大潜在效益。当诸多方案中的最优方案被采用时，次优方案的潜在效益成就为其机会成本。

基数效用论认为效用分为总效用和边际效用。总效用是指在一定时间内从一定数量的环境资源的消耗中所得到的效用量总和，边际效用是指在一定时间内增加一单位的资源消耗所得到的效用量的增量。

环境资源效用的最大化应包含用于满足人类可持续发展的最大化，即未来的效用。当效用单位可以采用货币单位时，未来效用的计量应引进贴现率的概念，在计量环境资源的价值时，应按贴现率进行调整。

计量环境资源的退化也是环境会计计量中的一个重要组成部分，直接计量环境资源的退化可能很困难，但可以考虑用替代成本来间接计量。替代成本是为消除和补偿可能出现的后果而产生的费用。如计量土壤流失的损失营养成分时，可以考虑为保持其营养成分所施化肥的价格来计量土壤流失的损失。

(3)采用模糊数学进行计量

环境会计引用边际价值原理旨在说明环境资源变量的关系，说明两个相关变量中一个变量的单位增量所导致的另一变量的单位增量，在其他条件不变的情况下，达到这一

变化过程不能或不值得再继续进行的边缘或限度。为了计算这些变量、增量以及它们之间的关系,应采用数学方法。

在环境会计要素中,存在着许多模糊现象,如环境资源效用的模糊、环境资源稀缺的模糊、均衡的模糊等,因此采用精确数学方法计量就会出现计量方法精确性与事物复杂性之间的矛盾。人们面对越复杂的环境系统,对其进行有意义的精确化能力就越低,当复杂性超过一定界限时,模糊性就不容忽视,因此模糊数学在环境会计的计量中将发挥应有的作用。

10.4.2 环境会计的计量方法

按市场信息的完全与不完全,环境会计的计量方法可分为市场价值法、替代市场法和假想市场法三类。

(1)市场价值法

1)生产率变动法(Changes in productivity approach)

这种方法把环境质量看作一个生产要素,其变化导致生产率和生产成本的变化,从而引起产品价格和产量的变化,而价格和产量的变化是可以观察并可以测量的。如化工厂的污水排放对其周围的农业的生产率有不利的影响,农作物的市场价格和损失可作为减少污染所得到的收益;空气污染可能增加机器设备的腐蚀和损失从而降低生产率;减少水土流失可以保持甚至增加山地农作物的产量。

2)人力资本法(Human capital approach)

这种方法用收入的损失去估价由于污染引起的过早死亡的成本。根据边际劳动生产力理论,人失去寿命或工作时间的价值等于这段时间中个人劳动的价值。一个人的劳动价值是在考虑年龄、性别、教育程度等因素情况下,根据每个人的未来收入津贴折算成的现值。

3)机会成本法(Opportunity cost approach)

在无市场价格的情况下,资源使用的成本可以用所牺牲的替代用途的收入来估算。例如,保护国家公园、禁止砍伐树木的价值,不是直接用保护资源的收益来测量,而是用为了保护资源而牺牲的最大的替代选择的价值来测量;保护土地的价值是用为保护土地资源而放弃的最大的效益来测量。

4)预防性支出法(Preventive expenditure approach)

该方法是指人们为了避免环境危害而作出的预防性支出,用来作为环境危害的最小成本。如由于水环境被污染,人们不得已购买纯净水作为饮用水,那么购买纯净水的支出就可以用来估计人们对水源污染危害的主观评价。

5)置换成本法(Replacement cost approach)

该方法是指人们由于环境危害而用损坏的生产性物质资产的重新购置费用来估算消除这一环境危害所带来的效益。

（2）替代市场法

所谓替代市场法就是找到某种有市场价格的替代物来间接衡量没有市场价格的环境物品的价值，主要有后果阻止法和资产价值法。

1）后果阻止法

在环境恶化程度较深且无法逆转时，可通过增加投入或支出额来减轻或抵消因环境恶化而导致的后果。这种投入或支出的金额，是企业因环境污染所支付的社会成本。

2）资产价值法

把环境质量看作是影响资产价值的一个因素，当影响资产价值的其他因素不变时，用环境质量恶化引起资产价值的变化额来估计环境污染所造成的经济损失的方法，称为资产价值法。

（3）假想市场法

在环境状况的变化甚至连通过间接地观察市场行为都不能估价时，只好靠建立假想市场的方法来解决。意愿调查法（Contingent Valuation Method，CVM）就是这样一种方法。

1）投标博弈法（Bidding games）

该方法是通过模仿商品的拍卖过程，对被调查者的受偿意愿进行调查。最后，将所有的被调查者愿意接受的金额汇总或平均，求出环境质量的货币价值。

2）比较博弈法（Trade off games）

该方法是通过被调查者在不同的方案组合之间进行选择，从而调查被调查者的受偿意愿，最后确定环境质量的货币价值。

3）无费用选择法（Costless choice）

该方法是通过询问被调查者在不同无费用方案之间选择，从而调查被调查者的方案选择意愿，每一个方案都不用付钱，最后通过比较得出环境质量的货币价值。

4）专家调查法（Delphi method）

该方法又称特尔菲法，它是将各专家对环境质量发表的意见加以汇总整理，然后再发给各个专家作为参考资料，重新考虑，提出新的论证。经过以匿名方式多次反复，专家意见渐趋一致，得出环境质量的货币价值估量。

10.5 我国环境会计之路

近年来，许多国家已开始将企业的环境利用和保护状况纳入会计核算范围。美国证券交易委员会要求公开发行股票的公司揭示其所有有关环境的负债；巴西建议在董事会报告中反映有关环境保护的投资，若企业因无法解决某一环境问题而使企业的持续经营受到影响时，则应列为有负债并加以揭示；在荷兰，凡是与环境保护措施有关的一切费用，均可从税收收益中扣除；挪威则要求公司董事会必须在其年度报告中揭示企业对环境造成的影响及采取的措施。

推进我国环境会计建设,必须注意眼前与长远、尝试与推进的过程。如先采用文字说明或补充资料及附录的方式,再过渡到货币量化或正规报表的方式;先从现有会计记录及其他资料中形成环境报告,再逐步建立完整的环境会计确认、计量、报告体系;先从对环境污染较严重的部分企业、行业开始,再过渡到大多数企业,逐步提高披露水平。

由于企业生产经营活动与自然资源环境关系复杂,许多经济事项无法以货币形式进行计量。因此,在进行会计核算时必须确认其核算对象,建立专门的核算方法、程度以及报告体系,以期最大限度反映企业与自然生态环境和资源之间的实际关系。我国环境会计理论与实务的建立还有许多现实问题需要解决,如合理评价自然生态环境的质量、效益及损害程度等。因此,在创建阶段可设想先进行下列几种核算:

(1)实行有偿耗用的自然生态环境资源的核算

森林、矿产、油田、水等自然资源应作为资产进行核算,由国家征收使用费,分期进行折扣(类似递延资产),摊入成本,弥补成本补偿失真,促进合理开发利用,保护自然资源。

(2)为改善自身或外部环境而产生的负债的核算

主要针对因生产而产生的固、气、液态污染排放物及热量、噪音等,不可回收的包装物等废弃物的使用,污染品的使用以及人类自身的污染物排放情况。

(3)环境成本、资源成本和安全成本的核算

环境成本主要核算环境污染补偿、环境损失、环境治理保护等;资源成本主要核算自然资源勘察、开发、耗用补偿等;安全成本主要核算安全工程、安全维持、安全事故及预防等。

10.6 思考题

1. 简述环境会计产生的社会背景。

2. 环境会计的概念是什么?

3. 环境会计要解决的主要问题是什么?

第 3 篇　清洁生产案例与其他相关知识

第 11 章　清洁生产信息获取渠道

互联网提供了一条通往信息宝库的途径,随着网络的发展,人们由此可以获得更多新的知识。网络在迅速的发展和变化——今天得到的答案将不同于明天得到的答案。如何从互联网信息的海洋中取得清洁生产方面的有用信息就是本章的主要内容。

11.1　国际清洁生产相关信息获取渠道

"国际清洁生产合作平台"是为可以更多地从互联网上获取清洁生产信息资源而设计。通过单一信息源可搜索众多的与清洁生产相关的网站,标识出新的清洁生产方面信息,并指导用户进入包含这些信息的网站。

美国最早的 P2 网站被称为 EnviroSense。目前 EnviroSense 是一个国内和国际上"虚拟"的用来连接和收集迅速发展的环境信息资源网络和网站的网络中心。它可以支持国际、区域、国内、省及地方政府和行业间信息资源的传递和交流,随后的内容中将会更加详细地讨论 EnviroSense 网站。由于培训的内容首先要集中在"合作"(Cooperative),检索系统为用户提供了进入污染预防/清洁生产网站和相关数据的切入点提高用户对这些网站和数据的搜索能力。新的用户界面将其拥有的成员网站根据各自特点分成三组:①美国国家、地方和商务协作;②美国联邦机构污染预防和补偿协作;③国际合作。用户可以选择搜索任何一项合作或是这些合作内容的一些组合,合作网站会经常的更新、开放。

尽管很多珍贵的信息已存于网站中,但它们的分布却极其分散,为此合作网页采用了一种机制,即它像是一个目录、一个定位器,通过它可一步到位地在世界范围内得到清洁生产信息。

与传统的互联网静态的主页不同,国际清洁生产合作网页经常变化以显示由世界各地环境网站中精选出的新闻、标题和公告。这些信息每个月更新一次以及时提供有实效的、见闻广博的主页,该网页的变化反映出了全球污染预防和清洁生产领域的进展。有关清洁生产的国外期刊见附录2。

11.2　国内清洁生产相关信息获取渠道

国内清洁生产相关网址众多,包括国家清洁生产中心网站以及各地市的清洁生产中心网站。通过搜索引擎搜索即可进入各省市清洁生产中心的网站。以中华人民共和国生态环保部以及工业和信息化部为主体发布相关标准,其中以中华人民共和国工业和信息化部的清洁生产网址的信息更新较为快速,该网站涵盖了清洁生产相关的最新政策、节能减排技术及具体行业清洁生产方案实施进展状况,其示例界面如图11-1所示。

图 11-1　工信部节能与综合利用司清洁生产相关界面

清洁生产审核办法可以从中华人民共和国生态环保部以及工业和信息化部的网站获取,我国清洁生产具体行业的标准均可从该网站获取,如氧化铝业、葡萄酒制造业、淀粉工业、电石工业、白酒制造业、啤酒制造业等。

11.3　行业清洁生产标准及评价指标体系

为贯彻落实《中华人民共和国清洁生产促进法》(2012年),建立健全系统规范的清洁生产技术指标体系,指导和推动企业依法实施清洁生产,国家发展改革委、生态环境部、工业和信息化部近年来陆续整合、修编了多个行业的清洁生产行业标准及行业评价指标体系。

2015年10月28日,国家发展改革委、环境保护部、工业和信息化部整合修编了《平板玻璃行业清洁生产评价指标体系》《电镀行业清洁生产评价指标体系》《铅锌采选行业清洁生产评价指标体系》《黄磷工业清洁生产评价指标体系》，制定了《生物药品制造业（血液制品）清洁生产评价指标体系》，并于公布之日起施行。国家发展改革委先前发布的《日用玻璃行业清洁生产评价指标体系（试行）》（国家发展改革委、工业和信息化部2009年第3号公告）、《电镀行业清洁生产评价指标体系（试行）》（国家发展改革委、国家环境保护总局2005年第28号公告）、《铅锌行业清洁生产评价指标体系（试行）》（国家发展改革委2007年第24号公告）中铅锌采选部分内容、《黄磷工业清洁生产评价指标体系（试行）》（国家发展改革委、工业和信息化部2009年第3号公告），以及环境保护部发布的《清洁生产标准 平板玻璃行业》（HJ/T 361—2007）、《清洁生产标准 电镀行业》（HJ/T 314—2006）同时停止施行。

2015年12月31日，国家发展改革委、环境保护部、工业和信息化部整合修编并公布了《电池行业清洁生产评价指标体系》，制定了《镍钴行业清洁生产评价指标体系》《锑行业清洁生产评价指标体系》《再生铅行业清洁生产评价指标体系》，并于公布之日起施行。国家发展改革委先前发布的《电池行业清洁生产评价指标体系（试行）》（国家发展改革委2006年第87号公告）、环境保护部发布的《清洁生产标准 铅蓄电池行业》（HJ 447—2008）同时停止施行。

2016年10月8日，国家发展改革委、环境保护部、工业和信息化部整合修编并公布了《电解锰行业清洁生产评价指标体系》《涂装行业清洁生产评价指标体系》和《合成革行业清洁生产评价指标体系》，制定了《光伏电池行业清洁生产评价指标体系》《黄金行业清洁生产评价指标体系》，并于2016年11月1日起施行（第21号文）。国家发展改革委先前发布的《电解金属锰行业清洁生产评价指标体系（试行）》（国家发展改革委2007年第63号公告），环境保护部发布的《清洁生产标准 合成革行业》（HJ 449—2008）、《清洁生产标准汽车制造业（涂装）》（HJ/T 293—2006）、《清洁生产标准 电解锰行业》（HJ/T 357—2007）同时停止施行。

2017年7月24日，国家发展改革委、环境保护部、工业和信息化部整合修编并公布了《制革行业清洁生产评价指标体系》，制定了《环氧树脂行业清洁生产评价指标体系》《1,4-丁二醇行业清洁生产评价指标体系》《有机硅行业清洁生产评价指标体系》《活性染料行业清洁生产评价指标体系》，并于9月1日起施行。国家发展改革委先前发布的《制革行业清洁生产评价指标体系（试行）》（国家发展改革委2007年第41号公告），环境保护部发布的《清洁生产标准 制革工业（猪轻革）》（HJ 448—2008）、《清洁生产标准 制革工业（羊革）》（HJ 560—2010）同时停止施行。

2018年12月29日，国家发展改革委、生态环境部、工业和信息化部制定并发布了

《钢铁行业(烧结、球团)清洁生产评价指标体系》《钢铁行业(高炉炼铁)清洁生产评价指标体系》《钢铁行业(炼钢)清洁生产评价指标体系》《钢铁行业(钢延压加工)清洁生产评价指标体系》《钢铁行业(铁合金)清洁生产评价指标体系》《再生铜行业清洁生产评价指标体系》《电子器件(半导体芯片)制造业清洁生产评价指标体系》《合成纤维制造业(氨纶)清洁生产评价指标体系》《合成纤维制造业(锦纶6)清洁评价指标体系》《合成纤维制造业(聚酯涤纶)清洁生产评价指标体系》《合成纤维制造业(维纶)清洁生产评价指标体系》《合成纤维制造业(再生涤纶)清洁生产评价指标体系》《再生纤维素纤维制造业(粘胶法)清洁生产评价指标体系》《印刷业清洁生产评价指标体系》《洗染业清洁生产评价指标体系》等十几个行业清洁生产评价指标体系文件,并于公布之日起施行。同时停止实施先前版本的《清洁生产标准 钢铁行业(烧结)HJ/T 426—2008》《清洁生产标准 钢铁行业(高炉炼铁)HJ/T 427—2008》《清洁生产标准 钢铁行业(炼钢)HJ/T 428—2008》(环境保护部公告 2008 年第 6 号)、《清洁生产标准 钢铁行业(铁合金)HJ 470—2009》(环境保护部公告 2009 年第 21 号,见附录6)、《清洁生产标准 化纤行业(氨纶)HJ/T 359—2007》(国家环境保护总局公告 2007 年第 54 号)。

2019 年 9 月 19 日,国家发展改革委、生态环境部、工业和信息化部制定并发布了《煤炭采选业清洁生产评价指标体系》《硫酸锌行业清洁生产评价指标体系》《锌冶炼业清洁生产评价指标体系》《污水处理及其再生利用行业清洁生产评价指标体系》《肥料制造业(磷肥)清洁生产评价指标体系》等 5 个行业清洁生产评价指标体系,并于发布之日起施行。一直以来,在污水处理及再生利用领域,国家及行业更加重视末端治理,针对出水水质的城市污水治理指标体系经过多年完善已相对成熟,而清洁生产领域则尚未涉及。此次颁布实施的《污水处理及其再生利用行业清洁生产评价指标体系》是首个适用于污水处理行业的清洁生产评价指标体系,表现了国家对污水处理及再生利用行业清洁生产的高度重视,是《清洁生产促进法》在污水处理及再生利用行业的进一步贯彻落实。

第12章 清洁生产与生态工业及循环经济

12.1 生态工业的产生背景

自18世纪以来,工业革命开创了机器大生产的新时代,以机器为代表的现代工业的出现,使世界面貌发生了根本性的变化,为人类创造和发展了以巨大物质财富为主要特征的现代文明。然而,伴随着这一过程,也出现了资源短缺、能源枯竭、环境污染和生态破坏等一系列全球性的严重危机。这些问题告诉人们,传统工业发展模式已难以为继,迫使人们对工业化历程中传统的"高投入、高消耗、高污染"的工业发展模式进行深刻的反思。

然而,在现实的选择中,人们并不希望限制或放弃工业发展,甚至抛弃工业化成果来谋求危机的解除。事实上,全球日益增长的人口及其对物质资料需求的刚性增长说明这种想法也是行不通的。人们所希望的是,在创造和享受工业文明成果的同时,最大限度地减轻它的负面影响,从而达到持久地实现福利增长和人与自然的和谐相处。在这种思想指导下,经济学家和工业界对工业的发展模式进行了大量的探索。

从20世纪70年代开始,丹麦卡隆堡工业园区为了降低成本,达到环保法规的要求,找到了一种革新性的废弃物管理利用途径。简而言之,就是把甲厂产生的废料和副产物用作乙厂的生产原料,当时称之为"工业共生"现象,这就是生态工业的雏形。1989年,美国通用汽车公司两位研究人员在《科学美国人》发表的一篇文章中,正式提出"工业生态学"和"工业生态系统"的概念,这一创新性的提法引起了广泛关注。1993年,受到卡隆堡的启发,美国商人保罗·霍克恩在《商业生态学》一书中,也提出了工业生态系统和生态工业园的问题。1994年,加拿大新斯科舍省达尔胡西大学的一个研究小组明确提出了生态工业园区的设想。在所有提法中最有代表性的是联合国工业发展组织于1991年10月提出的"生态可持续性工业发展"的概念,它用以指明一种对环境无害或生态系统可以长期承受的工业发展模式,是一种环境与发展兼顾的模式,成为全球可持续发展在工业方面的具体体现。这是现代工业发展中历史性的重大转变,这一概念的提出,标志着未来工业的主导发展方向,即由传统工业发展模式转向生态工业的可持续发展模式,不少专家预言,生态工业将成为21世纪全球工业发展的主旋律。

12.2 生态工业的内涵及理论依据

12.2.1 生态工业的内涵

生态工业是依据生态经济学原理,以节约资源、清洁生产和废弃物多层次循环利用等为特征,以现代科学技术为依托,运用生态规律、经济规律和系统工程的方法经营和管理的一种综合工业发展模式。它要求综合运用生态规律、经济规律和一切有利于工业生态经济协调发展的现代科学技术。从宏观上使工业经济系统和生态系统耦合,协调工业的生态、经济和技术关系,促进工业生态经济系统的人流、物质流、能量流、信息流和价值流的合理运转和系统的稳定、有序、协调发展,建立宏观的工业生态系统的动态平衡;在微观上做到工业生态资源的多层次物质循环和综合利用,提高工业生态经济子系统的能量转换和物质循环的效率,建立微观的工业生态经济平衡。从而实现工业的经济效益、社会效益和生态效益的同步提高,走可持续发展道路。

12.2.2 生态工业的理论依据

(1)生态经济系统的耐受性原理

生态经济系统有一个生态阀限。如果生态因子或经济因子发生变化(特别是经济因子)或经济系统作用于生态系统时,没有超过生态经济系统的耐受限度(生态阀限),便会在各因子的相互反馈调节下得到补偿,保证其能量、物质(产品)转化效率得到提高;相反,如果一旦人类的经济活动超过了这一阀限,由于生态系统的承受能力所限,系统失控、环境破坏、生态失衡等一系列问题就接踵而来。这就要求人们在发展工业的过程中不仅要注重经济效益,更应注重环境生态效益。在资源的开采过程中,要改以往那种不顾生态经济环境承受能力的掠夺式开采模式为在生态经济系统承受能力范围内的适度开采模式,改以往那种对废弃物一弃置之的处理方式为废弃物再利用和净化的生产方式,达到既能满足当代人发展的需要,又不危及后代人的发展的目标,走可持续发展的道路。

(2)能量多级利用和物质循环再生原理

自然界中的能量总是沿着食物链的方向逐级传递,形成金字塔式多级利用形式。自然界中的物质沿着食物链从生产到消费,再经过微生物的分解还原到大自然中,形成物质的循环再生。工业生态经济系统也有类似的链状结构,我们称之为"资源加工链"。如"自然资源—初级加工产品—次级深加工产品—高级深加工—产品最终产品—人类消费—微生物分解物—自然资源"。在资源的开发利用过程中,我们不仅可以通过延伸资源加工链充分利用能源和资源,达到能量多级利用、价值增值的目的,而且还可以通过废弃物的资源化,达到清洁生产、保护环境的目的。

(3)价值增值原理

价值增值的形态有三种:①加环增值(长链增值)。在生态经济利用链中,通过增加某一个或几个转化效率高的环节来延伸产业加工链,提高生态资源利用率,使之生产数量更多、品种更优的产品,增加其劳动含量,从而实现价值增值,如废弃物再利用。②减环增值(短链增值)。即在经济生产过程中,适当缩短产业加工链,从而实现价值增值。这主要是对于那些以自然力和自然能为主的食物链的生产性利用,其能量转化和经济产出水平较低,为了获得高产出,借助高技术方法,减少原来的食物链环节,从而取得高价值产品。③差异度增值,即通过产品的品种、外观、功能的差异,季节性差异,地域差异和习惯差异等,使价值和价格相背离,达到价值增值的目的。

12.3　循环经济的产生背景

　　循环经济思想的萌芽至少可以追溯到20世纪60年代,例如美国经济学家鲍尔丁提出的"宇宙飞船理论",但由于种种因素的限制,到了20世纪90年代,随着人类对生态环境保护和可持续发展的理论和认识的深入发展,循环经济才得到越来越多的重视和快速的发展。循环经济是对物质闭环流动型经济的简称。从物质流动的方向看,传统工业社会的经济是一种单向流动的线性经济,即"资源—产品—废物"。线性经济的增长,依靠的是高强度地开采和消耗资源,同时高强度地破坏生态环境。循环经济的增长模式是"资源—产品—再生资源"。"减量、再用、循环"(即3R)是循环经济最重要的实际操作原则,其中减量原则属于输入端方法,旨在减少进入生产和消费过程的物质量;再用原则属于过程性方法,目的是提高产品和服务的利用效率;循环原则是输出端方法,通过把废物再次变成资源以减少末端处理的负荷。

　　德国是发展循环经济的先驱国家。1972年德国制定了废弃物处理法,1986年将其修改为《废物限制及废物处理法》。1991年德国通过了《包装条例》,1992年通过的《限制废车条例》规定汽车制造商有义务回收废旧车辆,1996年德国提出了《循环经济与废物管理法》。与德国先在个别领域逐渐建立相关法规、最后建立整体性循环经济法不同,日本采用了自上而下的办法,即先建立综合性的再生利用法,再在此法指导下建立各个具体领域的循环经济法规。美国目前虽然还没有一部全国性的循环经济法规,但自俄勒冈、新泽西和罗得岛等州于20世纪80年代中期制定促进资源再生循环法规以来,现在已有半数以上的州制定了不同形式的再生循环法规。美国的地方政府及企业在"产品责任制"的意识方面走在世界前列。循环经济正逐渐成为许多国家环境与发展的主流,越来越多的政府官员、学者、企业家加紧了对循环经济的研究。一些发达国家已把循环经济看作实施可持续发展的重要途径。循环经济在我国刚开始引起人们的关注,在理论、实现途径、操作方式等问题上的突破,将决定我国发展循环经济的速度。

12.4　循环经济的原则

12.4.1　减量化原则

　　减量化原则针对的是输入端,旨在减少进入生产和消费过程中的物质和能源流量。换句话说,对废弃物的减量,是通过预防的方式而不是末端治理的方式。在生产中,制造厂可以通过减少每个产品的原料使用量、重新设计制造工艺来节约资源和减少排放。例如,通过制造轻型汽车来替代重型汽车,既可以节约金属资源,又可以节省能源,并且还可以满足消费者乘车的安全标准和出行要求。在消费中,人们可以选择包装物较少的物品,购买耐用的、可循环使用的物品而不是一次性物品,以减少垃圾的产生。

12.4.2　再利用原则

再利用原则属于过程性方法,目的是延长产品和服务的时间强度。也就是说,尽可能多次或以多种方式使用物品,避免物品过早地成为垃圾。在生产过程中,制造商可以使用标准尺寸进行设计,例如使用标准尺寸设计可以使计算机、电视和其他电子装置非常容易和便捷地升级换代,而不必更换整个产品。在生活中,人们可以将可维修的物品返回市场体系供别人使用或捐献自己不再需要的物品。

12.4.3　资源化原则

资源化原则是输出端方法,通过把废弃物再次变成资源以减少最终处理量,也就是我们通常所说的废品的回收利用和废弃物的综合利用。资源化能够减少垃圾的产生,并制成使用能源较少的新产品。资源化有两种,一是原级资源化,即将消费者遗弃的废弃物资源化后形成与原来相同的新产品,例如用废纸生产再生纸,废玻璃生产玻璃,废钢铁生产钢铁等;二是次级资源化,即废弃物变成与原来不同类型的新产品。原级资源化利用再生资源比例高,而次级资源化利用再生资源比例低。与资源化过程相适应,消费者应增强购买再生物品的意识,促进整个循环经济的实现。

12.5　清洁生产、生态工业和循环经济的关系

12.5.1　传统环保理念的冲击和突破

传统上环保工作的重点和主要内容是治理污染、达标排放,而清洁生产、生态工业和循环经济突破了这一界限,大大提升了环境保护的高度、深度和广度,提倡并实施将环境保护与生产技术、产品和服务的全部生命周期紧密结合,将环境保护与经济增长模式统一协调,将环境保护与生活和消费模式同步考虑。

传统环保战略过度依赖末端治理,从清洁生产最早的称呼是污染预防即可看出,清洁生产思想的诞生本身就是对传统环保战略的批判和挑战。清洁生产的定义明确规定清洁生产是一种整体预防的环境战略,其工作对象是生产过程、产品和服务。

作为一种环境战略,清洁生产的实施要依靠各种工具。目前世界上广泛流行的清洁生产工具有清洁生产审核、环境管理体系、生态设计、生命周期评价、环境标志和环境管理会计等。这些清洁生产工具,无一例外地要求在实施时深入到企业的生产、营销、财务和环保等各个领域。也只有这样做,才能真正保证企业的环境绩效。各国使用的最早、最多的清洁生产工具是清洁生产审核。

经典的清洁生产是在单个企业之内将环境保护延伸到该企业有关的方方面面,而生态工业则是在企业群落中的各个企业之间,即在更高的层次和更大的范围内提升和延伸

环境保护的理念与内涵。

自然生态系统是一个稳定高效的系统，通过复杂的食物链和食物网，系统中一切可以利用的物质和能源都可得到充分的利用。传统工业体系中各企业的生产过程相互独立，这是污染严重和资源过多消耗的重要原因之一。工业生态学按照自然生态系统的模式，强调实现工业体系中物质的闭环循环，例如环氧乙烷的清洁生产（见附录7），其中一个重要的方式是建立工业体系中不同工业流程和不同行业之间的横向共生。通过不同企业或工艺流程间的横向耦合及资源共享，为废弃物找到下游的"分解者"，建立工业生态系统的"食物链"和"食物网"，达到变污染负效益为资源正效益的目的。

与生态工业相比较，循环经济从国民经济的高度和广度将环境保护引入到经济运行机制中。循环经济的具体活动主要集中在三个层次，即企业层次、企业群落层次和国民经济层次。在企业层次上，根据生态效率的理念，要求企业减少产品和服务的物料使用量、减少产品和服务的能源使用量、减排有毒物质、加强物质的循环、最大限度地可持续利用可再生资源、提高产品的耐用性、提高产品与服务的强度。在企业群落层次上按照工业生态学的原理，建立企业群落的物质集成、能量集成和信息集成，建立企业与企业之间废弃物的输入输出关系。在国民经济层次上，目前主要是实施生活垃圾的无害化、减量化和资源化，即在消费过程中和消费过程后实施物质和能源的循环。

12.5.2 生态工业、循环经济的前提和本质是清洁生产

清洁生产的本质是源削减，生态工业和循环经济的前提和本质是清洁生产。

（1）工业生态学不是自然生态学的简单模仿

在自然生态系统中，生产者的生产量、消费者的消费量和分解者的分解量在足够长的时段内是固定的，即系统中各环节物质和能量的流量从总体上来看是不变的。工业生态学是对自然生态学的一种模仿，与自然生态学一样，工业生态学所研究的生态系统其基本组成部分除非生物物质和能量外，还包括生产者、消费者和分解者。但是，工业生态学不是也不应该是自然生态学的简单模仿。

生态工业的主要做法之一是将上游企业的废弃物用作下游企业的原材料和能量，但这决不意味着上游企业产生什么废弃物下游企业就用什么废弃物，上游企业排多少废弃物下游企业就用多少废弃物。在形成生态工业的"食物链"和"食物网"时首先要减少上游企业的废弃物，尤其是有害物质。同样，上游企业也不能因为还有下游企业可利用其废弃物而不必要地多排污，相反，它必须在其生产的全过程进行源削减。换言之，系统中每一环都要进行源削减，做到清洁生产。即生态工业系统中生产者的生产量、消费者的消费量和分解者的分解量是可变的，而且应该按照清洁生产的原则进行变化。

生态工业也不是传统意义上简单的资源综合利用和废弃物综合利用。相反，生态工业主动地审视、积极地改进和革新整个工业网络。仅具备废弃物综合利用功能的工业不是生态工业。生态工业通过积极主动的产业结构调整、产业升级、高新技术引进等措施，

将这些措施与治理区域性污染相结合,与治理结构性污染相结合,进取性地改变工业"食物链"和"食物网",做强做大工业系统,使其持续发展。从这一点来看,生态工业系统中生产者的生产量、消费者的消费量和分解者的分解量同样是可变的。

(2)循环经济减量第一

循环经济强调"减量、再用、循环",但三者的重要性不一样,三者的顺序也不能随意变动。循环经济的根本目标是要求在经济过程中系统地避免和减少废弃物,再用和循环都应建立在对经济过程进行了充分的源削减的基础上。1996年生效的德国《循环经济与废物管理法》规定,对废物的优先顺序是"避免产生—循环利用—最终处置"。该法的指导思想是清洁生产。

生态工业和循环经济的前提和本质是清洁生产,这一论点的理论基础是生态效率。生态效率追求物质和能源利用效率的最大化和废弃物产量的最小化,不必要地再用意味着上游过程中物质和能源的利用效率未达到最大化,而废弃物的再用和循环往往要消耗其他资源,且废弃物一旦产生即构成对环境的威胁。必须指出的是,清洁生产强调的是源削减,即削减的是废弃物的产生量,而不是废物的排放量。循环经济"减量、再用、循环"的排列顺序充分体现了清洁生产源削减的精神。换言之,循环经济的第一法则是要减少进入生产和消费过程的物质量,或称减物质化。循环经济把减量放在第一位并称之为输入端方法,其意义是很清楚的,即对于生产和消费过程而言,不是进入什么东西就再用什么东西,也不是进入多少就再用多少。相反,循环经济遵循清洁生产源削减精神,要求输入这一过程的物质量越少越好,正是因为循环经济把源削减放在第一位,生态设计、生态包装、绿色消费等清洁生产的常用工具成为循环经济的实际操作手段。

第13章　清洁生产与绿色大学

13.1　创建绿色大学的意义

　　走可持续发展之路是人类文明发展的一个新阶段。人类社会已从过去历史上的依赖自然、改造自然、征服自然阶段,进入到今后的善待自然阶段。可持续发展是一个涉及经济、社会、文化、科技和自然环境的综合概念,它包括自然资源与生态环境的可持续发展、经济的可持续发展和社会的可持续发展三个方面。因此,可持续发展是以自然资源的可持续利用和良好的生态环境为基础,以经济可持续发展为前提,以谋求社会的全面进步为目标。社会发展必须保持经济、资源、环境的协调,也就是使经济的发展、自然资源的消耗和环境的承载能力达到协调平衡。

　　可持续发展战略的实施须依赖科技进步和教育普及,只有科学技术发展和进步,才能在促进经济增长的同时,做到充分利用自然资源、减少环境污染和改善生态环境。实施可持续发展是一场深刻的变革,是人类世界观、价值观、道德观的变革,也是人类行为方式的变革。为了实现这种变革,必须实施可持续发展教育与环境教育。这种教育涉及生态环境、社会、经济、资源等综合学科,教育的对象除了广大公众之外,尤其主要的是各级决策者及高层次骨干人才,而大学生将是未来的决策者及高层次骨干人才。我们认为,加强可持续发展教育和建立生态环境良性循环的示范校园将是贯彻环境保护基本国策和实施可持续发展战略的重要举措之一。

　　近年来,欧美的一些知名大学先后启动了一些不同层次的行动计划。如美国乔治华盛顿大学的绿色大学、加州大学的校园环境规划、英国爱丁堡大学的环境议程、加拿大滑铁卢大学的校园绿色行动等。其目的都是要充分发挥大学的作用,开展环境教育和校园示范,推动校园内环境保护和可持续发展的进程。

　　在人类社会跨入21世纪之际,世界正处于历史转折点,可持续发展和环境保护被世界各国人民所接受,绿色技术、绿色产业、绿色消费等观念也日益被人们接受,全球正在掀起绿色浪潮,21世纪将是"绿色世纪"。在这样的历史条件下,人类不得不应对全世界环境与发展重大问题和知识经济的巨大挑战。面对在实施可持续发展战略过程中对人才和科技的迫切需求,通过全面分析我国高等教育在环境保护、可持续发展和知识创新中应起的关键作用,结合已有的基础,综合提出建设"绿色大学"的计划,这也将是时代赋予我们的责任和使命。

13.2　建设绿色大学的内涵与主要内容

　　所谓"绿色大学"建设,就是围绕教育这一核心,将可持续发展和环境保护的原则、指

导思想落实到大学的各项活动中,融入到大学教育的全过程。它主要包括以下三个层次的含义:

(1)用"绿色教育"思想培养人,培养具有环境保护意识和可持续发展意识的高素质的人才,使他们毕业后像绿色的种子一样播撒在祖国的大江南北、长城内外,成为我国环境保护和实施可持续发展战略的骨干和核心力量。

(2)用"绿色科技"意识开展科学研究和推进环保产业,将可持续发展和环境保护的意识贯穿到科学研究工作的各个方面和全过程,发展符合生态学原理的技术、工艺和设备,为国民经济主战场服务。

(3)用"绿色校园"示范工程熏陶人,综合展示国内外环境保护的先进技术,建立环境优美的生态校园示范区,在为广大师生提供良好的工作、学习和生活环境的同时,使之成为环境保护教育和可持续发展教育的基地。

13.2.1 绿色教育

所谓"绿色教育",就是全方位的环境保护和可持续发展意识教育,即将这种教育渗入到自然科学、人文和社会科学等综合性教学和实践环节中,使其成为全校学生的基础知识结构以及综合素质培养要求的重要组成部分。实施"绿色教育",是适应时代发展趋势,转变教育思想和更新教育观念的一个重要内容,是提高学生社会责任感的一个重要举措,可以从以下几个方面进行:

(1)绿色教师计划。通过讲座、培训、宣传等各种形式提高教师的环境保护意识,将环境保护和可持续发展的战略融入各自的教学、科研及科技开发中。

(2)将《环境保护与可持续发展》课程列为全校非环境专业本科生的公共基础课,将《环境伦理学》作为文科研究生的限定性选修课程,将《清洁生产》作为理科研究生的限定性选修课程。同时开设一批有关可持续发展及环境保护的选修课,使所有的毕业生都接受环境保护和可持续发展教育,培养学生具有评估和处理有关可持续发展和环境问题的能力,树立保护环境的道德观和可持续发展的价值观。

(3)广泛开展学生"绿色教育"课外实践活动和环境科研活动。支持学生创办"绿色协会"活动和"绿色教育"课外实践与研究活动。面向社会开展不同层次的宣传活动,将绿色的种子播撒到人们的心中,为提高全民族环境意识做贡献。同时,重视环境科学学科的建设,完善环境专业高层次人才培养体系,为国家培养高质量的环境保护专业人才。

(4)面向社会,创建环境保护和可持续发展培训中心,利用先进的教学手段,对政府机关、企业等进行高层次骨干人才培训。

13.2.2 绿色科技

推进"绿色科技"的指导思想,将环境保护和可持续发展的意识贯穿到科技工作的各个方面,正确引导科技发展,使科技工作的追求目标从单一目标(经济效益)过渡到双重目标(环境效益与经济效益)。

(1)注重知识创新,制定并实施"绿色科技"发展规划,其中包括:加强环境污染治理与环境质量改善方面的科学技术研究(深绿色科研);发展综合学科优势,研究与开发一批符合清洁生产原理的新工艺、新技术(淡绿色科研),减少物耗与能耗,减少污染物排放,见"清洁生产实验"(附录7);加强环境软科学研究,对环境与社会发展中的重大问题从社会、经济、政治、技术等方面进行综合研究,为国家和地区环境保护与可持续发展的决策提供科学依据。

(2)将"绿色科技"意识贯穿到研究项目的全过程。在项目立项过程中,将是否造成环境污染作为立项的一个前提条件,对可能产生严重环境污染的项目,即使有很好的经济效益,也不承担或不参加;在项目实施过程中注重体现环境保护和可持续发展的思想;在项目完成后进行"绿色评价",并作为成果鉴定、奖项申报的一个评定条件。

(3)将环保产业作为学校重点发展的支柱产业之一,加快重大环保科技成果的转化工作,建设规模化、集成化的高科技环保企业,为国家环保产业的发展做贡献。

13.2.3 绿色校园

建设"绿色校园",就是将环境保护和可持续发展思想贯穿到生态校园的建设中,使"绿色校园"起到教育和示范的双重作用。"绿色校园"应是一个可持续发展的社区,一个推广环境无害化技术和清洁技术的应用示范区,一个精心规划的生态园林景观遍布的园区。在其中应到处可以感受到学校事业与环境协调发展的氛围,使全校师生、员工及社区群众在这种氛围中受到良好的熏陶和教育。当他们离开学校时,就像绿色的种子,撒向全国各地和各个行业,在国家未来的可持续发展事业中起到骨干和中坚作用。

建设符合生态保护和可持续发展战略的大学校园总体规划,建设与学校历史、文化氛围及建筑风格相协调的园林景观。逐步提高校园绿化覆盖率和植物多样性,使校园成为多种生物保护地和向学生普及植物常识的课堂。加强校园环境污染的综合整治。采用环境无害化技术治理校园环境,对先进环境保护科技起到示范及推广作用。建设污水处理与回用工程,垃圾收集、回用和处理系统,烟气污染治理工程;建立校园生态环境监测网。

13.3 建设绿色大学的案例分析

绿色大学就是在学校的教育教学及各项工作中体现可持续发展理念,开展绿色教育、推行绿色科研、建设绿色校园和强化绿色管理等是绿色大学创建的根本任务,创建绿色大学的最终目标是培养具有绿色素质的高技能人才。

13.3.1 案例一:安徽大学艺术与传媒学院的新校舍

安徽大学艺术与传媒学院的新校舍利用太阳能光伏系统和太阳能光热系统来满足

日常所需的热水和电力的供应,雨水回用及微生态滤床技术用于校园绿化浇灌及景观水池补水。校园建设项目采用自动控制机组对空调设备进行变频操作,在一定程度上满足师生舒适度的同时节约成本。同时,采用智能化系统对校园整体能耗数据进行采集和监测,通过数据整理和分析,对异常点实施相应整修。

13.3.2 案例二:常州纺织服装职业技术学院(实验室废水处理)

常州纺织服装职业技术学院通过推行清洁生产管理能在污染产生之前就予以削减,真正有效地控制污染的产生和危害,同时也能减轻末端治理的负担。在实验室实验废水的处理上引入清洁生产的理念,实验室废水的管理走出了一条新路。

(1)推行"绿色实验"。为了减少污染物的产生,实验中尽可能地使用无毒的试剂或溶剂代替有毒的试剂或溶剂,从源头上消除有毒物质的产生。如取消乙酰氯的相关实验,醋酸酐因是制冰毒的二级原料,因此酐的水解实验可用醇的水解实验代替等。在实验教学中多采用多媒体教学,形象还原化学实验现象,从而替代药品消耗量大或必须使用大量有毒有害试剂且不易控制、危险性大的传统实验,达到同样的教学目的。

(2)推广"系列化实验"和回收循环利用。所谓"系列化"即上一实验的生成物是下一实验的反应物,这样做可以节省药品,减少污染。例如:学生练习溶液配制所得的酸、碱溶液可用来做酸碱中和滴定练习;精细化工实验合成的产品可作为助剂复配的原料,而合成的助剂又可用于性能测试;染色的废水可用于废水成分的分析等。将实验中的废酸、废碱收集,既可以避免腐蚀下水管道,又能回收利用废物,如废酸可用于学生公寓卫生间的地砖清洗,废碱放在挥发性酸的药品柜里,可以消除酸气,改善实验室环境,这样可以大大减少污染物的排放。

(3)适当减少药品用量,推广微型化学实验。微型化学实验是20世纪80年代从美国发展起来的一种化学实验方法,它在微量化的仪器装置中进行,试剂用量仅为常规化学实验的1/1000~1/10。由于试剂用量大为减少,产生的污染物也大大减少,有助于减少实验污染。微型化学实验操作简单快捷,实验安全可靠,现象明显又能节约试剂,同时微型仪器又有便于携带等特点,应当积极推广使用。例如相对于离心试管,在点滴板上的点滴反应对试剂的消耗量更少,灵敏度更高,实验废液和仪器洗涤废液也相对减少,而在滤纸上进行的点滴反应甚至没有废液产生。因此,凡是不需要加热的点滴操作,都尽可能在点滴板或滤纸上进行。

(4)实验废水的末端治理常采用经济有效的絮凝沉淀法、活性炭吸附法和活性污泥法进行处理,使出水达到国家规定的排放标准,减少废水对城市污水处理厂造成的冲击和负荷。把清洁生产的理念引入到实验室实验废水的处理上,通过全过程控制,强调污染源削减,切实减少实验废水对水环境的污染。

13.3.3 案例三:四川大学实验室教学和科研实验

四川大学将清洁生产理论应用到实验室教学及科研中。通过一定的数学方法计算出统一的可比较值来量化、评价污染源,从而确定主要污染物。主要采用常用的等标污染负荷法,污染物的等标污染负荷 P_i 可按式(13-1)计算:

$$P_i = \frac{Q_i}{S_i} \tag{13-1}$$

式中,i 为各和污染物;Q_i 为污染物介质排放量(克/年);S_i 为污染物的评价标准,取其排放标准值(mg/L)。

污染物的等标污染负荷比 K_i 计算按式(13-2)计算:

$$K_i = \frac{P_i}{\sum\limits_{i=1}^{n} P_i} \times 100\% \tag{13-2}$$

将等标污染负荷比按大小排序,计算其累计百分比,累计百分比达到80%左右的可列为主要污染物。本次调查选用一类污染物为评价因子,其排放标准采用国家标准GB 8978—1996的规定,见表13-1。从表13-1中可看到,四川大学实验室废水主要一类污染物的排放情况为:2003年上半学年 Hg 为主要污染物,排放量约为12 709.69 克;下半学年 Hg 和 Ag 为主要污染物,排放量分别约为2320.07 克和11 572.88 克。

随着各国在清洁生产实践中不断创新,其内容不断得到丰富,对清洁生产的研究和应用也逐步从最初的工业生产扩展到旅游、金融、教育等其他行业。高校实验室教学和科研实验中,不仅产生大量成分复杂的污染物,而且资源和能源利用率较低,把清洁生产的模式引入实验室管理实行全过程控制是一种有益的探索。

表 13-1 等标污染负荷评价法计算结果

污染物		上半学年	下半学年	评价标准/(mg/L)
Hg	Q_i/g	12 709.69	2320.07	0.05
	P_i	254 193.8	46 401.4	
	K_i/%	80.29	47.99	
Cd	Q_i/g	0.86	0.22	0.1
	P_i	8.6	2.2	
	K_i/%			
Cr	Q_i/g	12 064.76	11 364.69	1.5
	P_i	8043.2	7576.5	
	K_i/%	2.54	7.83	
As	Q_i/g	37.83	40.57	0.5
	P_i	75.7	81.1	
	K_i/%	0.02	0.08	
Pb	Q_i/g	38 738.28	17 194.88	1.0
	P_i	38 738.3	17 194.9	
	K_i/%	12.24	17.78	

续表

污染物		上半学年	下半学年	评价标准/(mg/L)
Ni	Q_i/g	7806.97	2290.49	1.0
	P_i	7807.0	2290.5	
	$K_i/\%$	2.45	2.37	
Ag	Q_i/g	3866.25	11 572.88	0.5
	P_i	7732.5	23 145.8	
	$K_i/\%$	2.44	23.94	

(1)全过程控制强调源削减,即减少污染物的产生。实验中尽可能用无毒的试剂或溶剂代替有毒的试剂或溶剂,从源头上消除有毒物质的产生。同时在教学实验和科研中应注重新技术、新方法的使用,积极推行实验室物质的回收循环利用,减少污染物的排放。以微波消解溶样替代强酸长时间加热的湿法消化,有效地防止易挥发组分的损失,并显著降低试剂用量和能耗;微波辅助萃取亦是目前国内外正在研究开发的新型样品处理技术,与经典的索氏抽提及超声波萃取相比,溶剂用量少,污染程度小。采用微波消解样品测定锰含量,与国标湿法相比较,结果无显著性差异,但消解时间和试剂用量却大大减少。

仿真实验演示:在实验教学中则可以利用计算机多媒体技术对实验装置、过程进行仿真,从而替代药品消耗量大或必须使用大量有毒、有害试剂且不易控制、危险性大的传统实验,优秀的计算机化学实验软件可以使学生达到身临其境的感受,达到良好的教学效果。

(2)对不能削减或无法回收的污染物进行末端治理。在实验结束时立即对毒性大、危害性大的污染废水应进行无害化处理(细菌、病毒等必须及时进行灭活和消毒);根据废水状况和后期处理方法确定适当的分级分类方案,专人管理,定期回收,统一处理。对含无机酸碱及含汞、铬、镉、铅、砷、氰等有毒无机盐类废液等高浓度无机实验废水,以及含醛、酮、酚类、胺类、苯类、卤代烃等高浓度有机实验废水进行分类收集,并根据有机、无机和生物废液的不同设计不同颜色的粘贴标签。

(3)对收集的高浓度无机废水可以采用酸碱中和、沉淀法等进行处理。对于成分复杂、难降解的实验室高浓度有机废水可采取联合处理技术,采用"进水前置过滤—化学絮凝—臭氧预氧化—生物氧化—活性炭吸附—出水的工艺"的方法。

(4)清洁生产注重人的素质、自觉性和积极性,强调组织内容、管理层次、部门、人员之间的相互联系、相互制约以及协调一致。学校应把污染防治作为专业学习的一部分纳入教学内容,加强学生的环保意识教育,使其养成严肃认真、高度负责的科学态度和良好的实验习惯,认识到推行清洁生产的作用和意义,真正有效地参与其中。利用科学的指标化体系进行量化管理是持续有效地开展清洁生产全过程管理的一个重要方面,同时还需要其他的相应制度作保障,并将它们真正融入到学校的管理系统中。

第14章 重点行业清洁生产案例及效益分析

14.1 我国重点行业划分情况

目前国民经济行业分类与代码(GB/T 4754—2017),国民经济行业分类如下:

A 农、林、牧、渔业

B 采矿业

C 制造业

D 电力、热力、燃气及水生产和供应业

E 建筑业

F 批发和零售业

G 交通运输、仓储和邮政业

H 住宿和餐饮业

I 信息传输、软件和信息技术服务业

J 金融业

K 房地产业

L 租赁和商务服务业

M 科学研究和技术服务业

N 水利、环境和公共设施管理业

O 居民服务、修理和其他服务业

P 教育

Q 卫生和社会工作

R 文化、体育和娱乐业

S 公共管理、社会保障和社会组织

T 国际组织

参照联合国《所有经济活动的国际标准产业分类》(ISIC Rev. 4),GB/T 4754—2017标准主要以产业活动单位和法人单位作为划分行业的单位。我国经济产值的重点行业包括:钢铁业、有色金属业、建材行业、化工行业、轻工业、电力行业、制造业、纺织业、电子信息行业、屠宰肉类行业及医药行业。

14.2 重点行业清洁生产情况

14.2.1 农业清洁生产

清洁生产(Cleaner Production,CP)的理念来源于工业,本质是以污染预防为主,在产品生产、加工、贮运和服务的全过程中减少污染物产生,是一种资源节约、环境友好型的生产方式。在"石油农业"带来的全球性生态危机和人们日益关注的生态环境、食品安全矛盾日益凸显的背景下,清洁生产越来越多地在农业领域中应用,致使农业清洁生产(Agricultural Cleaner Production,ACP)逐渐兴起和发展起来。

(1)美国先后推出农田最佳管理方式和环境质量激励计划

美国是开展农业清洁生产实践相对较早的国家,已建立起一套较完备的农业清洁生产体系(Agricultural Cleaner Production System,ACPS)。农业清洁生产概念的产生和发展经历了奠定基础、初步形成和加速发展三个阶段。早在 1977 年,美国实施了"非点源污染修复计划",鼓励农场主在经营农田时,采纳国家推出的农田最佳管理方式(Best Management Practices,BMPs)。20 世纪 90 年代,美国设立了可以帮助农民更好地实现BMPs 的环境质量激励计划(Environmental Quality Incentive Plan,EQIP)。此外,在农业清洁生产快速成熟发展过程中,形成了独具特色的农户自愿申请生态补偿模式。一方面,农户作为项目主要参与者,独立提出项目申请,制定详细实施方案,做出项目预算。由政府根据项目对改善环境的可行性,确定补偿目标及补偿金额,对资金进行灵活调配,并应用于最需要保护的资源和效益最大的项目上。

(2)欧洲国家采用奖励津贴推进绿色农业发展,并建立农场咨询体系

欧洲国家通过绿色农业技术与相关支持政策相结合的方式推行良好农业实践,促进农业清洁生产。欧盟签订了《农业与环境交叉配合协议》,利用带有附加条件的补贴形式激励农民采取环境友好型的农业生产方式,从而保障生态和食品安全。同时欧盟建立了农场咨询体系,农民可进行有关生产标准和操作规范的咨询。此外,自 2003 年起,欧盟将农业补贴与环境保护相互关联,改变了以保证农产品自给自足为核心的农业生产目标,从而实现农业补贴在环境保护职能中的转变。

(3)日本推行政府主导与公众配合的互补型农业清洁生产模式

"环境保全型农业"是日本推行的独具特色的农业清洁生产模式。二战后的日本面临着巨大的粮食供给压力,在人口众多、耕地资源匮乏的不利形势下,日本选择了大量使用化肥和农药来维持粮食产量高于供给,但这也同时带来了巨大的环境负担,以牺牲环境容量来满足农业的发展。自 1992 年起,日本通过制定一系列政策法规以推行政府主导与公众配合的互补型农业清洁生产模式。互补型农业清洁生产的第一步是建立完善的农业认证体系,除了建立有机农户、生态农户认证体系外,还建立了"环境友好型农户"认证,对该群体从补贴、贷款、税收等方面给予优惠政策,提高农户的收入水平和社会地

位。其次,建立一系列法律法规来指导和规范农业生产,在法律层面上明确了使用农业清洁生产技术的必然性;同时,建立了公众配合参与的环境管理机制,通过索赔权、监督权、知情权和议政权保障了公众的环境权益,形成了保护环境的良好社会氛围。最后,为充分调动农民积极性,采取农业补贴和形式多样化的补偿模式,激励农民积极主动地参与农业清洁生产。日本逐渐形成了当今的"环境保全型农业",笃行着天人合一、敬畏自然的现代化农业生产模式。

(4)中国加快农业清洁生产步伐,推动农业可持续发展

推行农业清洁生产既有利于转变农业增长方式,又有利于提升农产品质量和解决"三农"问题,促进农业农村经济又好又快的发展,同时也是未来我国农业的主要发展方向。目前,我国农业清洁生产的发展受土地、技术、资金、市场"逆淘汰"、产品认证、市场监督体制、补偿机制、政策法规体系等因素阻碍。借鉴国外先进的清洁生产理念及执行策略有助于我们快速推行农业清洁生产。

改革开放以来,我国农业生产的集约化程度显著提升,但随着化肥、农药等农用化学品的投入强度不断增加,带来了土壤板结、水质恶化等威胁人类健康、破坏人类生态环境的诸多问题。随着新型农业模式不断创新发展,我国农业清洁生产推行力度在近十年内显著提升。随着社会经济发展和人民生活水平的提升,人们环保意识逐渐坚强,逐渐意识到以实现资源高效利用、物质循环利用、污染物阻断减毒等为目标的农业生产技术体系是实现现代化农业绿色可持续发展的重要途径。农业清洁生产成为 21 世纪现代农业发展的必然趋势,也是农业可持续发展的必然选择。2017 年,中央一号文件明确提出"推进农业清洁生产,增强农业可持续发展能力"。

以江西水稻清洁生产技术实践为例,水稻清洁生产控制路径包括:源头阻控、过程削减和末段治理等,这与"环境保洁、生产清洁、物质循环、安全高效"等清洁生产的内涵是一致的。常规的农业清洁生产技术措施主要包括:减少污染源投入,施用改良剂,选择合理的水稻品种和调控水稻生产的水肥管理等农艺措施,以及通过物理、化学和生物学手段对污染场地进行修复治理等。

①从源头进行阻控:源头控制是减少农业面源污染最有效的技术途径。通过制定科学的水稻生产管理技术方案,减少化肥、农药等的施用量,减少化学污染源,从源头上削减污染源(面源总量污染)。

②在过程进行阻断:在轻度农业面源污染产生后,根据污染物质的产生源头和迁移、变化规律,因地制宜,制定科学合理的阻控措施,在其迁移过程中进行拦截、吸附、降解、削减,阻止污染源因流出农业生态系统而污染环境或在农产品中累积,达到控制污染物质转移或扩散的目的。

③在末端实施治理:末端治理是按点源的方式对已污染的水体与土壤通过工程方法、生物方法、化学方法进行治理。对受污染的土壤采取施肥等措施来影响污染物在土壤中的环境行为或降低其生物有效性,从而减少农作物对污染物质的吸收和富集,达到

生产出安全农产品的目的,是安全高效的补救性措施。

清洁生产视角下农药企业污染防治精细化管理分析如下:我国作为农药生产大国,已经成为全球最大的农药生产国和出口国。农药工业产业规模不断扩大,2001—2016年,我国化学农药原药产量由78.72万吨增长至377.80万吨,年复合增长率为11.02%。在保障农业生产和粮食稳产、创造巨大经济效益的同时,农药生产期间产生了大量废水、废气、废渣等污染物,其毒性大、浓度高、组分复杂、后期治理难度大。随着人们的环保意识的增强,广大企业经营者逐渐重视农药生产过程中所产生的"三废"问题,积极引入清洁生产理念,从源头上解决农药生产过程中的"三废"问题,实现可持续发展。

清洁生产视角下农药生产企业污染防治精细化管理对策如下:

(1)源头上削减"三废"产量,可以从四个方面开展:①原药产品替代。从清洁生产的视角,鼓励企业研制并生产高效、环保、低毒型农药替代产品,积极推广绿色农药,从源头削减农药生产环节的"三废"排放量,减少环境污染的风险。农药生产企业要严格按照农药生产产业政策要求,加大落后产能的淘汰力度,加快技术的升级改造。②改善农药剂型。环保型农药制剂是农药生产和发展的必然趋势,积极推广水分散性粒剂,切实减少乳油、粉剂生产剂型。③应用绿色加工技术。选择低毒、无害和环保型的原料、试剂等,例如高效催化剂、绿色无害溶剂等,减少化学溶剂使用。④改进生产工艺设备。农药生产企业要加快新生产工艺的引进力度,优先选用先进的合成工艺技术,提升农药企业生产的自动化水平,提高产品的回收利用率,降低物料泄露概率和污染排放量。

(2)积极制定行业发展指导政策。国家应从清洁生产的角度出发,从技术标准、行业规范、财政和税收等方面出台政策,鼓励企业发展清洁生产工艺。例如,设立清洁生产专项资金,支持和鼓励企业加快清洁生产工艺的研发和改造升级,减少"三废"的源头排放量。尤其是对于苯胺、酚类以及高浓度盐水等现有技术不易处理的污染物,可通过政府贴息贷款、税费减免等措施,鼓励企业加快工艺技术的升级改造。

(3)加大清洁生产外部监管力度。国家应出台严格的法律法规,进一步明确农药生产的市场准入,坚决不允许无证无照的小作坊和无生产许可证的企业从事农药生产。此外,国家要结合农药发展动态,从法律上明确规定具体的禁止名录和工艺,并设立农药生产负面清单。例如,加快产能过剩的农药的市场淘汰力度,加快企业清洁生产工艺的改造升级,对于"三废"处理不达标、无资源回收装置设备的企业限期整改。此外,政府相关部门应定期抽查农药生产企业的污染物处理情况,将抽查情况作为考核企业的一项重要依据。

(4)健全清洁生产行业标准。为保障农药生产企业的转型升级,政府相关部门要加快建立农药清洁生产评价指标体系,借鉴国外发达国家的技术标准,加速制定农药生产领域的"三废"排放标准,坚决制止农药生产企业污染物超标排放,制定农药产品杂质标准和副产物标准。

山东每年农膜使用总量近30万吨,居全国首位,其中地膜使用量为11万吨,覆盖面积近200万公顷,一直稳居全国前三位。长期以来,山东地区主要使用0.004~0.006毫米的超薄地膜,70%~80%的残膜可以通过人工捡拾的方式实现离田回收,但仍有超过20%的地膜长期残留在农田里。近年来,随着残留地膜的不断积累,山东农田的"白色污染"问题也日益突出。根据国家地膜残留监测点的监测结果显示,山东农田地膜残留量在15~25千克/公顷,从全国来看,属于第二梯队,略低于新疆、甘肃等西北地区。

临沂市兰陵县于2015年实施了地膜回收与综合利用农业清洁生产示范项目并通过了验收,扶持建立了一个较大规模的废旧地膜加工厂,地膜回收市场相对较为完善,年地膜加工能力可以达到3000吨,回收经纪人有100多人,在很大程度上降低了地膜残留。

但由于大量农户依旧使用超薄膜,残膜回收难、含杂多,回收利用率也不高,估计仅50%左右的地膜被回收,关键技术有待突破,可降解地膜难以推广。从更长远的目标来看,采用可降解地膜替代塑料地膜可能是解决农膜污染更有效的方式。调研时,地方干部反复强调,可降解地膜是真正解决地膜污染的根本之策。但目前全生物可降解地膜还存在降解过程不稳定、不可控、成本过高等问题。此外,随着劳动力成本的不断上升,人工捡拾地膜的成本也将逐渐提高,而目前回收机械研究相对滞后,适宜性回收机械研发急需突破关键技术瓶颈。

为做好非项目区农田残膜治理工作,需进一步明确思路目标、强化政策创设。明确离田目标,尽快完善废旧农膜回收体系。保护耕地质量是地膜污染防治的首要目标。在认识上要将地膜回收定位为农田污染治理,而不是为再生行业提供原材料。对于地膜用量不大的地区,要允许将废旧地膜纳入农村垃圾回收体系,作为垃圾处理;对于地膜用量较大的地区,要以离田回收带动后续的资源化利用,扶持建立回收加工再利用体系,决不能因为当前回收后的处理方式不健全就不进行回收。

落实创新性新国标地膜,实现源头控制。一方面要加强市场监管,打击不合格地膜的生产和销售;另一方面要充分发挥基层创新精神,加强宣传引导,积极探索以旧换新、示范推广等各类适合当地实际情况的新国标地膜落实机制,让农户真正认识到使用标准地膜的好处。

加强支持政策的创设,强化末端治理。要加大财政支持力度,支持市场主体参与废旧农膜的回收加工利用,分担环境治理成本,特别是要在用电、税收等方面给予废旧资源再利用企业一定的优惠。同时,要完善现有的支农财政政策,鼓励农户参与废旧农膜的回收行动,压实农户的残膜离田责任,对于当年残膜不离田的,经公示提醒无效后,按照一定标准直接减扣下年地力补贴,真正将耕地地力补贴与农户的实际地力保护行为相挂钩。2016—2017年,山东省耕地质量提升项目中的地膜污染防治工程在沂南实施。项目由沂南县智圣果蔬种植专业合作社等四家合作社作为实施主体,推广0.008毫米以上标准加厚地膜约1333.3公顷,建立地膜回收点6个,项目实施区地膜回收率达到80%以上。

14.2.2 林业

为加快林业清洁生产,我国林业投资也在持续增加。至 2017 年,全国林业投资完成额为 4800 亿元,比 2012 年增长 43.6%。其中,生态建设与保护投资 2016 亿元,增长 25.7%;林业支撑与保障投资 614 亿元,增长 175.6%;林业产业发展投资 2008 亿元,增长 144.6%,植树造林工作成果丰硕。2018 年,全国完成造林面积 707 万公顷,比 2000 年增长 38.5%。其中,人工造林面积 360 万公顷,占全部造林面积的 50.9%。2019 年 2 月英国《自然·可持续发展》杂志上发表的一篇论文指出,从 2000 年到 2017 年全球新增的绿化面积中,约四分之一来自中国,居全球首位,其中的贡献主要来自于中国巨大的人工造林面积。自然保护区数量和面积迅速增加,到 2017 年,全国自然保护区达到 2750 个,比 2000 年增加 1523 个;自然保护区面积达到 14 717 万公顷,比 2000 年增长 49.9%。湿地保护体系逐步形成。我国已初步建立了以湿地自然保护区为主体,湿地公园和自然保护区并存,其他保护形式为补充的湿地保护体系。2013 年第二次全国湿地资源调查结果显示:全国湿地总面积 5360 万公顷,湿地率为 5.6%。纳入保护体系的湿地面积 2324 万公顷,湿地保护率达 43.5%。与 2003 年首次湿地资源调查结果同口径相比,湿地面积减少 340 万公顷,减少了 8.8%;受保护湿地面积增加 526 万公顷,湿地保护率提高 13.0%。水土流失治理力度持续加大。到 2017 年,全国累计水土流失治理面积 12 584 万公顷,比 2000 年增加 4488 万公顷;新增水土流失治理面积 590 万公顷,比 2003 年增长 6.5%。

秉承新时代生态治理体系,打造小流域清洁生产样板——以广德县九龙小流域为例。

近年来,安徽省广德县积极践行水利部提出的治水新思路和人文水保新理念,大力弘扬愚公移山精神,加强组织领导,着力宣传教育,整合资源投入,强化统筹管理,认真贯彻"预防为主、综合防治"的方针政策,在九龙小流域大力开展了水土保持、生态清洁小流域建设和预防监督管理等工作。有效控制了区域水土流失,治理区植被覆盖度显著提高,生态环境明显改善,人民群众的生产生活条件显著提高,从根本上改变了之前的垦荒严重、污水肆意流淌、生态环境严重破坏的局面。为美好乡村建设、水系生态治理、人居环境改善提供了借鉴。治辖区内区域水土流失综合治理程度达到 95%,村庄垃圾无害化处理率达到 90% 以上,生活污水处理率达到 95% 以上,林草保存面积达到宜林宜草面积的 95% 以上,共治理水土流失面积 6.13 平方千米。九龙村先后获得"安徽省社会主义新农村建设先进村""安徽省绿色村庄示范点""安徽省乡村旅游示范村""安徽省森林村庄""宣城市第二届'乡风文明、村容整洁'示范村"等荣誉称号。采取的具体清洁生产措施如下:

(1)坚持生态优先,打造综合治理模式。依托发展基础、挖掘发展潜力、突出发展重点,确定了以生态农业旅游为主导的发展战略。以小流域道路和河流为主线,构建了以水源涵养和水土流失综合治理为核心,以生态农业和文化旅游为重点的生态产业布局。持续建设生态修复工程,打造生态清洁小流域;继续进行河道综合整治,保障河流生态健康;实施生态廊道与人居环境综合整治工程,不断优化人居环境;进一步加强生态农业建设,切实做好面源污染治理,同时提升农民收入和农业环境。

(2)坚持综合治理,增强可持续发展能力。以生态农业发展建设为基础,深入实施水土流失治理、水污染防治、水源和水环境保护、农业集约化生产、人居环境改善等工程。坚持流域治理与新农村建设相结合。以小流域综合治理为重点,大力发展果林、蔬菜等地方优势产业,推动农业增效、农民增收,促进新农村建设。从农田污染、畜禽养殖污染和生活污染三方面入手,实施坡耕地整治、改水改厕、污水管网建设和村庄绿化,配套完善微动力污水处理系统设施,建立健全"村收集、乡转运、县处理"的农村生活垃圾处理体系,有效控制了污染源和坡面径流,减少了有害物质和泥沙冲入河流水库。坚持小流域治理与生态旅游相结合。实施历史文化景点和特色农家乐开发,建设特色蔬菜瓜果和精品苗木花卉产业基地,将九龙打造成皖、苏、浙省界休闲、观光、度假、旅游的胜地。

(3)坚持建管并重,加大规范化管理力度。以工作规范化、制度化和标准化为遵循,促进小流域治理全面、健康、可持续发展。落实管护责任,建立专门的管护队伍,与管护人员签订管护责任书,明确管理范围、职责和劳动报酬,做到"主体明确、责任到人",把九龙生态清洁小流域建设中涉及行政村的管护纳入年度管理考核范围,县、乡财政每年安排专项奖励资金,以"以奖代补"的方式对管护工作进行考核奖励。

(4)坚持多方协作,扩大参与范围。遵循"规划先行、整合资源、项目并进"的原则,由县委、县政府牵头,以水利部门为主,交通、住建、环保、林业、农业,以及乡、村共同参与,整合资金、各负其责,形成合力,推进九龙生态清洁小流域建设。一是加强部门协作。整合部门资源,做到治理一片,见效一片。其中,县政府负责总体规划、部门协调、资金落实;水务局负责农田整治,河道治理和生态防护林、水源涵养林建设;农委负责生态农业、畜禽养殖污染防治等;住建局负责农村集镇及居民点污水处理;交通局负责农村道路网配套建设;乡村负责落实美好乡村建设、农村"三大革命"的推进实施。二是加大民资引进。坚持小流域治理与市场机制相结合的模式,拓宽资金投入渠道,充分调动社会各界治山治水的积极性。先后引进、创建生态食品有限公司、黄茶专业合作社等农林企业落户项目区,发展设施农业、生态林业,使区域农业效能得到充分提升。三是制定激励政策。同时,深入开展有利于小流域内群众生产和经济发展的调研活动,并在此基础上制定自愿、自组、互助的优惠政策,充分调动群众参与的积极性。

14.2.3 畜牧业

绿色、生态、环保、可持续发展理念的提出,对当前畜牧养殖业发展作出了更高的要求。要想解决养殖污染问题,就要重视治理工作,并推广应用清洁生产技术,促进畜牧养殖业的可持续发展。

畜牧养殖业污染主要源于以下几个方面：①空气污染。在饲养动物的过程中，会产生大量的粪便，这些粪便当中含有大量硫化氢等有害气体，给环境带来了严重污染，使空气质量明显下降，危及人体健康，同时也影响着动物的健康生长，使动物疫病发生率明显升高，养殖效益降低。②水体污染。部分养殖户、养殖场在畜禽养殖的过程当中，为了贪图便利，将畜禽粪污肆意排放到河流、水库当中，导致水体受到了严重的污染，水生生物死亡，动物饮用这些污染水后，疾病发生率明显升高。久而久之，大量排放的粪污会渗透到地下，导致地下水受到污染，进而影响到人们的饮用水安全。③农田污染。很多养殖户并不具备良好的环保意识，将一些未经处理的畜禽粪直接应用于农田当中。由于未经处理，这些粪便当中含有大量的病原微生物，极易导致农田受到污染。不仅如此，过度使用粪便肥料，会导致农作物出现疯长现象，破坏了农作物的自然生长规律。

畜牧养殖业的污染治理及清洁生产对策应集中于以下几点：①全面规划，合理布局。在开展畜禽养殖之前，应科学合理地做好布局规划工作。养殖场选址要尽可能远离居民生活区、公路，选择背风向阳以及地势平坦的位置，适当靠近种植区，同时要确保水的及时供给。不仅如此，还要充分考虑到养殖场土壤对于畜禽粪污的容纳能力，合理地确定养殖规模，并配备完善的养殖设施设备，保障养殖工作正常开展。②开发粪污处理方法及技术。为了有效避免畜禽养殖业发展所带来的污染，必须要充分重视起对畜禽粪便的无害化处理工作。具体来说，可以从三个方面来落实。首先，可以将畜禽粪便进行燃烧处理，将粪便、水以及发酵菌放置于密闭的沼气池当中，进而利用所产生的沼气生火做饭，同时也能够避免环境污染。其次，可以对畜禽粪便进行晾干或者发酵干燥处理，进而达到清洁的目的。最后，通过对畜禽粪便进行生物发酵处理，进而消灭粪便当中的病原微生物，达到无害化的目的，同时也能够将其应用于农业施肥中。

今后，加强对清洁生产技术的开发至关重要，要重视微生态养殖技术的推广应用。以生猪养殖为例，可以通过建立发酵床进行饲养，发酵床能够更好地分解猪的粪便，达到猪舍免清洗的目的，进而保障养殖环境的健康。在制作发酵床的过程当中，可以使用秸秆、锯末以及专用微生态制剂。除此之外，现代畜牧养殖业的清洁生产，应加快构建一种良性微生态循环环境，借助益生菌培育技术，有效降低传染病的发生与传播概率，为畜禽的生长营造良好的环境，同时也能够避免环境污染。

畜牧养殖业的快速发展所引发的污染问题受到了社会各界的关注。新形势下，必须要重视起污染治理工作，加大清洁生产技术的推广应用力度，在改善自然生态环境的同时，促进畜牧养殖业的绿色化和可持续发展。

以安徽省皖南山区空间垂直复合农业循环经济模型为例。皖南山区将种植、养殖、旅游相结合，以充分利用地理优势及空间资源充分结合时空因素为主要特色，构建的空间垂直复合农业循环经济模型如图14-1所示。该模型大体上将可利用的农业发展空间分为山坡和水体两个部分。

（1）山坡垂直分层可分为高、低两个层次，海拔较高的地方种植枣树、樱桃等农作物，海拔较低的地方种植油菜、西瓜等经济作物。

（2）水体在垂直方向上分为水面、浅水、中层以及河床四层，水面可种植荷花、茭白等作物，浅水可作为鸭子的放养区，中层用来养殖鲢鱼、草鱼等鱼类，河床则用来养殖龙虾和螃蟹等。

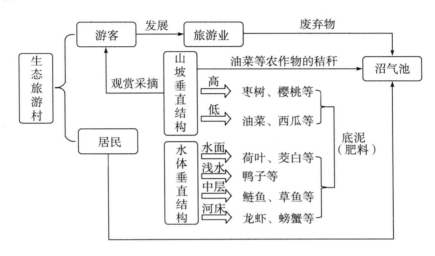

图14-1　皖南山区空间垂直复合农业循环经济模型图

山坡垂直结构与水体垂直结构之间联系紧密，山坡垂直结构中所种植的枣树、樱桃等农作物可以为水体结构中的鱼、虾、鸭子等生物提供一定数量的食物；水体结构中，各类生物产生的排泄物沉积到河床底泥之中，使得底泥之中有机物和微生物数量增多，成为山坡垂直结构所种植的经济作物的肥料，充分利用了空间资源。而且由于不同季节种植不同的作物实现一年三季均具有游览观赏价值：樱桃花和油菜花在春季绽放；樱桃在春夏之际收获；西瓜在夏季成熟，荷花在夏季飘香；甜枣在初秋收获。这些特色在一定程度上促进了当地旅游业的发展，游客可以进行采摘、划船、钓鱼、漂流等游玩活动。同时带动当地经济文化产业的发展，如农家乐、徽文化等，从而在一定程度上促进了居民经济的增长。

区域内建沼气池，沼气池的原料来源主要包括：①居民日常生活所产生的排泄物、养殖废物；②由于游客的到来所产生的排泄物或农家乐所产生的废物；③山坡垂直结构中种植的油菜等作物产生的秸秆；④水体垂直结构所产生的多余底泥肥料。产生的沼气可作为该地区的部分电力来源，同时，经过处理的沼渣可作为肥料重新进入农田，实现废物的循环利用。这类循环经济的模型充分利用了空间资源，实现了农业经济发展过程中废物的资源化，提高了各种资源的利用率，同时适应经济发展的要求，在保护环境、节约资源的同时使居民的生活质量得到了提高，是一举多得的循环发展模式。

咸宁市对农业清洁生产技术实践与生态补偿政策案例进行分析，开展了农业清洁生产技术实践与生态补偿，总结出了"茶叶—桂花"套作有机种植模式、"猪—沼—菜"循环农业模式、休闲观光有机果园模式和葡萄生态种植模式等多种立体种养模式,为建立中国农业生态补偿法律法规和政策措施提供了经验借鉴。

咸宁市依托"中国—欧盟应对气候变化的农业清洁生产技术实践与生态补偿政策研究"项目(PDSFⅡ—A10),通过中欧农业对话渠道,围绕咸宁市咸安区茶叶、柑橘、葡萄、蔬菜等四大农业支柱产业,分别选择了四个适度经营规模的种植基地作为项目示范点,集成示范了化肥农药减量增效、水肥一体化、病虫害绿色防控、生态拦截沟渠、陆生植物隔离带等农业清洁生产技术,总结出了茶叶—桂花套作有机种植模式、猪—沼—菜循环农业模式、休闲观光有机果园模式、葡萄生态种植模式四类立体种养模式。

(1)"茶叶—桂花"套作有机种植模式

茶园套种桂花苗木,不仅生产出高品质有机茶叶,而且增加茶农收入、美化环境并形成独特的茶园景观文化。该有机种植模式主要采用以下三种技术:①使用植物源杀虫剂,促进了有机茶园茶树害虫综合防控技术体系的建立和推广,对中国有机农业、食品安全和人体健康起到了积极作用;②使用物理防虫技术。茶园采用太阳能频振式杀虫灯、防虫黄板等物理方法减少人工合成化学杀虫剂的使用,提高产品质量;③使用有机肥,保持土壤水分的同时也对土壤有机质和土壤结构起到了改善作用。

(2)"猪—沼—菜"循环农业模式

根据基地所在区域的气候、土壤条件,采用和推广"辣椒+苦瓜—秋菜豆—黄瓜+萝卜"的高产高效栽培技术,摸索出了一套新型绿色蔬菜种植实用技术。从生产环节进行污染控制,主要采用以下三种技术:①污染防控技术。尽可能的再利用或进行集中收集和处置育苗塑料薄膜和苗盘,植株废弃部分或残次品作堆肥原料再利用,农药施用后的残余药液或清洗农药的废液集中收集处理。②病虫害防治技术。夏季休耕期间采取高温闷棚技术杀死土壤和有机肥料中的虫卵,使用太阳能频振式杀虫灯,采取轮、间、套作种植技术,如"辣椒+苦瓜—秋菜豆—黄瓜+萝卜",严格控制国家禁用农药和化肥的使用。③尾菜处理技术。通过池塘养鱼、秸秆还田、沼气池发酵实现尾菜再利用,在蔬菜基地建一个沼气池,利用蔬菜基地的尾菜和周边生猪养殖的畜禽粪便等废弃物进行厌氧发酵处理,产生的沼渣和沼液可用作有机肥料。

(3)休闲观光有机果园模式

通过选址、开垦、品种选择、定植、病虫害防治等一系列措施营造了休闲观光的有机果园模式。

(4)葡萄生态种植模式

采用现代农业种植科技,编制并发布了咸宁市应祥生态葡萄种植专业合作社《葡萄栽培技术规程 Q/YX 001—2012》和《葡萄苗木繁育技术 Q/YX 002—2012》等企业标准。

14.2.4 采矿业

14.2.4.1 煤炭开采和洗选业

以大屯煤电集团某煤矿为例,该煤矿于 1987 年投产,主要采用走向长壁后退式采煤法。根据该矿的具体情况,将采掘工段、通风工段及生态环保工段作为清洁生产审核重点,主要包括:建设无尘化矿井,提高采煤工作环境质量;小块段开采中央采区的边角煤,提高煤炭回采率,节约煤炭资源;矿井通风,系统优化;减排降耗,节约电能;对排水管道系统进行升级改造,减排降耗,减少污水排放,处理废弃资源。

方案实施过程中,在保证设备正常运行的同时削减了污染物排放量,并取得了一定的经济效益。SO_2、NO_x 分别减排 3.02 吨、0.87 吨,下工作面粉尘浓度由 410 毫克/立方米降至 150 毫克/立方米。本轮清洁生产的实施为该矿节电 165.13 千瓦时/年,小段煤开采采煤量达 42.6 万吨,回采率由 80.4% 提高到 81.2%,为企业带来 1442.21 万元的经济效益。

14.2.4.2 金属矿采选业

矿山企业为国民经济发展作出了重要贡献。随着生产力的发展和科学技术水平的提高,人类利用矿产资源的种类和数量愈来愈多,利用范围愈来愈广。以云南省生产铁精矿的某矿山企业为例,环境监测结果显示其主要环境问题是:废水不能达标排放,沉淀池沉淀效果差,选矿尾水直接排入河道,对下游河道造成污染;排渣场不规范,易造成水土流失;采场安全隐患大。在能源消耗方面的主要问题是每吨原矿的水耗、电耗大,尾水循环利用率为零。在管理方面的主要问题是现场管理混乱,跑、冒、滴、漏等无组织排放现象严重。

经清洁生产审核,提出并实施了选矿废水治理、更换破碎机、在电机前加装频敏变阻器、优化碎矿输送流程、建立清洁生产激励机制、增加尾矿脱水设备、尾水回用、尾水处理前新增强力磁选机、矿山安全整改等 36 项清洁生产方案。

方案实施后,公司生产的各个环节发生了巨大变化,在"节能、降耗、减污、增效"方面取得显著进展。2011 年取得经济效益 432.51 万元,共节水 134.22 万立方米,节电 25.85 万千瓦时,实际年减少尾矿排放 7.171 万吨,金属回收率由审核前的 86% 提高到 89%,100% 废水达标排放,水循环利用率从 0 上升至 60%,有效地提高了公司的管理水平,保证了产品质量,降低了生产成本,减少了环境污染。

"既要金山银山,又要绿水青山"的协调发展目标,既是国家经济发展的内在要求,也是行业、产业、企业发展的战略需要。冶金产业作为国家的支柱产业,对国民经济有重大影响。以某镍合金冶炼企业为例,该企业能耗高、废水排放量大的主要原因在于:窑炉烟气尾气脱硫效率有待提高,矿热炉出渣口存在节能潜力;部分水泵漏水,消防管道存在被腐蚀的现象;矿热炉电极调节方式的自动化水平有待提高;报废托轮油、废旧弹簧钢板未被回用;对员工的实际操作管理不到位,存在跑、冒、滴、漏的现象。针对以上原因,提出清洁生产方案(见表 14-1),并将可行的方案全部应用到生产中,取得了一定的环境效益和经济效益。

表 14-1　铁精矿厂已实施方案效果汇总表

方案类型	方案名称	方案简介	预计投资	预计效果	
				经济效益	环境效益
原辅材料及能源替代	废旧绿泥再利用代替炮泥堵渣眼	将炉前堵眼使用过后剩余的经过低温烘烤的绿泥加以重复利用,按照适当比例加入磷酸(分析纯),进行充分混合,并用塑料薄膜包裹密封,待下次出铁时直接用于装填炮泥,以节省绿泥用量	0.15万元	每年可节约生产成本1.8万元	每年可节省炮泥用量约10吨
技术工艺改造	窑炉烟气尾气脱硫	采用"石灰石－石膏法脱硫"进行烟气脱硫,使其达到国家环境法规及地方环保局规定的大气排放要求	1020万元	无直接经济效益,降低环境风险	减少二氧化硫排放量
	矿热炉出渣口喷嘴节能改造	设计一套新型节能喷嘴,增强冲渣能力	0.3万元	节约电费19.22万元	每年节约用电31万千瓦时
	装载机轮胎拉线热补	通过拉线热补的方法将扎破、挂破的轮胎进行修补	0.1万元	每年可为公司节约成本0.8万元	每年减少废旧轮胎产生量20条
设备维护和更新	定期调整输煤皮带头部清灰	对输煤皮带的头部及时清灰和调整,减少燃煤输送的阻力	0	提高设备运行效率	
	化验中心气瓶增加防倾倒措施	化验中心气瓶在使用、存放时无防倾倒设施,需要增加固定支架或拉锁链固定,防止倾倒	0.1万元	每年节约经济损失5万元	降低风险,防范安全事故
	加强设备维护保养	定期检查、维护生产设备、设施,对易锈部位进行除锈防腐处理,发现设备故障或设施损坏及时处理,更换老旧设备设施,加强维护保养工作	1万元	每年节约设备购置成本5万元	降低设备报废率,减少废旧设备量
	严格控制"跑冒滴漏"	加强各类水泵、管道的巡查,对漏水水泵和腐蚀的消防管道进行更换,杜绝"跑冒滴漏"现象	0.9万元	每年节约水费1.5万元	每年节约用水15 000吨
过程优化控制	矿热炉电极调节器升级改造	将矿热炉电极调节方式由手动升级为自动,更灵敏地调节控制冶炼电流,使矿热炉达到最佳工作状态,提高工作效率,减少无用功损耗	90万元	每年节约电费396.9万元	间接环境效益
	电除尘器风机变频改造	对电除尘风机的两套10千伏/1000千瓦电机安装变频器,降低除尘系统电耗	143万元	每年节约电费294.6万元	间接环境效益
	吊重钢丝绳改进方案	将原来使用的直径32毫米长14米的钢丝绳改为直径32毫米长7米的钢丝绳	0	每年节约费用0.7万元	

续表

方案类型	方案名称	方案简介	预计投资	预计效果	
				经济效益	环境效益
废弃物管理与回用	报废托轮油回用	将报废托轮油经研调配后用作回转窑、干燥窑轮带的润滑油	0	每年节约成本59.3万元	减少废油量
	废旧弹簧钢板回用	通过在铲车铲刀下增加废旧弹簧钢板以延长铲车铲刀使用寿命	0	每年节约费用10万元	减少废油量
	加强废弃物分类处理,防止有毒有害物质泄露	对废旧物资进行分类存放,报废的物品进行清理,生产区的各类废弃物应当分类处理,危险废弃物应存放到危废库中	0	规范废弃物管理	避免将危险废弃物当一般废物排放
加强管理	设备、配件分区摆放整齐	车间进行合理布局及整改,用黄线分区并标示,设备、物料、配件分类堆放整齐	0		资源有效利用,改善工作环境
	高噪音岗位的员工发放防噪耳塞	干燥窑反击破噪音高达120分贝,为防止听力受损,给岗位员工发放防噪耳塞并定期更换	2万元	避免造成5万元的噪声损失	降低机械噪声对人体的危害
	不定时抽查员工劳保防护用品使用情况	每天上班不少于4次不定时抽查员工劳保防护用品的佩戴情况,做好记录,采取对应措施,如一次警告,二次调换工序岗位等	0	每年节约经济损失2万元	降低风险,防范安全事故
	有效落实质量、环境管理体系标准	按照质量、环境管理体系进行规范化、有序化的控制和管理,各车间按照相应的程序管理文件和作业指导书,作好相关记录,保证公司运行有序化、管理规范化	0		规范环境管理体制
	完善员工操作规程和岗位责任制	严格管理,完善企业各部门、各工段工人操作规程,建立岗位责任制,保证正常生产,避免不必要的停车、失控造成的污染和损失	0	每年节约电费3.1万元	每年节约用电50万千瓦时
	建立清洁生产激励机制	建立清洁生产激励制度,收集员工合理化建议,并根据项目效益给予奖励	8万元	节约能源成本39.2万元	节电50万千瓦时,节煤100吨,节水2000吨

续表

方案类型	方案名称	方案简介	预计投资	预计效果	
				经济效益	环境效益
员工素质提高·	开辟环境宣传专栏	生产现场没有环境知识宣导,不能使员工及时了解环境知识,企业要不定期宣传环境相关知识和单位的环境方针等,使全体职工能及时了解	0.1万元	每年节约能源资源成本3.2万元	每年节约用电 5 万千瓦时,节水 1000 吨
	加强岗位员工技能培训	定期对岗位员工进行技术培训及管理意识教育,避免因员工操作不当造成的事故、污染和损失	0	每年节约成本 5 元	减少废弃物产生,节能
	开展清洁生产培训	清洁生产咨询小组派工作人员对公司中高层领导开展清洁生产知识培训,各部门主管向下层员工宣传清洁生产知识	0	每年节约能源资源成本3.2万元	每年节约用电 5 万千瓦时,节水 1000 吨

综上所述,清洁生产方案取得了较好的成效,年节省炮泥 20 吨,节约用电 1084.78 万千瓦时,节约用煤 100 吨,节约用水 19 000 立方,单位产品的二氧化硫减排量为 0.006 千克/吨,实现了节能减排。

14.2.4.2 非金属矿采选业

磷矿企业的清洁生产可以从源头上减少或消除污染物的产生和排放,是走新型工业化道路,实现可持续发展战略的有效途径。以湖北某磷矿开采企业为例,通过收集企业生产工艺情况、企业所在地区域环境功能、环评及"三同时"执行情况、污染源常规监测、排污许可证及总量执行情况、近 3 年环保守法等资料,察看其工况、能源及原辅材料消耗情况工作报表,与工作人员交谈,咨询行业专家等方式对企业现状进行调研之后,发现了一些环保问题亟需进行清洁生产审核。例如,废石全部用来回填采空区而没有进行其他综合利用,从而造成回采率低、贫化率高;除尘废水经沉淀池处理后外排;矿石运输道路灰尘大,影响周边环境等。

清洁生产审核小组通过在全厂范围内宣传动员,鼓励全员积极参与,有针对性地提出清洁生产方案及合理化建议。经筛选,共提出 36 个可行方案,其中无/低费方案有 33 个,中/高费方案有 3 个。33 个无/低费方案已全部实施完成,实施率达 100%;3 个中/高费方案已实施完成 3 个(房柱式刻槽法开采工艺、采矿跨度调整和科学配矿),实施率达 100%。3 项中/高费方案及其实施情况如表 14-2 所示。

表 14-2 清洁生产中三项中高费方案及其实施情况

方案	实施情况
"房柱式刻槽法开采工艺"方案	该方案投资 120 万元,通过这一方案的实施,2014 年共开采薄矿体和低品位矿 43.7 万吨,提高了矿产资源回采率。
"采矿跨度调整"工程	该方案投资约 200 万元,采场矿跨度调整到 8 米,不仅有效地防止了采场顶板冒落,确保了采矿安全,而且还提高了采矿的强度,特别是对于缓倾斜薄体矿而言,增加了矿石开采量,避免了磷矿资源的浪费和废石排放。
"科学配矿"方案	该方案投资约 100 万元,年净现金流量为 96.54 万元,投资偿还期2.18 年。此方案的实施减少了废石的排放,提高了矿石的品位,是实现绿色矿山的重要举措之一。

该企业通过实施无/低费方案,减少了磷矿流失约 2500 吨/年,节水 230 吨/年。通过实施中/高费方案,减少了废石排放 12 500 吨/年,节省磷矿流失 2500 吨/年,减少了废石对土地的占用。通过清洁生产审核,开采回采率由 73% 提高至 75%,贫化率由 6.8%降低至 3%,削减电能消耗 6356 千瓦时/年,完成了预定的清洁生产目标。审核后提高了磷矿石回收率,节约了废石及矿石运输成本,延长了矿山的服务年限,使出厂磷矿质量得到稳定提高,无/低费和中/高费方案为企业带来直接经济效益 1111.88 万元/年。通过清洁生产方案的实施,使企业获得了明显的经济效益和社会环境效益,达到了"节能降耗、减污增效"的目的,为我国同类磷矿开采行业实施清洁生产审核提供了良好的借鉴。

14.2.5 制造业

14.2.5.1 食品制造业

"国以民为先,民以食为天",食品是人类赖以生存的最基本物质条件。食品加工制造业的发展,体现了一个国家的科技水平与生活水平,因此食品制造业的清洁生产至关重要。在原料方面,食品的清洁生产应该选取污染少、排放少、不产生过多废弃物的原料,并且优先选取能够循环再利用的原料;在工艺方面,清洁生产注重的是工艺的环保化和无害化,理想的生产工艺可以将中间步骤中产生的废弃物在生产过程中再利用,将看似无用的物质经过转换变为另外步骤所需的资源;在产品方面,清洁生产的食品是健康且环保的,注重美味的同时也注重人体养生及营养搭配。

以淀粉通过酶的催化作用生成的新型淀粉糖——低聚糖的生产为例进行分析,阐述其清洁生产的实现过程。考虑到落后的生产工艺和生产设备、高能耗、废液排放等问题,提出以下两方案:

方案一:回收色谱提取液

低聚糖的生产工艺包括原料预处理、色谱分离处理、浓缩、提取和储存。色谱分离操作只进行一次,因此色谱分离之后所排放的废液不但造成了污染,也提升了企业成本。

通过对色谱提取液的回收,可以保证清洁生产。通过引入 2 个容积为 50 立方米的贮罐从而引入二次分离的方法,可以将生产流程中的调和糖储存起来。此操作所需的资金为364 万元人民币。具体流程为:首先进行原材料的预处理,将原料进行混床精制,并进行一次色谱分离;得到的排放液进一步处理,继续浓缩、混床精制,并进行二次色谱分离,最后排放残液。环境效益上,由于新设备的引入能够提升低聚糖的质量,并且大幅度降低由于蔗糖等因素而导致的糖流失,所以通过回收色谱提取液能够显著增加低聚糖的回收率,减少单位产品的能源消耗和原材料消耗,大大降低环境治理成本。经济效益上,在产量恒定的条件下,每年可以节省 186 万元的投入资金。

方案二:工作水再利用

在技术方面,低聚糖车间的工作水主要来源于蒸发器,由于生产不能完全保持同步,所以容易造成冷却塔的水完成冷却之后溢流,从而导致资源浪费。通过对工作水进行再利用,可以实现清洁生产。具体方法为:首先,将全部的真空泵以及物料泵所排放的工作水传输至地下池,将这些工作水和蒸发器的排放水汇集起来,每小时可收集 9 立方米;其次,配置专门的提升泵,周期性地把这些工作水传输至天面,然后专门通过一个冷却塔把这些排放出来的工作水冷却到 30 ℃;最后将冷却的工作水重新传输至蒸发器,为需要水的设备进行补水。这在很大程度上减少了水资源的耗费,实现节能减排,达到清洁生产目的。经济效益上,由于新配置了水泵,电费有所增加,但减排的收益超过用电成本约 5万元人民币。

14.2.5.2 烟草制品业

我国是烟草种植大国,烟草种植面积和产量均居世界首位,烟草种植和加工在国民经济发展中起着重要的作用,同时也是部分省、地方财政的主要来源之一。由于烟草制品的特殊性,烟草企业在公众中树立绿色、健康的良好形象的需求比其他行业更为迫切。烟草加工企业与其他污染较重的企业相比,生产加工过程中产生的污染物相对较少。但是目前较为突出的能源消耗、烟草异味、烟草粉尘、锅炉燃煤、固废处置、产品包装等问题还没有引起足够的重视。而推行清洁生产是工业污染防治的最佳途径,通过推行清洁生产,不仅能减少污染,保护环境,树立良好的社会形象,而且也能提高企业的管理水平和对资源的利用率,降低生产成本,增加企业的竞争力。因此,实施清洁生产审核,对烟草加工企业来说,是一件一举多得的好事。

以某卷烟公司为例,通过收集该公司概况、公司所在地区域环境功能、区划及环境质量现状、公司生产状况、环境保护状况等资料对公司现状进行调研之后,发现该公司存在一系列的问题。例如:卷包机组烟支重量控制系统采用放射源检测烟丝密度变化,存在一定的辐射危害;动力车间设备功率均较大,生产车间设备检修时存在动力设备空载较大的问题;部分生产区域照明未分区控制,存在电能的浪费现象;动力车间与各生产部门沟通频率较低,长时间提供能源,消耗很大;空调机组不是变频电机,耗电量较大等。

针对以上问题,提出 44 个清洁生产方案,其中无/低费方案有 37 个,中/高费方案有 7 个。7 个中/高费方案包括:空调机组增加冷雾加湿方案、全厂铺设中水管网方案、加里料机、加表料机、松散回潮机滚筒粘料改造方案、职工浴池改造方案、卷烟机组微波系统改造方案、动力车间添置小型空压机方案、集中空调冷却水降温改造方案。针对以上清洁生产方案,该公司共投入资金 476.78 万元,带来经济效益 670.61 万元,每年节电 185 万千瓦时,节约天然气 196.8 万立方米,节水 1.2 万吨,节约烟叶 5.9 吨,预定的清洁生产目标全部完成。

14.2.5.3　纺织业、纺织服装、服饰业

纺织工业是我国传统的支柱产业。目前,全球性的环境污染问题日益加剧,公众环境意识日益提高,纺织行业遇到了前所未有的挑战。清洁生产是工业可持续发展的必然选择。纺织生产的清洁化不仅仅有利于保护生态环境,保障人类的健康安全,还可将废弃物再循环利用。

以北京京郊某工业园区的非织造布生产企业为例,2016 年该企业通过循环利用、改善管理、改进工艺等综合措施,把原材料的利用率提高到了最高水平。该企业的代表性方案有加装防尘罩和粉碎机。通过废品回用,不仅节约了原材料,减少了废弃物的排放量,还有效增加了企业的经济效益和环境效益。该企业对 4 条生产线加装了防尘罩,不仅降低了车间内的粉尘,优化了工作环境,还杜绝了敞开输送导致的异物进入,降低了次品率,提高了产品质量和成品率。企业原材料购入价格平均为 1.35 万元/吨,项目实施后节约原材料 2.516 吨,年经济效益为 3.4 万元。该企业还加装了粉碎机进行次品回收,降低了原材料损耗,有效利用了符合质量要求的次品及边条,改进了生产流程,添加了回收利用工序。同时,该企业还增加了粉碎机 5 台,比例棉箱 4 台。方案实施后节约原材料 417.9 吨,产生经济效益 564.165 万元,远大于设备的投资费用。

上海某印染化工有限公司开发的织物变性涂料连续染色新技术项目被中国纺织工业协会评为科技进步一等奖。该项目采用涂料染色专用纤维变性剂及配套的系列助剂,有效改善了传统工艺的缺点,保证了染色产品的品质。同时,项目实现了变性、染色、固色一步法连续式生产,使染色过程节约了大量生产用水,大幅度降低能耗。染整技术是国家"十一五"发展的重点,如低温等离子能够大大降低面料的上色速度和视觉深度;超临界 CO_2 作为染料载体的染色技术可以完全杜绝染色废水的产生;喷射印花将完全取代传统的网板印花和滚筒印花,具有加工效率高、图纹清晰、批量无限制等优点;酶制剂的优选在纤维素产品上的应用将在不久的将来体现出强大的应用潜力。

山东某印染有限公司的污水处理厂将染整过程中因加入化学助剂而被业界公认的难以回收利用的印染污水变成了可以产出沼气、肥料和循环利用的中水的原料。该公司利用污水生产的沼气可以替代车间机器设备使用的天然气,每年可节约费用 10 余万元,另外还可为周围 3000 多户居民提供生活用气。

浙江某集团前期在环保方面的投入超过了 900 万元,不仅建造了国内一流的清洁池,而且还聘请了专业的环保工程师从事监测工作。该集团配备了有利于环保、节水、节能、降耗的计量装置。同时,该集团还应用了果胶酶和复合酶等生物工程,推广冷轧堆湿堆工艺。在染色中,公司也积极使用了活性染料湿短蒸轧染、活性染料冷轧堆染色、气流染色等新型工艺;锅炉的脱硫装置也按污染物最低排量要求进行了更换。厂区内,车间里没有异味,进行清污分流,排放口安装了监测探头,厂内还有专业的环保服务公司人员。在水资源日益短缺、环境污染不断恶化的情况下,该集团勇于破解困扰染整行业多年的"紧箍咒"。

福建省某针织染整厂家和面料生产基地长期以来十分重视环保工作。该基地从源头抓好清洁生产,将清洁生产作为促进企业可持续发展的重要举措,以节能、节水、资源综合利用和发展循环经济为重点,把节能减排工作贯穿于生产的各个环节,逐步形成了低投入、低消耗、低排放和高效率的生产经营模式,摸索出了一条独具特色的节能减排路子。该公司斥巨资引进的气雾染色设备,采用 1∶4 的低浴比染色技术,与传统染色机相比,可节约 10% 染料、50% 助剂、30% 蒸汽,每吨布用水量可节约 30%,废水 COD 降低 20% 以上。该公司的气雾染色设备具有特殊结构,在染色过程中能够不断地将织物吹开、更换折叠位置、消除褶皱,使面料具有良好的外观效果,既节能降耗又提高了产品质量,这是一般染机无法达到的。

山东某集团近年来创造的"资源—产品—再生资源"生产模式,不断开创节能减排工作的新局面。例如色织产品丝光加工后的碱液回收,是纺织企业面临的主要环保课题。该公司投入 3000 多万元开发了具有自主知识产权的碱回收装置,所产生的冷却水、冷凝水、碱蒸馏水及液碱可以再次循环利用,解决了色织产品丝光加工后造成的碱液、硫酸大量浪费的问题,回收循环利用率达 80% 以上,每年可节约浓硫酸 13 186.6 吨、回收液碱 10 550.6 吨、冷却水 42 万吨,每年可产生效益 2100 万元。

14.2.5.4　皮革、毛皮、羽毛及其制品和制鞋业

毛皮工业作为皮革工业重要的分支,在国民经济和支持三农中发挥着重要作用。针对一些毛皮企业集中生产区的地表水和地下水污染严重的现状,我国颁布了制革及毛皮加工工业水污物排放标准,对铬、硫化物、氨氮、氯离子物质的等排放提出了严格的要求。运用清洁生产技术,促进产业结构的生态化,是毛皮工业实现可持续发展的必由之路。

由浙江某皮草有限公司承担、多所高校与研究院共同参与攻关的"皮草清洁生产技术创新与行业推广"项目,首次在毛皮加工液循环使用中实现系统技术集成,并成功研发了毛皮浸水液、加脂液、染色液循环使用技术,大幅度减少了污水的产生和排放,使各种化学品的利用率得到了显著提高。"皮草清洁生产技术创新与行业推广"项目研究团队系统考察了国内外毛皮浸酸、鞣制、复鞣、染色液在循环使用过程中技术指标与循环次数的关系,为毛皮加工液循环使用及循环使用系统的设计提供可靠依据。在此基础上进一

步完善了设计操作液循环使用方案和末端治理方案,达到清洁生产与节能减排的目的。实施方案如下:

在兔皮车间,采用曲面格栅进行除渣,结合多项技术形成了新的技术体系。经过一段时间的实际运行,用水量每周减少 50 吨以上,化学需氧量(COD)负荷每周降低 500 千克,全年 COD 产生量 20 吨,减少用水量 2000 吨,为后段污水处理负荷降低提供了前提。同时节省了盐用量 60%、甲酸用量 30%;在羊皮车间,进行了清洁生产线、废水循环系统的建设与改造,从而实现了铬鞣操作液的多次循环利用,最大限度地降低铬鞣剂、中性盐的用量,减少含铬废水的排放。年产 300 万张羊皮的车间采用该项技术后,每年节约了2.9 万吨水和大量铬鞣剂;在细杂皮车间,实施了清洁生产线、废水循环系统的建设与改造工程,有效地去除了铬复鞣废液中的有机杂质,使铬复鞣废液稳定循环最多可达到 100次,最大限度地减少铬鞣剂的损失,同时达到减少含铬污泥排放量的目的。在绵羊毛革生产中,对脱脂废液进行了一次跨工序循环使用,将加脂和染色分工序操作,使得加脂废液得以循环使用 3 次。

经过几年的联合攻关,各项技术指标达到了预定目标,产品的各项技术指标均达到了国家和欧盟有关标准的要求,废水循环使用的周期达到或超过了预定目标,并已进行产业化运行和行业推广。这项有利于毛皮产业生态化的清洁生产技术的推广可以解决我国毛皮行业面临的共性问题,能够显著提高我国毛皮行业的清洁化生产程度和技术进步。它的推广不仅可以获得良好的经济效益,而且将带来巨大的生态效益和社会效益。

14.2.5.5　家具制造业

我国的家具制造业发展迅速,已成为世界第二大家具出口国。但我国的家具企业以中小企业居多,家具制造企业的生产同样会带来一系列环境污染问题,如挥发性有机废气、粉尘的排放会影响区域内空气质量,废漆料、废胶黏剂等危险废物未经无害化处置排放对水体、土壤产生污染等。因此家具制造企业已成为当地的一个重要污染源,给当地环境造成很大的压力。在中小家具企业推行清洁生产,不仅是减少环境污染、保护工人身体健康、增强企业竞争力的工具,也是中小企业解决自身环境问题的首选和实现家具制造业可持续发展的一条有效途径。

以河北某家具有限公司为例,该家具公司主营产品为鞋柜,有免漆板和喷漆产品两个类别,年设计产能为 20 万件。通过对该公司的调查以及对各个生产单元的综合分析,认为该公司为提高生产效率、节能降耗以及环境保护等方面做了一定的努力,但在整个生产过程中仍存在着一定的清洁生产和环境保护潜力。

因该公司产品单一,生产工艺流程简单。油漆车间是水、油漆及其辅料的消耗车间,是产生和排放挥发性有机化合物 VOCs 气体(非甲烷总烃)及危废的车间,也是周边居民最为关注的生产环节。企业清洁生产指标对比结果显示,涂料中 VOCs 含量较高,因此将油漆车间确定为清洁生产审核以及后期应用于环境保护的重点。结合多方面考虑,并通过物料平衡测试分析,最终确定问题点在于技术工艺、设备等方面。根据企业的实际情况,汇总出清洁生产审核的方案共计 12 个。以投资 20 万元为界,投资 20 万元以下的被确定为无/低费方案,投资 20 万元以上的为中/高费方案,其中有 11 个无/低费方案,1 个中/高费方案,即购置自动联排排钻,经济评估表如表 14-3 所示。

表 14-3 经济评估表

经济评价指标	单位	购置自动联排排钻
总投资费用	万元	27.4
年运行费用总节省金额	万元	18.64
新增设备年折旧费	万元	2.74
应税利润	万元	15.9
净利润	万元	15.9
年增加现金流量	万元	18.64
投资偿还期	年	1.47
净现值	万元	103.49
净现值率	%	377.69
内部收益率	%	67.62

该家具公司油漆车间在清洁生产实施过程中,始终贯彻边审边改的方针,及时实施了无/低费方案和中/高费方案,取得了显著的经济效益和环境效益,方案总计投资 38.212 万元,年节电 1.12 万千瓦时。该方案每年节省实木板 2025 张、大板 500 张、底漆 645 千克、面漆 300 千克、稀释剂 405 千克、固化剂 150 千克,减少一般固废产量 4.27 吨,减排 VOCs 0.03 吨,年取得经济效益共计 81.39 万元。

14.2.5.6 造纸和纸制品业

以汕头市澄海区某造纸公司清洁生产为例,该公司以废纸为原料,年产 20000 吨再生纸。首先,对污水处理设施进行清洁生产。该公司进行清洁生产审核前采用"格栅—调节池—气浮—生化池—沉淀池—出水"的废水处理工艺。为了实现减量排放,该公司采用国内先进的高效浅浮设备代替原有气浮主设备,并对废纸制浆废水实行封闭循环使用,提高了废水处理能力和处理效果,加强了废纸浆和中水的回收利用,将废水处理后回用于瓦楞纸机网部、毛毯的清洁。

其次,对锅炉蒸汽余热的综合利用进行清洁生产。公司清洁生产审核前的锅炉蒸汽过剩,主要采用排空的方式处理,蒸汽冷却液没有进行回收,浪费大量热能和水源。为减少能源消耗,增加了蒸汽及冷凝水回收装置,收集锅炉蒸汽余热。

从原料、生产工艺、设备、废水处理、节能节水措施等方面,对某高档扑克牌生产企业的清洁生产水平进行分析。

实施的清洁生产措施包括：

（1）原料及工艺设备

项目以100％进口商品木浆为原料生产高档扑克牌纸，原料优质。筛选系统采用锥形磨浆机和压力筛，减少筛选过程的浆料损失。烘干部采用先进设备，配置密闭汽罩及热风干燥系统以利于热回收，提高热效率，降低热能消耗，而且提高单位烘缸面积蒸发水量，节省蒸汽。

（2）废水回用及处理

绝大部分白水不经过处理，直接通过管道输送至碎浆机、上浆等工段代替清水使用；小部分经过提升泵抽升到多盘式真空过滤机，浊滤液和部分清滤液返回流程，用于碎浆和上浆系统，超清滤液用于洗网；不能循环利用的剩余白水（部分清滤液）进入污水处理站。

（3）节能节水措施

生产流程的确定和主要生产设备的选型均考虑采用节能的新技术、新工艺，在物料输送方面，尽量采用重力自流，减少泵送，以节省电耗。在工艺流程中，配备有自控仪表，以计量、控制水、电、气及原料的消耗，为车间加强管理，实施有效的节能措施创造条件。设量热回收装置，以充分利用抄纸干燥部废气的热能加热生产需要的温水和干热空气，减少能耗。造纸白水净化后清水送造纸系统回用以降低车间耗水量，多余白水送污水处理站。

（4）固废处理

以前，泥沙杂质、污泥和生活垃圾经过外运垃圾处理厂卫生填埋，损纸收集后回用，原料包装物收集后卖掉。实施清洁生产后，对照《制浆造纸工业水污染物排放标准》（GB 3544—2008）的新建企业水污染物排放浓度限值及单位产品基准排水量中"造纸企业"标准，厂排水量为该标准的31.5％，项目白水回用率达到96％。

以某瓦楞纸生产企业的清洁生产为例，该企业以国产废纸为原料，经碎浆、高浓除渣、粗筛、除砂器、精筛、浓缩和磨浆等工序制备废纸浆，再输送至造纸车间生产高强瓦楞纸，纸品生产规模为15万吨/年。针对生产过程中纤维随废渣流出严重、碎浆和磨浆设备能源浪费严重、碎浆用水部分采用新鲜水、设备清洗废水未回用等问题，制定了以"节能、降耗、减排、增效"为目标的清洁生产方案。

首先，采用尾浆筛替换圆筒筛，利用杂质分离机对尾浆进行处理，可提高尾浆处理能力，同时防止跑浆，减少纤维流失约100吨/年，提高废纸利用率。第二，制浆车间取消中浓除渣器和二段粗筛，一段粗筛机更换为低能耗设备。第三，在低耗浓缩技术中，采用自身无能耗的斜筛替换多盘浓缩机。最后，将纸机网部白水引至制浆车间，用于碎浆、筛选和除渣设备的清洗，清洗废水经简易沉淀后回用至碎浆工序，同时碎浆不再补加新水，全部采用白水。

通过在废纸制浆过程中推行清洁生产,节电 180.9 万千瓦时/年,节水 12.57 万立方米/年,节省废纸消耗 120 吨/年,废水减排 11.24 万立方/年,年收益达 150.66 万元/年,具有明显的经济效益和环境效益。

14.2.5.7　印刷和记录媒介复制业

北京通州某印刷厂生产工艺包括印前 CTP 制版(计算机直接制版)、平张印刷、轮转印刷以及印后精装和平装。通过实施以下清洁生产方案,获得了极大的经济效益。

实施的清洁生产项目包括:

(1)升级废气治理设施

更换废气治理设施工艺,采用废气收集设施、预处理过滤设施、低温等离子降解和光催化技术,在四色印刷车间、单色印刷车间等 5 个车间安装光催化和等离子技术设备,治理产生的 VOCs。废气收集设施主要为集气罩,在光催化设施后设主风机,在支路管线上增加轴流风机,保证车间废气最大化的进入治理设施。预处理过滤设施采用进口滤料,可过滤纸毛、油墨、水汽、粉尘,避免杂质进入设备造成设备自燃或堵塞。该方案实施后减少 VOCs 排放量 1322.64 千克,产生经济效益 31.45 万元,同时降低了对员工身体的伤害。

(2)更新胶订龙

将原本使用的胶订龙更换为柯尔布斯 KM473 胶装联动线,可自动配页成册。加热装置将固态热熔胶加热成黏稠状的流动胶,书册经过热熔胶后,便可胶订成册,裁切整齐后,通过堆书机将书本整齐地堆放到一起。

该方案实施后每年减少热熔胶使用量 15 吨,减少 VOCs 排放量 90 千克,节约电能 2.57 万千瓦时,产生经济效益 55.73 万元,在节约原辅材料、电能和减少人工成本方面有显著效果,技术成熟,具有一定的推广价值。

14.2.5.8　石油、煤炭及其他燃料加工业

以焦化行业的清洁生产技术为例,通过实施以下方案,极大程度地提升了社会和经济效益。

(1)干熄焦技术

湿熄焦工艺的吨焦耗水 0.5 吨左右,采用干熄焦技术,借助于氮气将炽热焦炭缓慢冷却,同时回收湿热产生的蒸汽,可显著降低熄焦水耗。截止到 2015 年底,我国干熄焦装置在钢铁联合企业焦化厂干熄焦普及率达到 85% 以上,处理总能力 2.5 万吨/小时,推广该技术预计可节水 1500 万吨。

(2)煤调湿技术

煤调湿技术是通过换热装置将炼焦煤料在装炉前除去部分水分,并稳定控制入炉煤水分的技术,可降低炼焦过程耗热量,减少焦化废水产生量。装炉煤含水量每下降 1%,可减少排放蒸氨废水 8～10 千克/吨,同时能够提高焦炭产量和质量。截至 2015 年底,

我国煤调湿装置处理总能力 3600 吨/小时,年可减少焦化废水产生量 60 万吨,分别减少 COD 和氨氮的产生量 90 吨和 15 吨。

（3）焦化废水深度处理回用技术

部分焦化企业因采用干熄焦,无法消纳焦化废水,应用焦化废水深度处理回用技术,通过预处理、生化处理、深度处理（吸附、化学氧化、电氧化等）、脱盐处理等工序进行处理,可以部分解决焦化企业无法消纳焦化废水的问题,扩大干熄焦在焦化企业中的应用。经处理后,可将约 70% 的焦化废水作为循环冷却水、补充水。预计新增焦化废水深度处理普及率将提高至 10%,每年可减少废水、COD 和氨氮的产生量分别为 500 万吨、375 吨和 75 吨。

14.2.5.9 化学原料和化学制品制造业

以某化工企业为例,进行清洁生产潜力分析,提出针对性的清洁生产方案。某化工厂产品有顺酐、橡胶助剂、金属防锈油系列等,主要原辅料有甲苯、甲醛等。

实施的清洁生产方案如下:

①更换全厂管道保温、防腐层;

②安装水表,全厂水消耗量形成三级计量;

③顺酐车间的反酸回收工段,蒸馏温度提高 2 ℃,减少锅内原料残留,从而减少洗锅次数;

④苯罐新增分级立式氮封装置、废气冷凝装置;

⑤烘房升级改造,由地面加热改为地面、墙面加热;

⑥油品使用的部分固态物料改为液态物料;

⑦整改危废仓库,重新敷设防渗层;

⑧助剂车间更换三聚氰胺、白炭黑包装（由 25 千克/袋变为 500 千克/袋）;

⑨黏合剂 A 工段增设 DCS 过程控制系统,反应釜冷凝器更换为板式冷凝器;

⑩黏合剂工段购置自动化包装系统一套。

以上方案的实施产生了明显的环境效益和经济效益。环保效益主要体现在以下几个方面:改变氮封和增加冷凝从而减少储罐废气苯的排放量;助剂车间更换部分原辅料包装,增加自动化包装系统,减少粉尘的排放量;冷凝器的更换减少了有机废气的产生;重新敷设危废仓库的防渗层降低了固废存储对土壤和地下水造成风险。经济效益主要体现在以下几个方面:苯储罐冷凝回收的苯减少了原辅料的采购量,降低了成本;更换全厂管道保温,防腐层、烘房改造,节约了烘干时间和能源的利用效率,降低能耗成本和烘干环节的人工成本。

以辽宁某化工企业为例,在该企业使用的原辅材料中,环氧乙烷、氢氧化钾、氢氧化钠、乙酸、二乙二醇、丁烯醇、烯丙醇和导热油属于危险化学品,汽液分离器产生的冷凝废液、尾气吸收塔吸收液和转换生产品种及设备检修时产生的洗釜水属于危险固体废物。

为此,企业被该省环境保护厅列为实施清洁生产审核的重点企业。

方案全部实施后,实现年减少产生粉尘75吨,减少损失粉尘约4吨,节电118.498万千瓦时,节省蒸汽2462吨,节省润滑油0.09升,节水25吨,减排氮气4.8万立方米,减少委托处理危废1.36吨,回收产品6.005吨,能源费用降低3%;同时,提高了生产效率,产生年经济效益约179.35万元。具体方案及效益见表14-4。

表 14-4　清洁生产方案及效益

方案	环境效益
蒸汽伴热改为热水伴热	节省蒸汽1502吨
循环水药剂更换	提高生产效率,换热器清洗次数由1年/次延长为3年/次
切片机切片变厚	减少产生粉尘30吨;减少损失粉尘约1吨
下料器改造	减少产生粉尘30吨;减少损失粉尘约1吨;节电8.768万千瓦时
配置釜进料工艺改造	避免产生对人体有害的刺激性气味
下料器粉尘散落防治	回收粉尘6吨;减少损失粉尘约1吨
导热油泵更换	节电1.79万千瓦时
老包装线更换除尘器	减少产生粉尘15吨;减少损失粉尘约1吨
聚合车间真空泵维修	节水15吨;节电0.9万千瓦时
循环水泵加变频器	节电75万千瓦时
导热油泵加变频器	节电16.2万千瓦时
叉车安装尾气净化器	降低含有CO、NO_x、CO_2等尾气排放量
蒸汽减压阀更换	节省蒸汽960吨
维修后处理罐搅拌器	节省润滑油0.09升
暖气漏水回收与修补	节水10吨
压力表更换	
除尘风机减少运行台数	节电15.84万千瓦时
氮气合理排产	减排氮气4.8万立方米
冷凝液(S1)回收利用	减少委托处理危废0.05吨
固体废渣过滤回收	回收产品0.005吨
员工管理提高	能源消耗降低3%

14.2.5.10　医药制造业

广州某制药厂有限公司主要生产口服固体制剂,为进一步提高企业的产品质量和生产效率,降低能耗、物耗,减轻污染,提升企业竞争力,该制药厂决定开展清洁生产审核工作。

从资源和能源利用、生产工艺与设备维护、生产过程管理、污染物产生、废物处理与综合利用等方面进行自身的分析与评估,该制药厂清洁生产存在的主要问题有:中央空调机组能效比较低,耗电量大,制冷量不高;旋风除尘设备磨损严重,除尘效率不高;活塞式压缩机的电机功率偏大,排气压力不够稳定,排气温度高,噪音偏大,检修工作量大,维修费用偏高;车间部分物品堆放不够规范;员工清洁生产意识有待提高;清洁生产管理制度尚未完善。

针对原辅材料和能源替代、设备维护与更新、过程优化控制、废物回收利用和循环使用、员工管理和提高员工素质及积极性等多个方面,开展清洁生产。

(1)洁净式空调机组技改

改造后提高了制冷效率,通过自动化控制智能开闭,使风机与水泵不会全天候运转,减少了耗电量。方案实施后年节电量为4万千瓦时,间接经济效益约1.5万元/年。

(2)除尘设备改造

购进水幕过滤除尘机,解决了除尘过程中气压与水压、气流与水流的平衡问题。除尘效率得以大大提高,彻底避免堵塞现象的发生,并且减少粉尘排放量。方案实施后水幕过滤除尘机的粉尘排放速率为0.0167千克/小时,年减少粉尘排放量为450千克。

(3)压缩机空气系统改造

方案实施后有效降低了旧式空压机的运行噪声,气源质量高,用气设备运行良好,改善了车间工作环境,可实现年节电量5.11万千瓦时。

以生产外用搽剂为主的某制药企业为例,该企业所用原材料基本是天然植物提取物,毒性不强,但生产过程中还是会产生一些废气、废水、固废和噪音,制定的清洁生产方案和取得的效益见表14-5。

表14-5　清洁生产方案和效益

方案	经济效益	环境效益
循环冷却水系统添加水稳剂	提高能源利用率和设备使用寿命	减少上游电厂污染,减少维修废件
调整优化生产工艺	减少能耗,提高产品质量	减少单位产品污染物产生量
配制生产工艺改造	提高生产效率	减少单位产品污染物产生量

配制生产工艺改造具体实施体现在:

(1)在生产工艺配制中增加产品的单批产量,由1500升增加至1800升,降低单位产品原料的损耗,减少了运输工作量。

(2)在配制工作中,按同品种进行连续生产多批的原则,对配液罐的清洁实行配制三批同品种清洗一次的工作制度,减少清洁溶剂的使用,降低纯化水的使用量,减轻操作人员的工作量。

(3)加大配液罐,同时在配制生产中改用1000千克的地磅秤,使单次称量最大500千克提高到1000千克,从而提高生产效率,减轻工作量,减少周转容器的数量和清洁溶剂的使用。

据初步分析,改造后可以提高生产效率,生产同样的产品可以节省工时 2%,降低劳动力成本 2.7 万元/年;减少空调、照明等辅助性用电 0.6 万千瓦时/年,节省电费 0.5 万元/年;减少容器及批次原料损耗 50 千克/年,增加产品产值 2.0 万元/年,合计增加利润 5.2 万元/年。

14.2.5.11 化学纤维制造业

氨纶是化纤行业中一个小品种,但污染、能耗大,因此,氨纶企业的清洁生产至关重要。我国于 2007 年发布的《化纤行业(氨纶)清洁生产标准(HJ/T 359—2007)》偏重于污染物指标,节能减排评估指标相对较少。

以浙江省五家氨纶企业为例,对氨纶企业的清洁生产进行以下总结:

(1)二甲基乙酰胺替代二甲基甲酰胺作为纺丝溶剂

氨纶在生产过程中需使用二甲基甲酰胺作为纺丝溶剂,其无组织挥发是废气的主要来源。先进的氨纶生产工艺中使用更为环保的二甲基乙酰胺作为纺丝溶剂,沸点比二甲基甲酰胺高,毒性更低,可提高生产效率和产品质量。环境效益主要表现为溶剂废气无组织排放的减少和产品中残留溶剂的减少。

(2)溶剂废气治理

对氨纶生产中的溶剂进行回收利用,不仅可以降低成本,还可以避免污染。氨纶行业的溶剂回收率约在 92%～98% 之间,有 2%～8% 的溶剂进入水或空气。喷淋后,仍有尾气排放,仍然会对环境造成污染。经对活性炭吸附、低温冷凝、焚烧工艺等治理方案进行比较,再结合企业实际情况,决定实施将尾气和车间的一些废气送到热煤炉中进行焚烧的经济可行方案。

(3)节电评估

氨纶企业的空压系统和冷冻空调系统耗电占企业总用电的 50% 左右。在清洁生产节电方面采取如下措施:①安装变频空调送风给回风机;②采用浪涌电流抑制器,控制电网谐波,降低电能损耗;③调整吸枪工艺,降低使用压力。

(4)热煤系统改造

采用水煤浆锅炉替代现在使用的燃油锅炉,可大大降低运行成本,并降低大气污染物的排放。而且水煤浆属于《产业结构调整指导目录(2005 本)》中规定的"鼓励类"中的"煤炭类"的"水煤浆技术开发及应用",符合产业政策。该方案实施后由于水煤浆的含硫率为 0.68%,低于重油的 1.98%,估计 SO_2 产生量可削减约 19%,具有较好的环境效益。

综上,氨纶企业清洁生产改造效果明显,效益显著,在企业竞争日益激烈的今天,应该得到全面推广。

14.2.5.12 橡胶制品业

橡胶助剂属于精细化工领域,主要原材料为苯、苯胺、二硫化碳、酚、醛及其衍生物等,橡胶助剂的清洁生产主要包括产品结构、工艺和"三废"治理等方面。在国家科技创新项目的引领和推动下,全行业以环保、安全、节能为中心发展绿色化工,突破了众多关键技术:

(1)2002年,子午线轮胎原材料国产化项目硅烷偶联剂(Si-69)全封闭清洁工艺获得"国家科技进步二等奖",促使我国成为橡胶偶联剂前3位的生产大国。

(2)2004年,对苯二胺类防老剂中间体清洁生产技术获得"国家科技进步二等奖",促使我国大品种防老剂生产处于国际领先地位。

(3)成功开发万吨级溶剂法精制促进剂的清洁生产工艺,基本实现了零排放,技术达到国际领先水平,获得中国石油和化学工业联合会科技进步一等奖。

(4)成功开发促进剂生产过程的氧气和过氧化氢变为氧化剂的氧化工艺,替代次氯酸钠为主的会导致大量含盐废水的氧化过程,建成了橡胶硫化促进剂等一系列促进剂的清洁生产工艺生产线。

(5)成功开发以固体酸替代液体盐酸为催化剂的防老剂生产技术,清洁工艺技术达国际领先水平,获省部级科技进步奖。

(6)成功开发万吨级预分散橡胶助剂产品生产技术,使得橡胶助剂的剂型由大部分为粉末状发展成以高聚物为载体的粒状剂型,具有重要的环保意义,已在全行业获得推广和应用。

(7)成功开发万吨级高热稳定性不溶性硫黄生产线,实现硫资源循环利用,项目获中国石油和化学工业联合会"科技进步一等奖",高效连续高热稳定性不溶性硫黄生产线已投产。

(8)成功开发以生化法与多效蒸发并用和可变慢化剂液面反应堆高盐有机废水的处理技术,实现水资源综合利用率达92%以上。

可以看出,清洁生产正引领着中国橡胶助剂不断走向世界。

14.2.5.13　塑料制品业

废旧塑料的主要成分是聚乙烯(PE)、聚丙烯(PP)、聚苯乙烯(PS)、泡沫聚苯乙烯(PSF)和聚氯乙烯(PVC)等,若随意丢弃、掩埋甚至焚烧来处理,而做不到环保化有效处理,将会对环境产生污染,也会对土壤、水源等造成严重的污染危害,同时也会给人们的身体健康带来威胁。

某项目组在衢州试验基地建成了废塑料裂解制油的示范装置。在装置中,废塑料被送入到密闭的生产线中,最终的产品是可直接销售的可燃气体和燃料油。该技术对原料要求比较低,甚至可处理含水率为60%的废纸和生活废塑料,日处理量可达100吨以上,出油率达65%~70%,废水实现达标排放。废气经过处理后,生成水蒸气和二氧化碳,实现废气零排放,彻底解决了困扰业界多年的废塑料处理所产生的二噁英问题。国家质检总局和环保部对其进行的二噁英测试结果表明,装置的废气排放完全符合欧盟标准。此外,该生产系统中建立了节能的恒压自动控制,各个工艺段均保持在常压范围内,没有泄漏和爆炸危险。整条生产线采用自动化控制、远程实时管理和安全监控。

14.2.5.14　非金属矿物制品业

近几年,我国玻璃行业发展迅速,产品产销量、企业数量都明显增长。目前,我国已经成为世界最大的玻璃原片和深加工生产国。"安全、健康、节能、智能、环保"成为 21 世纪玻璃业制品革命的发展主题,给玻璃制品行业的发展拓宽了新思路。

以某玻璃深加工生产企业为例,该企业主要生产钢化玻璃、夹胶玻璃和铝镜等玻璃深加工产品。该企业于 2019 年 3 月正式启动清洁生产审核工作,并通过预审核选择铝镜生产线为审核重点,企业排放的污染物主要包括玻璃生产过程中的废气、废水、废银泥和废靶材等固废和各类设备运转产生的噪声等。生产过程中用到的有毒有害原辅料为二甲苯和镜背漆。

企业开展清洁生产的目的是解决问题,基于"源头削减"思想,针对工艺技术、设备优化、过程控制、管理模式等提出高质量改进建议和方案,才是企业推行清洁生产的重心,也是企业解决现存污染问题的根本解决之道。

经清洁生产分析,玻璃深加工行业应从以下几个方面实施清洁生产:

(1)在产品设计和原料选择时,优先选择少污染、低毒、无毒的原材料替代原有毒性较大的原辅材料,以防止原料及产品对人类和环境造成危害,例如使用无铅油墨等。

(2)改进生产工艺,更新生产设备和工艺技术,如采用连续式钢化 399 炉、全自动切割机等。对项目从可研阶段严格把关,以提高资源利用效率、替代或减少有毒有害原辅材料、减少污染物排放为着眼点,优选先进的清洁生产工艺、设备和技术,从源头为装置建成后的清洁生产打好基础。

(3)节约能源和原材料,提高综合利用和循环利用水平,如使用水循环,玻璃下脚料再利用、废物回收等。

(4)改善管理,包括原料管理、设备管理、生产过程管理、产品质量管理、现场管理等,比如:加强生产计划管理,合理调整产品规格和品种,同一规格厚度的产品安排一起生产;加强节能管理,制定节水、节电措施;加强原片规格和切裁率控制,提高原片利用率;加强质量管理和质量体系建设,提高产品合格率等。

(5)对新入厂的员工进行安全教育和安全技术培训,加强从事有毒有害物料的人员的安全培训,做到持证上岗。

(6)完善有毒有害物料事故处理预案并加强演练。组织各单位完善事故处理预案,全厂各车间长期开展事故预案演练活动。

(7)认真落实工艺纪律、操作纪律、交接班及巡回检查制度,确保有毒有害原辅材料在使用过程中受到监控。

良性循环是企业开展清洁生产的保障,只有将清洁生产"整体预防"的创造性思想及其方法学手段持续应用于企业生产和管理过程,清洁生产的益处才能日益明显,企业借助清洁生产获得持续发展动力的目标才能得以实现。

14.2.5.15 专用设备制造业

某玻璃纤维生产企业采用铂金坩埚球法拉丝生产工艺生产玻璃纤维纱,年生产玻璃纤维纱 700 吨。对生产线输入输出物料进行物料衡算、分析,结合现场考察情况,针对生产环节中存在的主要问题,制定相应的清洁生产方案:①对废弃纸制品进行回收利用;②对设备进行改造,走廊灯安装声控装置,使用踏板式取水系统,加强对设备的维护保养及定期修理,合理安排设备启动,更换纺纱设备,购置数控玻纤纺纱机;③加强拉丝员工的技能培训;④加大清洁生产培训力度和降耗奖励机制;⑤厂区采用水源热泵采暖。

通过清洁生产审核,企业在降低能耗和物耗、减少固废产生等方面取得了显著环境效果,每年可节煤 110 吨,节电 9.73 万千瓦时,节水 600 立方米,减少 SO_2 排放 1.76 吨,减少废丝 6 吨,年总经济效益 33.99 万元。

14.2.5.16 汽车制造业

汽车是国民经济重要的支柱产业,产业链长、关联度高、消费拉动大,在国民经济和社会发展中发挥着重要作用。指导汽车行业落实全生命周期理念,开发绿色设计产品,对于促进汽车行业的绿色发展,引领绿色生产和绿色消费具有积极作用。示范企业充分挖掘全产业链各环节污染物减排潜力,在绿色设计方面,主要开展了以下工作:

(1)通过改进轻量化设计和动力系统,降低燃油消耗。2018 年,我国汽车燃油消耗达 1.1 亿吨,汽车用燃油消费占全国燃油消费的 55% 左右,碳排放占全国碳排放总量的 8% 左右。示范企业通过车身结构优化,新材料、新工艺集成应用等多项措施,有效降低燃油消耗,减少原材料获取、产品使用等阶段的碳排放。例如,通过提升高强钢、超高强钢等新材料应用比例,实现车身轻量化;通过研发应用高效超净燃烧系统、智能热管理系统、智能润滑系统等高效绿色节能技术,降低燃油消耗等。据估算,示范企业通过绿色设计,产品平均油耗降低约 10%。

(2)通过提升燃烧效率和应用高效治理技术,减少尾气排放。燃油汽车尾气排放是我国空气污染的重要来源,是造成雾霾、光化学烟雾污染的重要原因之一。示范企业大力研发尾气减排技术,不断提升产品绿色性能。通过建立完善的动力传动匹配系统的开发与验证体系,有效地应用和推广集成排气歧管、高滚流燃烧等绿色先进技术,持续优化整车电喷程序和催化剂配方,提升缸内燃油雾化效果和燃烧效率,有效降低尾气排放浓度。

(3)通过选用绿色原料和绿色技术,改善车内空气质量。汽车零部件和黏合剂易造成车内空气醛类或苯类含量超标问题,存在较大健康威胁。示范企业通过全生命周期评价与优化机制,建立了包括 5 个整车级、70 个零部件和材料级等一系列技术标准和管控流程;应用塑封备胎技术、新风换气系统和森林空气系统等绿色工艺技术,实现车内空气质量管控全覆盖,有效改善车内空气质量(见图 14-2)。

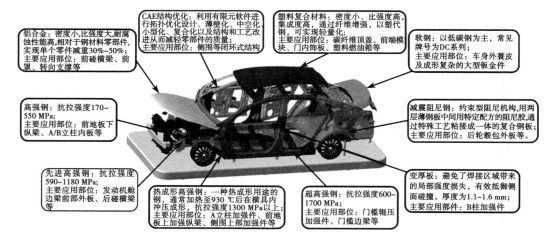

图 14-2 汽车行业绿色设计及清洁生产

以某汽车专业涂装公司为例,通过对涂装原辅材料、技术工艺、设备、过程控制、废弃物、管理、员工及产品等八个方面的审核,发现企业的节能降耗潜力以及存在问题如下:①生产工艺与设备。部分照明设备需要更换。②资源、能源消耗。设备空转和工件返工造成耗电量异常增大。③过程控制。部分员工不严格按规程操作,造成产品返工或延误工期。④废弃物处理和综合利用。现有的生产和生活用水产生的废水未经处理,直接排入到园区地表,该公司不具备相关危险废物回收资质。⑤管理。加强管理,杜绝生产过程中的跑、冒、滴、漏现象。

针对以上问题,提出、通过并实施以下清洁生产方案:

①原辅材料有序堆放;②停用现有的 3 台空气压缩机,统一由供气房供气;③引导员工严格按规程操作;④员工岗位培训;⑤建立和完善对员工的经济责任制考核;⑥建立清洁生产激励机制;⑦加强用电管理,减少浪费;⑧加强车间内通风,提高车间内环境质量;⑨将厂区现有废水接入工业园区的污水管网;⑩按规范建立危险废物贮存场地。方案实施后可节电 8800 千瓦时/年,直接经济效益为 2.32 万元/年。

14.2.5.17 计算机、通信和其他电子设备制造业

我国作为全球最大的电器电子产品生产国、消费国和出口国,2018 年生产的手机和计算机占全球总产量的 90% 以上;国内主要家电产品(电视机、电冰箱、洗衣机、空调)产量约 5.6 亿台,保有量约 17.5 亿台,报废量约 1.2 亿台,大量的电器电子产品废弃后面临较大处理处置压力。推动电器电子行业按照全生命周期理念,开展产品绿色设计,开发绿色产品,提升产品的绿色制造水平,对于从源头减少资源能源消耗,降低环境负荷,引导绿色生产和绿色消费,具有积极作用。

以某集团股份有限公司等 8 家企业为例,主要通过以下几个方面进行清洁生产:

(1)建立各自领域覆盖产品全生命周期的资源环境影响数据库。以限用物质数据

库、能效数据库、废旧产品回收利用数据库等为基础,在此基础上利用生命周期评价方法和工具,提出产品绿色设计与绿色制造的改进方案,设计开发更多的绿色产品。

(2)积极构建绿色供应链。按照电器电子产品中有害物质管理要求,定期评估供应商环境表现,对上游原材料进行严格管控,带动全产业链绿色低碳发展。部分示范企业在符合国内外有害物质管理法规要求的基础上,主动限制其他有害物质,如邻苯二甲酸酯、三氧化二锑等,同时不断提高可再生生物基塑料等绿色材料在产品中的应用比例。

(3)高度重视绿色技术创新,以提高绿色制造水平和产品可靠性为目标,推行产品绿色设计与绿色制造并行工程,持续提升产品绿色化水平。例如,联想(北京)有限公司在行业内首次突破低温锡膏绿色制造工艺,与原有工艺相比碳排放量减少35%;北京京东方显示技术有限公司完成空压机改造、热回收改造、阵列工艺节水改造、彩膜工艺节水改造等多项绿色制造技术改造,持续开展节能节水行动。

(4)积极落实生产者责任延伸制度要求,积极开展废旧产品回收利用、以旧换新等项目,降低产品废弃后的环境风险。例如,四川长虹电器股份有限公司在示范企业创建期间完成了355万台废弃电器产品的回收拆解,实现回收废旧塑料约1.9万吨、铜金属约0.35万吨、玻璃2.3万吨,实现经济效益4亿元。

14.2.5.18　现代物质代谢规律的工业污染源分类核算

清洁生产与循环经济中心建立支撑工业污染源产排污分类核算体系。污染物排放量核算方法是获取污染源污染物排放量、确定排污主体环境责任的重要依据,是以排污许可为核心的污染源环境管理制度为重要支撑的清洁生产技术。清洁生产与循环经济研究中心污染源管理研究室推出行业覆盖面最全的产排污分类核算方法体系,为第二次全国污染源普查工业污染源排放量核算提供了全面的技术支撑(见图14-3)。

(1)清洁生产与循环经济研究中心建立了符合现代物质代谢规律的工业污染源产排污分类核算方法。首先,清洁生产与循环经济研究中心针对工业污染源类型多样、工艺复杂、产排污环节多的特点,采取污染治理设施和运行管理水平双因素法计算污染物去除率的技术思路,将运行效率纳入污染物排放量核算方法,进而提升了产排污系数的准确性。此外,在系数核算研究中,针对当前我国工业生产活动中区域分工和专业化生产的现状与趋势,将工业行业划分为流程型行和离散型行业两大类,创建了产污工段划分原则与方法,增强了产排污系数的适用性。

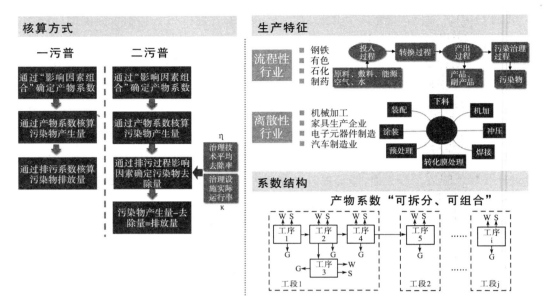

图 14-3　工业污染源产排污分类核算方法

（2）开发完成了工业污染源产排污核算系数动态管理平台。研究提出了工业污染源产污系数及污染治理设施信息编码方法，开发了具有查询、统计分析、更新以及溯源等多功能的工业污染源产排污核算系数的数据动态管理系统，用于应对工业污染源产污系数不断补充完善和调整更新的需求。

通过工业污染源产排污系数核算研究，建立了较为全面的产排污分类核算方法体系，攻关了在识别工业污染源产排污量核算中的技术难点和技术瓶颈，为深入分析和系统研究我国现阶段工业污染物达标排放情况和未来发展趋势、确定需要防控的重点污染源和污染物以及实现工业污染源的动态化管理提供了技术手段。

14.2.5.19　绿色化工及清洁生产

简单来说，绿色化学技术就是通过对在生产过程中可能造成污染和有毒物质的生产技术，经过化学原理的应用和应用技术的改善，使得其中的有害物质和排放的污染物等得到二次处理，总体上实现废物的零排放，并实现可持续发展。

①化工企业在传统的生产模式下，经常会出现能耗高、污染物排放不达标的情况，通过使用"资源—产品—再生资源"这种全新的循环物质流动过程替换掉过去的"资源—废物"方式排放的流动过程，完成绿色化工的转型。②优化化工生产用水的相关技术，实现化工用水利用率的提升。③通过先进技术的应用，使得环保型化工产品的生产技术得到优化，实现清洁生产以及废弃物排放量的有效降低。"化学的绿色化"已经被美国化学界评定为 21 世纪化学学科发展的重要研究方向，绿色化工在很多方面也依赖于绿色化学技术的发展。在此背景下，我国科技部组织应针对绿色化学开展更加详细和完整的调查研究。

根据相关部门统计,我国工业废盐的产生量每年达数十万。这些废盐大多被定义为危险废物,唯一去向是送往有资质的单位进行填埋或者综合利用,但是由于管理要求的严苛、管理部门和学界的认知差异、规划处置产能的不足,导致目前很多工业废盐得不到有效处置,造成了严重的环境影响。对于化工企业的废盐、残渣的清洁生产包含以下几个方面:

(1)改革工艺和设备,简化生产流程

找到易产生工业废盐的产品的替代品及进行技术革新的难度较大,可以更多地从改变原料使用、适当改变工艺条件、换用高效设备等角度来推进。譬如,工信部2010年发布的《关于印发聚氯乙烯等17个重点行业清洁生产技术推行方案的通知》对于染料行业的加氢还原、低浓酸含盐废水循环利用技术、膜过滤和原浆喷雾干燥等技术的推广,逐步取代了传统的铁粉还原、废酸中和间接成盐和传统的盐析工艺,成功实现数十万吨的废盐的减量。

(2)资源的综合利用

对于工业废盐来说,若能有效去除其中的有毒有害物质并实现无害化利用,将是工业废盐的最好归宿。工业废盐中残存的有害物质必须在高温下才能得到有效去除,烟气充分焚烧需要保证足够的温度、停留时间、扰动和过剩氧气,其中前三者可以通过在二燃室下部设置二次风和两个多燃料燃烧器实现。目前,具备此项条件的资源化利用的企业大多集中在水泥窑生产、泡花碱生产等少数企业。

(3)物料循环

废盐主要是在反应母液和清洗过程中产生,因此应尽量使厂内实现物料循环,如对反应母液的进一步精制和清洗的梯级利用,可以有效降低母液的排放频次和清洗废水的排放量,进而间接降低后续中和过程产生的废盐量。

(4)加强管理

原辅料的精准投加、梯级清洗水的综合利用、废品率的降低等都需要精细化的管理模式,是降低废盐等污染物的重要举措。因此,对相关企业进行针对性的强制性清洁生产、自愿性清洁生产培训是从管理上降低污染物产生的一个重要因素。

(5)末端处理技术的强化

废盐的末端处理方法主要有高盐废水的高级氧化、再浓缩、分盐、资源化工艺。该类工艺主要是通过对高盐废水进行高级催化氧化,并采用纳滤、均相电驱动膜技术等分手段对废水进行深度浓缩,强化结晶过程,最终获取纯度较高的氯化钠和硫酸钠盐。该类技术对于盐组分单一、有机污染物较少的高盐废水具有较强的针对性,可以获得满足工业盐标准的产品。为了降低废盐的产生量,对企业实施针对性的"分质收集、分类处理",既可以从源头上降低高盐废水的产生量、减少后续中和调节过程产生的废盐量,又可以得到盐组分相对单一的废水,进而实现废盐的资源化,降低废盐量。

（6）规范废盐管理政策

①简政放权，减轻企业负担，取消危险废物生态环境部门转移计划审批。②完善标准规范、技术政策，给企业提供可行的技术路径。③摸清底数，引导企业规模化经营，推动处置能力不足的地区的焚烧和填埋设施建设。④动态更新危险废物名录，完善鉴别程序和办法，强化可操作性，不断提出筛选和豁免名单，防止不必要的危险废物处置财力、能力的浪费。⑤探索排污许可的"一证式"管理，形成系统完整、权责清晰、监管有效的污染源管理新模式，让废盐的管理规范而有序，强化企业的环境管理意识。

对于氯碱生产行业，目前我国大多数工业企业仍旧采用隔膜法和离子膜交换法等传统的氯碱化工生产工艺，对离子膜交换法开展氯碱化工清洁生产工作，需要在电解槽的阴阳两极安装离子交换膜，限制性较强。

以聚氯乙烯清洁生产为例，对氯碱废水进行治理以提升清洁生产潜力，主要措施包括：

（1）优化废水处理系统

生产聚氯乙烯时，需要加入乙炔、石渣清液，为了降低生产聚氯乙烯所产生的污染物，除了在生产系统中设置多个子处理系统，还需要对废水处理系统进行优化和改进。在碱性废水排出之前，先后经过除尘水、三氯氧硅、中和池、沉降池进行三次杂质去除，最后对废水进行过滤。改进后的废水处理系统可去除废水中的大部分杂质，随后废水经过过滤、清洁、净化等程序可以实现废水的回收再利用，有利于节约资源，降低污染物排放。

（2）加强生产废水清洁

聚氯乙烯经过氯碱化工分解后产生的废水成分中含有较多烟尘，在处理这一类废水时，理论上需要利用锅炉先对其进行脱硫除尘，然后利用三氯氧硅对废水进行处理。但在实际工作中，这两个步骤相互独立，废水处理效率相对较低。因此，通过将三处装置连接起来，保证聚氯乙烯生产线上的废水可以依次进入锅炉脱硫除尘装置、三氯氧硅合成炉中，对废水进行深度清洁，尽量将排出废水中的污染含量降至最低。

（3）废水的循环利用

聚氯乙烯生产过程中，乙炔加工环节用水量最大，且出水中含有大量有害物质。为了实现废水的循环利用、降低生产成本，技术人员先将废水中的盐分分解，然后将废水输送至浓水站，经过多道工序将废水中的污染杂质降至合理范围，利用浓水站中的浓水代替三氯氧硅合成炉中的新鲜水，有效实现废水循环利用，减少水资源浪费。

对于氯碱废气的治理，传统的工业企业利用碱液吸收塔吸收清洁氯气废气，但这种方法存在循环板式冷却器堵塞、废气清洁不彻底等问题。对处理系统进行改进优化，在碱液吸收塔中添加废气次氯酸钠高位槽，将未能及时处理的氯气转化成次氯酸钠产品，实现废气的循环利用。此外，调整碱液吸收工作参数，改造碱液吸收塔部分管道，将生产装置与除害塔连接，使废气直接进入除害塔，利用烧碱溶液吸收废气，利用引风机将处理后的废气输送至尾气塔。

简化工艺流程一方面能够提高废气处理系统的清洁能力,大幅度降低清洁成本,避免废气泄漏等现象出现;另一方面可以生成具有经济价值的相关产品,有利于实现废气经济效益、社会效益与环保效益的有机统一。

对于氯碱废渣(盐泥和电石渣)的治理,可将废渣卖给水泥厂、砖厂等建筑企业,将其加工成水泥、石砖等建筑材料,这种废渣处理方法既可以避免自然环境受到破坏,又能够提高废渣的经济效益,促进氯碱化工行业与建筑施工行业共同发展进步。

在人、自然资源和科技这个大系统内,在资源投入、企业生产、产品消费及其回收再利用这个过程中,要尽可能地综合利用资源能源,发展废弃资源综合利用产业,从而提高资源利用率,最终实现资源、环境与经济社会可持续发展。

14.2.5.20　废弃资源综合利用业

资源环境是人类社会生存和发展的根本性物质基础。随着清洁生产、循环经济等观念的提出,人类对资源环境的认识也在逐步深化。对中国这样的人口大国和发展中大国而言,深入探讨废弃资源综合利用产业的发展问题具有重大意义。

以山东省"城市矿产"示范园区建设工作为例,"城市矿产"是对废弃资源再生利用规模化发展的形象比喻,是指工业化和城镇化过程中产生和蕴藏在废旧机电设备、电线电缆、通信工具、汽车、家电、电子产品、金属和塑料包装物以及废料中,可循环利用的钢铁、有色金属、稀贵金属、塑料、橡胶等资源,其利用量相当于原生矿产资源。为落实《山东省循环经济发展"十二五"规划》,推动循环利用产业发展,提高资源利用率,促进区域生态文明建设,山东省组织开展"城市矿产"示范园区建设工作。到2015年,在全省建成多家技术先进、管理规范、利用规模化、辐射带动强的示范园区。按照可复制、可推广、可借鉴的要求,示范园区建设要坚持多元化回收、集中化处理、规模化利用。形成了分拣、拆解、加工、资源化利用和无害化处理等完整的合理化产业链条,着力资源化深度加工。提高产业集中度,实现企业集群、产业集聚,结合当地实际,开展多种"城市矿产"资源的循环利用,实现资源利用规模化。加快建设完善的基础设施,组织搭建促进资源循环利用的公共服务、信息服务、技术服务平台,实现基础设施的共享。"城市矿产"通过合理配置产业链,采用国内领先技术使得年可利用的资源量不低于30万吨,加工利用量占"城市矿产"资源量的30%以上,真正实现了资源利用最大化。

以常州市某污水处理厂为例,该污水厂服务区域总面积16平方千米,污水管网长度83.57千米。设计污水处理规模3万吨/天,通过"厌氧水解+生化+物化"相结合的深度处理工艺,对各化工企业生产废水和集镇区生活污水进行集中处理。从生产工艺与装备要求、物耗与能耗指标、环境管理、产品的再使用、废物的再循环利用要求方面进行清洁生产分析,汇总方案如表14-6所示。

该厂共实施6个无/低费和2个中/高费清洁生产方案,取得了显著的经济和环境效益。在电能方面,根据 2017 年 11—12 月的污水处理量和用电量,处理每吨污水用电量为 0.78 千瓦时,比较审核前吨污水耗电 0.88 千瓦时,吨污水电量削减 0.1 千瓦时,审核后较审核前可节电 31.1 万千瓦时,审核实施后每年节约电费 25.5 万元;在总氮去除率方面,根据水质监测数据,改造后出水稳定达标,出水总氮为 5.88 毫克/升,进水总氮为 20.8 毫克/升,去除率为 71.7%。审核后,根据企业实际情况,对照其清洁生产评价体系,该企业的清洁生产总体评价处于国内先进水平。

表 14-6　清洁生产方案汇总表

方案名称	投资/万元	效果	
		环境效果	经济效果
葡萄糖投加方式优化	2	确保出水水质稳定达标	节约葡萄糖成本 2 万元
科学合理的控制技改提升泵的运行时间			节约电费 4.5 万元
合理控制生产照明用电	0.5		节约电费 0.5 万元
更换二期提升泵	5	确保出水水质稳定达标	
调整污泥浓缩池的污泥停留时间		确保出水水质稳定达标	节约电费 4.2 万元
回用冲洗水	1	年降低自来水消耗 1 万吨	节省自来水费用 4.5 万元
曝气池曝气器改造	35		节约电费 33 万
二期系统脱氮改造	5	提高脱氮效率,由 30% 提高到 70%	

以某危险废物经营企业为例,该企业于 2007 年 2 月首次领取了危险废物经营许可证,2010 年 5 月根据相关规定要求再次进行了危险废物经营许可证的换领,核准经营:处置、利用废油漆稀释剂(主要成分二甲苯、醋酸丁酯)1200 吨/年、废油漆(含二甲苯、醋酸丁酯)800 吨/年。该企业的主要产品有二甲苯、醋酸丁酯、醋酸乙酯、丙酮、环己酮、混合酯等。从生产工艺、设备、能源资源、过程控制、废物利用和管理、员工及产品等全方位入手,查找原辅材料、能源消耗量大、浪费严重的环节,确定污染物产生和排放量大的瓶颈部位,有针对性地制定并实施清洁生产方案。

从影响生产过程的八个方面分析污染物产生原因,找出问题,并初步拟定解决方案,产生的无/低费方案有 15 个,中/高费方案有 2 个(分别见表 14-7 和表 14-8)。

表 14-7　无/低费备选方案汇总表

项目	方案名称	方案简介	预计效果		预计投资/万元
			环境效果	经济效果	
原辅材料和能源	严格执行各原材料采购登记制度	登记内容包括采购日期、负责人、每次购料数量、相关品质参数等	减少固废产生量约 4.5 吨/年	减少由于原料过期造成的浪费,每年可减少成本约 1 万元	0.1

续表

项目	方案名称	方案简介	预计效果		预计投资/万元
			环境效果	经济效果	
设备	更换走廊灯开关	将走廊灯开关改为声控,杜绝走廊灯长亮现象	每年可节约用电2万千瓦时	每年可节约电费约1.5万元	0.8
	使用密封性好的阀、泵和密封件	水管、排水管、蒸汽管连接处,更换密封性能好的阀、泵和密封件	防止跑、冒、滴、漏现象的发生,减少废水产生2吨/年	节约水,节支效益为 0.2 万元/年	2
过程控制	原辅材料利用率考核	对各批次原辅材料进入产品的利用率进行考核,减少生产过程中的浪费	降低生产过程中的废弃物产生量	增加原材料的利用率	无费
	合格率考核	对产品的合格率进行考核,减少产品的不合格率	减少不合格品产生量	提高产品品质	无费
	规范化煤堆场	对现有的围堰和顶棚进行修补,四周设置明沟,收集含煤粉的雨水,并对其进行综合利用,加强煤场管理,防止燃料煤因自燃而造成资源的浪费	减少扬灰,避免刮风、下雨造成的污染,减少煤损耗5吨/年	节约能源,节约成本0.6万元/年	1
管理	加强原料领用管理制度	对工人原料领用进行绩效考核,引进奖励机制,减少浪费	减少污染物排放	提高原料利用率	无费
	数据表的归档	生产报表每月末由生产部将当月生产报表数据归档并记录,及时有效地进行各项工艺参数的统计、分析、形成相应制度并执行		提高生产效率	无费
	合理安排生产计划	车间目前产能不足,采用阶段性生产方式,合理安排生产计划,将生产时间尽量安排在春秋季节,此时间短,空调负荷较小,能耗较少		减少能耗	无费

续表

项目	方案名称	方案简介	预计效果		预计投资/万元
			环境效果	经济效果	
管理	建立拉动式生产模式	根据市场需求进行排产与物料的采购。细分各工序流程,通过信息化手段达到信息及时反馈,减少当前生产无序,产品断货等现象		降低生产成本	无费
	完善厂区标牌标识	根据环保安全、工艺要求,完善厂区标牌标识	规范厂区管理,提示或警告作用	规范员工操作,提高工作效率	0.5
	开展安全知识教育	开展安全知识教育,增强员工的安全意识,使员工积极穿戴企业配备的安全防护装备	减少对员工健康的损害		0.5
	提高问题整改效率	通过日常检查,发现问题后及时落实责任部门、责任人,落实整改需完成的期限,并进行跟踪,保证整改效率		降低生产成本	无费
废弃物	强化废弃物分类回收和处理制度	保洁人员将垃圾进行分类收集,纸桶类和塑料瓶、桶进行收集,尽可能地回收利用废弃物;场内危险废弃物处理严格按照规范要求分类,委托相应资质单位处理	减少废弃物的产生量,避免产生二次污染	降低生产成本	无费
员工	对员工进行培训	通过有效的激励手段,如培训、合理化建议奖励、特长员工风采展示等多种奖励、激励措施培养员工归属与责任感	提高生产效率,减少污染排放	降低原辅材料的消耗,提高生产效率	2

表 14-8　中/高费备选方案汇总表

项目	方案名称	方案简介	预计效果		预计投资费用
			环境效果	经济效果	
设备	更换冷却循环设备	使用与生产匹配的冷却循环设备,保证生产稳定,减少不凝性气体产生量	减少有机废气的产生		高费
废弃物	成品储罐区无组织废气集中收集处理	对储罐区的罐顶、分装口和泵区进行密闭处理,将废气用泵引入活性炭吸附设备处理达标后,通过15米排气筒有组织地排放,降低对周围大气环境的影响	减少废气排放		高费

确认并实施的清洁生产方案 17 个,其中无/低费方案 15 个,中/高费方案 2 个,共计投入资金约 20.729 万元,产生经济效益共计 3.3 万元/年。减少能源使用量,节约新鲜水 2 吨/年,节电 2 万千瓦时/年,节煤 5 吨/年;减少有机废气排放量(含丙酮、乙酸乙酯、环己酮、二甲苯),减少排放二甲苯 0.14 吨/年;减少固废产生量约 4.5 吨/年。取得了明显的经济效益和环境效益,实现了"节能、降耗、减污、增效",圆满完成了清洁生产审核的目标。

14.2.5.21　机械制造业

《国家中长期科学和技术发展规划纲要(2006—2020 年)》关于制造业领域的发展思路中明确:"积极发展绿色制造,加快相关技术在材料与产品开发设计、加工制造、销售服务及回收利用等产品全生命周期中的应用,形成高效、节能、环保和可循环的新型制造工艺。制造业资源消耗、环境负荷水平进入国际先进行列。"经过多年的努力与实践,形成了官、产、学、研、用相结合的绿色制造技术与绿色生产模式推广应用网络。

(1)绿色理念的机械设计应用

为了更好地达到绿色设计理念的要求,机械制造工业要从多方面、多角度出发,全面考虑产品的实用性、环境性和经济性等属性。

首先,在绿色机械产品设计前期,对机械产品进行成本需求的调研分析,然后根据结果考虑机械产品的污染物处理和再回收利用等问题,对机械设计进行合理的调整。随后,对机械产品的拆装设计和循环利用进行全面分析,并从改善机械产品性能出发,从根本上解决材料和资源浪费的问题。在机械生产过程中,利用数据库来精准地掌控生产费用和资源的损耗数据,通过分析这些数据进一步对机械产品进行绿色设计制造。

（2）绿色切削加工技术的应用

在进行机械产品加工过程中需要切削液，其成分带有一定的污染性。绿色切削加工技术是当代最符合绿色制造技术要求的一项机械生产技术，因为该项技术对环境没有任何危害，同时还能够达到节能减排的效果。

（3）振动消除应力法的应用

在对机械产品进行制造加工过程中，一般会对原材料进行预处理，这可以有效地减少原材料自身的应力，提高机械产品的性能。而常规的预处理方法主要是热时效法，这种方法会对原材料的性能产生破坏，同时成本较高。在绿色制造技术中，振动消除应力法可以使金属材料构件进行正常滑落，有效塑形，降低材料本身应力，实现高效节约的目的。

14.2.6 电力、热力、燃气及水生产和供应业

14.2.6.1 电力、热力生产和供应业

"十三五"期间，我国经济社会快速发展，电力行业需求量持续增长。但是，我国电力工业的能源利用效率同世界先进水平还有较大的差距。国家环保部门提出了火电厂的污染物排放要做到浓度达标、总量控制的双重管理要求，这使得火电厂必须制定出切实可行的节能减排计划，使节能减排有组织、有计划地在燃煤电厂中开展。

（1）制定并组织实施清洁生产计划。电力企业应当按照国家颁布的法律法规，开展清洁生产，制定并组织实施清洁生产计划，做到生产前使用清洁生产原料和能源，生产中采用清洁生产工艺和设备，生产后实行产品回收利用或无害化处理。电力企业应当采用科学的方法，制定并实施减少能源、水和原材料的消耗，消除或减少生产过程中的有毒物质的使用，减少各种废弃物排放及其毒性的方案，实现消除或削减污染。

（2）改造落后的技术、工艺和设备。电力企业新建、改建、扩建项目，应当采用能源和资源利用率高、污染物产生量少的技术、工艺和设备，替代能源和资源消耗高、污染物产生量多的技术、工艺和设备；对生产过程中产生的废料、废气、废液、热能等进行综合利用或循环使用。

（3）制造、使用符合清洁生产要求的电力附产品及包装材料。电力企业应当充分考虑其对人类和自然环境的影响，做到资源循环利用和综合利用。

14.2.6.2 水的生产和供应业

目前，北京市自来水集团各水厂加药系统已全部实现自动化控制，根据自来水水质变化情况及水量大小，自动调整药剂投加量，既保证了出厂水质全部达标，又实现了最为经济合理的药剂投加方式。此外，地表水厂排放的工艺废水中由于含有水处理过程中加入的混凝剂，导致其工艺废水中的色度、浊度偏高，虽然其满足市政污水管网的直接排放标准，但是自来水厂目前采用工艺废水回流净化处理的处置方式，尽最大可能降低污水对环境造成的可能影响。

自来水厂清洁生产审核的关键是废水、废气的处理处置,自来水厂产生的废气主要来自企业食堂的餐饮油烟,食堂烟筒加装油烟净化装置后,污染物产生及排放明显减少,可满足排放标准。自来水厂的生产特点是日间供水量大,夜间供水量小,与居民的用水需求保持一致,日间供水设备生产运行产生的噪声相对较大,夜间生产噪声减小。水厂在产生噪音较大的泵房、车间均配备了隔音门,水厂建设时也会考虑与居民住宅保持一定的距离,一般可满足《工业企业厂界环境噪声排放标准》(GB 12348—2008)中的排放限值。

14.2.7 建筑业

随着我国城市化进程的日益加快,城市建筑垃圾的产量急剧上升,其年产量已超过一亿吨,占城市垃圾总量的30%～40%,严重阻碍了城市发展。减少建筑垃圾的产生并使其再生利用,不仅是城市环境卫生工作的需要,也是今后可持续发展的必然要求。

以某环保科技有限公司为例,该公司借助先进的破碎、分离设备,将固废建筑垃圾经过分拣、除土、除铁、脱水、破碎等多级工序,加工成不同规格的再生骨料,再通过制砖等再加工,生成混凝土、3D打印材料、再生砖、砂浆、稳定土材料、回填土等产品,用于铺路垫层、建筑施工,直接实现了建筑垃圾的"涅槃重生"。年处理废弃混凝土、金属、塑料及木材等建筑垃圾达300万吨,回收效率90%以上。这种资源化处理方式节约了材料,实现了多种材料再生利用,防止建筑垃圾扬尘,减少垃圾的产生,既经济又环保,对于改善生态环境、提升居民生活质量具有十分重要的现实意义。

以广西某水泥有限公司为例,该公司有$\varnothing$3.8 mm×7.5 mm磨机配合辊压机系统一套,产品为32.5级复合硅酸盐水泥和42.5级普通硅酸盐水泥。产品广泛用于高速公路、桥梁、高层建筑等项目。通过分析企业能源、物料利用现状,针对性地提出清洁生产方案(见表14-9)。

具体效益体现在:电能方面,清洁生产方案实施后,节约电量6.5万千瓦时/年,年产70万吨旋窑水泥粉磨技改项目可节省电量240万千瓦时/年,节约电费为147.9万元/年;原煤方面,经节煤方案——"窑尾电收尘—电场改造""熟料生产中增加使用催化剂"改造后,每吨熟料综合煤耗降低4.2%,年耗煤量约4.1万吨,节约煤量1722吨,节约费用137.76万元/年;原水方面,通过"循环水系统改造""高温风机散热器改造""跑冒滴漏管理"等无/低费方案可以减少3.5%的水耗,节约地下水约0.1万吨/年,节约水费2500元;原材料方面,该费用节省约10.64万元/年。

表14-9 清洁生产方案汇总表

方案	实施情况
粉煤灰利用技改项目	新增螺旋输送机、圆筒式仓顶收尘器等设备。以粉煤灰为原料,提高水泥产品质量,产生粉尘量小,对周围环境无影响

续表

方案	实施情况
水泥粉磨系统增加配置磨内雾化机	新增磨内雾化机,避免出磨水泥温度过高,且无废水、废渣外排,对周围环境非常有利
年产 70 万吨旋窑水泥粉墨技改	新增水泥磨配套棍压机系统,以 2013 年全年水泥产量为标准,每年可节电 240 万千瓦时

14.2.8 餐饮业

随着教育改革的进行,高校人数还会在一定程度上增加,随着高校数量和规模进一步扩大,餐厅产生的"三废"对环境的影响也进一步加重。实施高校清洁生产,能够降低餐厅"三废"的产生,改善就餐环境,减少餐厅的能耗和废弃物末端处理成本等隐性的费用支出。研究高等院校餐厅清洁生产时,主要关注饭菜的卫生状况、污水处理、餐饮行业的低碳经济、循环经济、绿色餐饮、餐厅能耗,并提出指导高校餐厅清洁生产实践的可行性方案。

以西安市某高校餐厅为例,该餐厅整体有三层,服务人数大约为 12 000 人。主要从餐厅消耗品、餐厅剩菜、餐厅员工以及餐厅厨余四个方面对该餐厅的清洁生产方案进行分析。

(1)餐厅消耗品的清洁生产

1)餐厅用电的清洁生产

根据实地调查,该餐厅吃饭时间所有电灯打开,电梯启动,存在电量浪费现象。该餐厅共有各类电灯约 1000 盏,餐厅每日就餐时间为 7.5 小时,每日耗电量至少 195 千瓦时。根据对餐厅用餐时的亮度调查,开启 50% 的灯就能完全满足就餐需要,因此,关闭 50% 的照明灯以节约电能,并且还增加了电灯的使用寿命,从而减少了更换电灯产生的费用。此外,针对餐厅内两部电梯实行高峰运行,低峰停运的措施,每天减少电梯运行时间 3 小时。

2)一次性用品的清洁生产

据统计,该校每天消耗一次性塑料袋约 3800 个、一次性豆浆袋和豆浆杯约 200 个、一次性吸管约 400 根,其中不包括一次性碳酸饮料杯及相关吸管。一次性塑料袋为典型的白色污染,2008 年 6 月 1 日,在全国范围内禁止生产、销售、使用厚度小于 0.025 毫米的塑料购物袋。为降低成本,提高学生环保意识,在学生的承受范围之内分别对一次性塑料袋、一次性豆浆袋、一次性豆浆杯和一次性可乐杯收费 0.1 元,对一次性吸管收 0.05 元。

3)食用产品的清洁生产

食用产品的清洁生产主要针对食用油和辣椒。首先,利用油炸剩油炒菜(不能连续油炸超过 3 次),减少调和油用量,避免炒菜过于油腻。此外,部分辣椒在菜品中只是起到美观的效果,不能食用,作为物价上升较快的食用消耗品,减少此用途的辣椒的使用量。

(2)餐厅饭菜的清洁生产

建议餐厅推出的饭菜主食有大小份区别,大小份的量可以相差 20% 左右,价钱相差 10% 左右。相同价位的菜容许半份菜的买卖,通过这种方法不仅能够保证学生的营养,而且增加了学生选择的自由度。

(3)餐厅员工的清洁生产

对部分工作态度较差,不能灵活开展服务和工作,工作效率较低的员工进行适当培训,然后竞争上岗,并削减 10% 的员工、增加 10% 的工资。另一个措施是提供一些勤工助学的岗位,让学生参与到餐厅建设中。

(4)餐厅厨余的清洁生产

据调查,该校餐厅"三废"处理不彻底,每天产生数百千克的厨余,大多数厨余没有经过垃圾分类就全部混合运至养殖场。首先,应对厨余垃圾进行分类。厨余垃圾可分为:废纸(餐巾纸、纸杯)、塑料制品(调料袋、食品袋、一次性塑料袋和一次性吸管等)、剩菜剩饭三类。废纸可以作为堆肥和能源使用;塑料制品运至垃圾焚烧场进行处理;剩余饭菜经过简单处理后由养殖场运走。用洗菜水、淘米水对碗筷进行第一遍清洗,可有效节约水资源。

综上,根据该高校餐厅几种清洁生产措施可以得到以下结果:①该餐厅平均每年节约用电 3.08 万千瓦时,节约电费 1.67 万元;减少劳务成本约 5.22 万元;一次性消耗品增收约 6.75 万元。②能够减少 10% 以上的剩菜剩饭,减少对环境的影响,减少粮食浪费。③增加了餐厅饭菜种类、提高了服务质量,吸引更多的学生到餐厅就餐,在降低学生就餐成本的同时增加餐厅收入。由此可以看出,该高校餐厅清洁生产效果是明显的,措施是可行的,并为其他高校餐厅的清洁生产起到了指导示范作用,具有很强的现实意义。

14.2.9　无废城市及垃圾分类

《乡村振兴战略规划(2018—2022 年)》明确提出:"推进农村生活垃圾治理,建立健全符合农村实际、方式多样的生活垃圾收运处置体系,有条件的地区推行垃圾就地分类和资源化利用。"

2020 年是垃圾分类的实施大年。按照计划,今年先行先试的 46 个重点城市要基本建成垃圾分类处理系统。数据显示,截至 2020 年上半年,337 座地级及以上城市中已有 30 座发布垃圾分类管理条例、37 座发布了垃圾分类管理办法、163 座发布了垃圾分类实施方案并有 71 座发布了与垃圾分类相关的其他政策及规划。现以以下几个地区为例,进行分析:

(1)各省市县区积极完善垃圾分类机制

北京大兴区为每户居民配备分类组桶,收集后送到村级垃圾站进行二次分拣,最后由镇级垃圾处理中心进行统一分类运输,实现了对垃圾分类工作的分层分级立体化履职推动。同时利用智能设备对投放的垃圾即时称重、分类、纠错,并引入垃圾分类数据平台,实时动态监测各户垃圾投放情况。江苏南京市溧水区推行"门前三包"责任制。"门前三包"即包卫生、包秩序、包设施,垃圾分类就是其中的一项考核标准,村委会与农户签订责任书,每月进行考核,充分发动广大村民对居住环境进行自治。广州市花都区根据"三化四分类"要求,按照"户投、村收、镇运、区处理"的模式,在各地建立了一体化垃圾分类体系,对各类垃圾加强源头分流减量。另外,实行区领导挂点巡查督导制度。安徽长丰县自2017年起推进全县城乡环卫一体化工程,构建县、乡镇(区)、村三级联动的城乡环卫一体化工作机制,并创新了垃圾兑换激励机制,按照"户保洁、村收集、乡镇(区)转运、县处理"的垃圾收运处置体系开展。广西富川瑶族自治县推进"两站"、"两员"建设。设立了58个试点村,开展装配式阳光垃圾堆肥房建设,真正做到生活垃圾减量化、资源化和无害化处理。自治县各乡镇积极推进第三方治理模式,通过市场化运作,推进清扫保洁、垃圾收集、分类、转运和处理全过程市场化服务。

农村生活垃圾分类和资源化利用示范县的出现,为我国农村生活垃圾分类和资源化利用等提供了参考,加快了我国农村生活垃圾分类的建设、推进和监管等进程。

(2)威海南海新区为全力开展"无废城市"建设试点工作,实施生活垃圾减量化

党的十九大首次提出,建设生态文明是中华民族永续发展的千年大计。而垃圾分类则是生态文明建设和循环经济发展的重要环节和关键领域。针对我国垃圾分类起步晚、总体发展较慢、公民意识不强等现状,政府出台政策,印发实施了《威海南海新区生活垃圾分类实施方案》,从制度上明确了生活垃圾强制分类要求,将垃圾分类的投放、收集、运输、资源化利用、无害化处置等各个环节纳入依法管理的轨道。该方案坚持政府主导、市场化运作、全民动员、人人参与、源头分类、资源化利用原则,加大资金投入,完善垃圾分类处理设施体系,明确生活垃圾分类标准、生活垃圾分类责任主体、建立数据统计和考核机制、扎实开展宣传教育等任务,力争在2020年,南海新区内公共机构(包括党政机关、事业单位、学校、医院等)全面推行生活垃圾分类。同时,加强垃圾分类宣传,为公民发送垃圾分类知识手册、讲解垃圾分类知识,倡导居民争做"环保先锋",垃圾分类从小家做起,树立垃圾分类责任意识。

(3)上海垃圾回收"两网融合"模式

2019年1月31日,上海市十五届人大二次会议表决通过《上海市生活垃圾管理条例》,并于7月1日正式开始实施,上海成为全国首个全面开展垃圾分类的试点城市。该条例规定,产生生活垃圾的单位和个人应当将生活垃圾分别投放至相应的收集容器,不得随意丢弃垃圾。单位、个人将有害垃圾与可回收物、湿垃圾、干垃圾混合投放,或者将湿垃圾与可回收物、干垃圾混合投放的,由城管执法部门责令立即改正;拒不改正的,对个人处二百元以下罚款,对单位处五千元以上五万元以下罚款。

按照"一个区域只有一个责任主体"的原则,构建全品类回收、精细化分拣、市场化处

置、全过程监管的"两网融合"上海模式,切实推动将"两网"融合成"一网",打造生活垃圾从"源头分类"到"末端资源化利用"的循环经济体系。

实现生活垃圾全程分类和处置是上海城市精细化管理面临的重要挑战。2019年,上海基本实现了生活垃圾的分类投放和干湿垃圾的分类清运、处置,完善"生活垃圾可回收物回收体系"就成为下一步的重要任务,这也是巩固垃圾分类成效的重要举措。建立完善的回收体系,关键在于实现"两网融合",即通过"生活垃圾清运网"和"再生资源回收网"这两张网的深度融合,尽最大可能将各类生活垃圾从"生活垃圾清运系统"向"再生资源回收系统"分流,以提高生活垃圾的资源化利用率来减少末端垃圾焚烧和填埋总量。从生活垃圾全程分类和处置的视角看,上海必须打通"生活垃圾处置全链条",形成"政府统筹、社会协同、市场运营、企业落地"的超大型城市垃圾综合治理大格局,有效实施垃圾分类,显著提高垃圾低位热值。湿垃圾在城市生活垃圾中占比超50%,而干垃圾中的水分含量相对较少。因此,垃圾中的含水率通过垃圾分类得到显著减低,低位热值升高。而垃圾热值对于焚烧这一工艺是至关重要的,决定了焚烧炉设计机械负荷和热负荷,从而影响着后续锅炉、汽机、电机和烟气处理设备等。热值的提升提高了垃圾吨发电量,使垃圾发电厂的盈利能力得到提高。高热值垃圾的充分燃烧使烟温更高,更容易实现850 ℃和2 s的条件,以减少二噁英的生成。

(4)北京经济技术开发区建设试点"四大体系"初步完成

截至2020年6月,北京经济技术开发区建设试点"四大体系"初步完成,具体完成情况见表14-10。

表14-10　北京经济技术开发区"无废城市"建设执行情况简介(截至2020年6月)

制度体系	已近完成4项:
	1.建立"无废城市"工作机制:已经成立经开区工委生态文明委"无废城市"建设工作领导小组以及经开区"无废城市"建设工作专班;
	2.建立"无废城市"建设项目奖励机制:已经设立经开区绿色发展资金,安排专项资金引导、扶持固体废物减量项目;
	3.制定危险废物经营单位贮存管理办法:已经完成编制并开展试运行;
	4.制定生活垃圾强制分类管理办法:制定并发布《北京经济技术开发区生活垃圾分类工作行动方案》。
	持续推进5项,包括:
	1.加强宣传与舆论监督:制定完成"无废城市"建设试点宣传方案,已经开展线上线下活动4次,并将持续开展活动;
	2.宣传引导绿色生活:通过形式多样的宣传教育,开展绿色生活的宣传引导,分别在央视、北京电视台、中央及市属媒体开展重点宣传报道3次。在各类媒体刊登新闻报道40余条,将持续开展宣传引导活动;
	3.实施经营性产业园区固体废物统一管理试点:区内经营性园区试点"亦城财富中心"建立了"1+4"固体废物统一处理试点标准和管理手段,试点实施以来园区固体废物减

续表

制度体系	量达50%,且可回收的经济效益凸显;"数字工场"产业园制定了园区推动"无废城市"建设试点的相关方案,购置了一批智能回收设施,建设了固废分拣点,减量成果显著; 4.加强工业固体废物领域执法监管:持续开展固体废物领域的执法检查,目前区域内无相关处罚案件; 5.实施生活垃圾强制分类:已经完成区内社区的生活垃圾强制分类工作,持续开展工业企业、工业园区、商业楼宇进一步实施生活垃圾强制分类。 正在开展5项,包括: 1.开展"一带一路"沿线国家"无废城市"建设试点培训:已经在线上召开第十五届固体废物管理与技术国际会,保持与相关机构的沟通和联系,利用新媒体手段开展宣传教育; 2.制定一般工业固体废物分类名录:完成了区内500家重点企业的调研,形成了一般工业固废名录的初稿,召开线上专家研讨会,正在结合专家意见和企业的平台试填报工作进一步验证其合理性和可行性; 3.制定强化清洁生产的管理办法:完成了管理办法的制定,正在办理办法发布的审核程序; 4.制定危险废物分级豁免管理办法:完成了分级豁免实施方案编制,正在办理发布的审核程序; 5.制定建筑垃圾管理办法:已经完成建筑垃圾产生情况的基础调研工作,着手制定办法。
技术体系	已经完成2项,包括: 1.开展一次性消费品减量化试点:区内7FRESH、盒马、山姆超市等大型超市已经全面禁用一次性塑料袋,全区45家酒店均取消一次性消费品的主动提供; 2.实施特色产业园区实验室危险废物收运体系试点:确定以生物医药园为试点,已经完成了危废收运管理体系的方案制定,正在开展集中收运、转移的试点试运行。 持续推进2项,包括: 1.引导居民对废旧物品循环利用:定期在街道开展物品交换市集,并利用网络平台开展社区内的二手物品交易; 2.推动装配式建筑和绿色建筑工作:制定并发布了《北京经济技术开发区绿色建筑、超低能耗、装配式建筑的实施意见》,持续推进装配式建筑、绿色建筑工作,确保全部新建项目满足"绿色建筑"二星标准。 正在开展3项,包括: 1.创建国家级绿色工厂:区内10家企业正在进行市级绿色工厂申报工作,待北京市审核通过后,申报国家级绿色工厂; 2.建设绿色供应链:区内3家企业正在开展市级绿色供应链申报工作,经市级初审,确定申报国家级绿色供应链; 3.开展自愿清洁生产审核:已经完成1家印刷企业自愿清洁审核登记,1家企业完成能源管控平台功能模块开发、测试和完善工作,已完成6家自愿清洁生产政策解析工作,年内完成10家企业的自愿清洁生产审核工作。

续表

市场体系	已经完成1项,包括: 1.培育环境保险市场,完成区内危废收集处置单位环保责任险的投保。 正在开展3项,包括: 1.引进工业固体废物处置企业; 2.构建绿色金融体系,建立环保投资基金,用于扶持"无废城市"建设引进的节能环保产业; 3.发展节能环保产业,已经成功引进一家企业,引导区内两家企业根据市场需要向固废处理处置领域转型。
项目工程	已经完成1项,包括: 1.建设固体废物管理平台:完成固体废物管理平台搭建和试填报工作,并开始上线运行,并延伸思路,开发手机 APP 和微信小程序。 持续推进1项,包括: 1.建设"无废城市细胞"工程:已经编制下发了《北京经济技术开发区"无废城市细胞"建设实施方案》,将在经开区范围内持续开展"无废城市"细胞的创建工作。 正在开展13项,包括: 1.建设"无废城市"技术创新和应用推广平台:借助国家生态环境科技成果转化综合服务平台持续开展技术应用和推广; 2.建立危险废物自处理设施:已经完成区内1家企业危险废物自处理设施的建设,正在推动1家企业建设危险废物自处理设施; 3.建设危险废物收集转运中心:已经列入经开区"无废城市"建设规划任务,将结合北京市的规划,适时启动建设; 4.建设危险废物预处理及资源利用中心:正在调研区内危废资源利用项目,在区内的循环经济产业园中预留建设场地; 5.建设再生资源流通交易平台:联合区内企业,推进再生资源流通交易平台建设,目前正在区内一街道内试点运行,有待完善; 6.建设再生资源回收利用体系:区内两个街道已经实现生活垃圾中再生资源品类的分类收集,区内收集转运及与北京市外的转运体系逐步完善; 7.建设生活垃圾中转中心:列入经开区"无废城市"建设试点任务,正在开展生活垃圾中转中心方案设计工作; 8.建设生活垃圾协同处置中心:列入经开区"无废城市"建设试点任务,根据经开区循环经济产业园规划方案,预留建设场地; 9.建设餐厨垃圾就地资源化处理体系:已经利用不同技术分别完成商业网点、社区、集中商务楼宇、工业园4个餐厨垃圾就地处理设施,正在积累运行数据,对接相应的技术单位,逐步构建餐厨垃圾就地资源化处理体系; 10.建设园林绿植垃圾处理设施:正在研究绿植垃圾协同处置技术,已经建成一处园林垃圾破碎回填的处理设施; 11.实施建筑垃圾资源化处理项目:结合区域建设需要,适时开展建筑垃圾再利用项目; 12.建设办公集约型政府:完成了经开区管委会"无纸化"办公的设计方案,优化完成了机关公文管理系统,正在开发"无纸化"会议系统; 13.环保主题公园建设:明确了设计和布局要求,编制完成《北京经济技术开发区环保主题公园任务书》,开展环保主题公园的设计方案征集工作。

14.3　清洁生产与节能环保

　　节能环保产业是典型的绿色产业，涵盖能源节约、能源利用效率提升、污染防治、生态保护与修复、资源循环利用等多个领域，是清洁生产结果的集中体现。做强、做优、做大节能环保产业，发展清洁生产技术，不仅是建设资源节约型、环境友好型社会的重要举措，还是贯彻新发展理念、推动经济高质量发展的必然选择。虽然我国节能环保产业发展取得了一系列成绩，但与新时代生态文明建设目标和经济高质量发展要求相比，仍然存在较大差距。面临产业集中度低、污染治理任务重、商业模式创新不足、资金短缺、科技创新动力不强等一系列突出问题，我们应正视差距，大力推进专业化整合，持续推进清洁生产，着力解决节能环保产业发展中面临的突出问题，助推我国经济高质量发展。

　　发展节能环保产业需要我们大力推进专业化整合。我国节能环保产业以产业集中度低的中小型企业为主，小、散、弱特征明显，迫切需要提高节能环保产业集中度。积极推动清洁生产、节能环保产业与物联网、云计算、大数据、人工智能等新一代信息技术深度融合，探索实行智慧能源管理、智慧环境监测，促进节能环保产业朝着集约化、规范化、智能化方向发展。以清洁生产思想强化源头减量和全过程控制是发展节能环保产业的重要目的之一。污染减排既是调整经济结构、转变发展方式、改善民生的重要目标，也是改善环境质量、彻底解决环境问题的重要手段。早在 1986 年国家出台了《关于防治水污染技术政策的规定》，明确提出"对流域、区域、城市、地区以及工厂企业污染物的排放要实行总量控制"，成为我国污染总量控制制度的起源。"九五"期间，首次制定了《污染物排放总量控制计划》，对 12 项污染物指标实行排放总量控制，并层层分解落实，以排污申报登记制度、环境影响评价制度、"三同时"制度、排污许可证制度、排污收费制度等为抓手，大力推动总量控制计划的全面实施。

　　"十五"期间，污染减排形势十分严峻。我国开始将主要污染物总量控制指标纳入我国经济社会发展规划纲要，积极推进清洁生产技术，对二氧化硫、化学需氧量等 6 种主要污染物排放提出了控制目标。2005 年，全国二氧化硫排放总量 2549 万吨，比 2000 年增长 27.8%。

　　"十一五"规划纲要提出单位国内生产总值能耗降低 20% 左右，化学需氧量和二氧化硫两项主要污染物排放总量减少 10% 的约束性指标，我国节能减排工作进入新阶段（见附录 8）。各地区各部门认真贯彻落实党中央、国务院的决策部署，大力推进工程减排、结构减排和管理减排三大措施，加快建设城市污水处理厂和燃煤电厂脱硫设施等治污减排工程，推进清洁生产技术，倡导节能工艺，加快淘汰落后产能，实施污水处理收费、脱硫电价等有效政策措施，污染减排工作取得显著成效。2010 年，全国二氧化硫排放总量 2185 万吨，化学需氧量排放总量 1238 万吨，比 2005 年分别下降 14.3% 和 12.5%，超额完成"十一五"规划目标。

"十二五"规划纲要中将实施总量控制的污染物扩大至化学需氧量、氨氮、二氧化硫、氮氧化物四种主要污染物,提出四项主要污染物排放总量分别减少8%、10%、8%、10%的约束性目标。2015年,全国化学需氧量排放量2224万吨,氨氮排放量230万吨,二氧化硫排放量1859万吨,氮氧化物排放量1851万吨,分别比2010年下降12.9%、13.0%、18.0%和18.6%,均超额完成排放总量控制目标。

"十三五"规划纲要继续将化学需氧量、氨氮、二氧化硫、氮氧化物四种主要污染物排放总量下降列为约束性指标。2018年,全国化学需氧量、氨氮、二氧化硫和氮氧化物排放量分别比2017年下降3.1%、2.7%、6.7%和4.9%,均完成2017年排放总量降低的目标。

我国生态环保工作取得积极进展离不开企业清洁生产的积极推进,对比2007年与2017年两次污染源普查数据可以看到环境变化趋势。围绕打赢污染防治攻坚战和"十四五"生态环境保护规划等工作,以实现社会经济高质量发展和生态环境高水平保护为目标加大力度淘汰落后产能,鼓励新技术开发,加快推进企业清洁生产和污染治理提标改造,上下两端发力,做好化学需氧量的治理,加强农业源化学需氧量、氨氮治理;加强堆场及其他无组织颗粒物、非电领域二氧化硫和氮氧化物治理;加强有色冶炼、有色采选、金属制品、黑色金属冶炼、电气机械和器材制造业、煤炭采选等行业重金属污染治理;加强固体废物处置利用,建设"无废社会";强化集中式污染治理设施建设,提高设施负荷水平,加强次生污染的治理与监管。

附 录

附录1 《中华人民共和国清洁生产促进法》

附录1.1 《中华人民共和国清洁生产促进法》(原文)

《中华人民共和国清洁生产促进法》已由中华人民共和国第九届全国人民代表大会常务委员会第二十八次会议于 2002 年 6 月 29 日通过,现予公布,自 2003 年 1 月 1 日起施行。

中华人民共和国主席江泽民

2002 年 6 月 29 日

第一章 总则

第一条 为了促进清洁生产,提高资源利用效率,减少和避免污染物的产生,保护和改善环境,保障人体健康,促进经济与社会可持续发展,制定本法。

第二条 本法所称清洁生产,是指不断采取改进设计、使用清洁的能源和原料、采用先进的工艺技术与设备、改善管理、综合利用等措施,从源头削减污染,提高资源利用效率,减少或者避免生产、服务和产品使用过程中污染物的产生和排放,以减轻或者消除对人类健康和环境的危害。

第三条 在中华人民共和国领域内,从事生产和服务活动的单位以及从事相关管理活动的部门依照本法规定,组织、实施清洁生产。

第四条 国家鼓励和促进清洁生产。国务院和县级以上地方人民政府,应当将清洁生产纳入国民经济和社会发展计划以及环境保护、资源利用、产业发展、区域开发等规划。

第五条 国务院经济贸易行政主管部门负责组织、协调全国的清洁生产促进工作。国务院环境保护、计划、科学技术、农业、建设、水利和质量技术监督等行政主管部门,按照各自的职责,负责有关的清洁生产促进工作。

县级以上地方人民政府负责领导本行政区域内的清洁生产促进工作。县级以上地方人民政府经济贸易行政主管部门负责组织、协调本行政区域内的清洁生产促进工作。县级以上地方人民政府环境保护、计划、科学技术、农业、建设、水利和质量技术监督等行政主管部门，按照各自的职责，负责有关的清洁生产促进工作。

第六条　国家鼓励开展有关清洁生产的科学研究、技术开发和国际合作，组织宣传、普及清洁生产知识，推广清洁生产技术。

国家鼓励社会团体和公众参与清洁生产的宣传、教育、推广、实施及监督。

第二章　清洁生产的推行

第七条　国务院应当制定有利于实施清洁生产的财政税收政策。

国务院及其有关行政主管部门和省、自治区、直辖市人民政府，应当制定有利于实施清洁生产的产业政策、技术开发和推广政策。

第八条　县级以上人民政府经济贸易行政主管部门，应当会同环境保护、计划、科学技术、农业、建设、水利等有关行政主管部门制定清洁生产的推行规划。

第九条　县级以上地方人民政府应当合理规划本行政区域的经济布局，调整产业结构，发展循环经济，促进企业在资源和废物综合利用等领域进行合作，实现资源的高效利用和循环使用。

第十条　国务院和省、自治区、直辖市人民政府的经济贸易、环境保护、计划、科学技术、农业等有关行政主管部门，应当组织和支持建立清洁生产信息系统和技术咨询服务体系，向社会提供有关清洁生产方法和技术、可再生利用的废物供求以及清洁生产政策等方面的信息和服务。

第十一条　国务院经济贸易行政主管部门会同国务院有关行政主管部门定期发布清洁生产技术、工艺、设备和产品导向目录。

国务院和省、自治区、直辖市人民政府的经济贸易行政主管部门和环境保护、农业、建设等有关行政主管部门组织编制有关行业或者地区的清洁生产指南和技术手册，指导实施清洁生产。

第十二条　国家对浪费资源和严重污染环境的落后生产技术、工艺、设备和产品实行限期淘汰制度。国务院经济贸易行政主管部门会同国务院有关行政主管部门制定并发布限期淘汰的生产技术、工艺、设备以及产品的名录。

第十三条　国务院有关行政主管部门可以根据需要批准设立节能、节水、废物再生利用等环境与资源保护方面的产品标志，并按照国家规定制定相应标准。

第十四条　县级以上人民政府科学技术行政主管部门和其他有关行政主管部门，应当指导和支持清洁生产技术和有利于环境与资源保护的产品的研究、开发以及清洁生产技术的示范和推广工作。

第十五条 国务院教育行政主管部门,应当将清洁生产技术和管理课程纳入有关高等教育、职业教育和技术培训体系。

县级以上人民政府有关行政主管部门组织开展清洁生产的宣传和培训,提高国家工作人员、企业经营管理者和公众的清洁生产意识,培养清洁生产管理和技术人员。

新闻出版、广播影视、文化等单位和有关社会团体,应当发挥各自优势做好清洁生产宣传工作。

第十六条 各级人民政府应当优先采购节能、节水、废物再生利用等有利于环境与资源保护的产品。

各级人民政府应当通过宣传、教育等措施,鼓励公众购买和使用节能、节水、废物再生利用等有利于环境与资源保护的产品。

第十七条 省、自治区、直辖市人民政府环境保护行政主管部门,应当加强对清洁生产实施的监督;可以按照促进清洁生产的需要,根据企业污染物的排放情况,在当地主要媒体上定期公布污染物超标排放或者污染物排放总量超过规定限额的污染严重企业的名单,为公众监督企业实施清洁生产提供依据。

第三章 清洁生产的实施

第十八条 新建、改建和扩建项目应当进行环境影响评价,对原料使用、资源消耗、资源综合利用以及污染物产生与处置等进行分析论证,优先采用资源利用率高以及污染物产生量少的清洁生产技术、工艺和设备。

第十九条 企业在进行技术改造过程中,应当采取以下清洁生产措施:

(一)采用无毒、无害或者低毒、低害的原料,替代毒性大、危害严重的原料;

(二)采用资源利用率高、污染物产生量少的工艺和设备,替代资源利用率低、污染物产生量多的工艺和设备;

(三)对生产过程中产生的废物、废水和余热等进行综合利用或者循环使用;

(四)采用能够达到国家或者地方规定的污染物排放标准和污染物排放总量控制指标的污染防治技术。

第二十条 产品和包装物的设计,应当考虑其在生命周期中对人类健康和环境的影响,优先选择无毒、无害、易于降解或者便于回收利用的方案。

企业应当对产品进行合理包装,减少包装材料的过度使用和包装性废物的产生。

第二十一条 生产大型机电设备、机动运输工具以及国务院经济贸易行政主管部门指定的其他产品的企业,应当按照国务院标准化行政主管部门或者其授权机构制定的技术规范,在产品的主体构件上注明材料成分的标准牌号。

第二十二条 农业生产者应当科学地使用化肥、农药、农用薄膜和饲料添加剂,改进种植和养殖技术,实现农产品的优质、无害和农业生产废物的资源化,防止农业环境污染。

禁止将有毒、有害废物用作肥料或者用于造田。

第二十三条　餐饮、娱乐、宾馆等服务性企业,应当采用节能、节水和其他有利于环境保护的技术和设备,减少使用或者不使用浪费资源、污染环境的消费品。

第二十四条　建筑工程应当采用节能、节水等有利于环境与资源保护的建筑设计方案、建筑和装修材料、建筑构配件及设备。

建筑和装修材料必须符合国家标准。禁止生产、销售和使用有毒、有害物质超过国家标准的建筑和装修材料。

第二十五条　矿产资源的勘查、开采,应当采用有利于合理利用资源、保护环境和防止污染的勘查、开采方法和工艺技术,提高资源利用水平。

第二十六条　企业应当在经济技术可行的条件下对生产和服务过程中产生的废物、余热等自行回收利用或者转让给有条件的其他企业和个人利用。

第二十七条　生产、销售被列入强制回收目录的产品和包装物的企业,必须在产品报废和包装物使用后对该产品和包装物进行回收。强制回收的产品和包装物的目录和具体回收办法,由国务院经济贸易行政主管部门制定。

国家对列入强制回收目录的产品和包装物,实行有利于回收利用的经济措施;县级以上地方人民政府经济贸易行政主管部门应当定期检查强制回收产品和包装物的实施情况,并及时向社会公布检查结果。具体办法由国务院经济贸易行政主管部门制定。

第二十八条　企业应当对生产和服务过程中的资源消耗以及废物的产生情况进行监测,并根据需要对生产和服务实施清洁生产审核。

污染物排放超过国家和地方规定的排放标准或者超过经有关地方人民政府核定的污染物排放总量控制指标的企业,应当实施清洁生产审核。

使用有毒、有害原料进行生产或者在生产中排放有毒、有害物质的企业,应当定期实施清洁生产审核,并将审核结果报告所在地的县级以上地方人民政府环境保护行政主管部门和经济贸易行政主管部门。

清洁生产审核办法,由国务院经济贸易行政主管部门会同国务院环境保护行政主管部门制定。

第二十九条　企业在污染物排放达到国家和地方规定的排放标准的基础上,可以自愿与有管辖权的经济贸易行政主管部门和环境保护行政主管部门签订进一步节约资源、削减污染物排放量的协议。该经济贸易行政主管部门和环境保护行政主管部门应当在当地主要媒体上公布该企业的名称以及节约资源、防治污染的成果。

第三十条　企业可以根据自愿原则,按照国家有关环境管理体系认证的规定,向国家认证认可监督管理部门授权的认证机构提出认证申请,通过环境管理体系认证,提高清洁生产水平。

第三十一条 根据本法第十七条规定,列入污染严重企业名单的企业,应当按照国务院环境保护行政主管部门的规定公布主要污染物的排放情况,接受公众监督。

第四章 鼓励措施

第三十二条 国家建立清洁生产表彰奖励制度。对在清洁生产工作中做出显著成绩的单位和个人,由人民政府给予表彰和奖励。

第三十三条 对从事清洁生产研究、示范和培训,实施国家清洁生产重点技术改造项目和本法第二十九条规定的自愿削减污染物排放协议中载明的技术改造项目,列入国务院和县级以上地方人民政府同级财政安排的有关技术进步专项资金的扶持范围。

第三十四条 在依照国家规定设立的中小企业发展基金中,应当根据需要安排适当数额用于支持中小企业实施清洁生产。

第三十五条 对利用废物生产产品的和从废物中回收原料的,税务机关按照国家有关规定,减征或者免征增值税。

第三十六条 企业用于清洁生产审核和培训的费用,可以列入企业经营成本。

第五章 法律责任

第三十七条 违反本法第二十一条规定,未标注产品材料的成分或者不如实标注的,由县级以上地方人民政府质量技术监督行政主管部门责令限期改正;拒不改正的,处以五万元以下的罚款。

第三十八条 违反本法第二十四条第二款规定,生产、销售有毒、有害物质超过国家标准的建筑和装修材料的,依照产品质量法和有关民事、刑事法律的规定,追究行政、民事、刑事法律责任。

第三十九条 违反本法第二十七条第一款规定,不履行产品或者包装物回收义务的,由县级以上地方人民政府经济贸易行政主管部门责令限期改正;拒不改正的,处以十万元以下的罚款。

第四十条 违反本法第二十八条第三款规定,不实施清洁生产审核或者虽经审核但不如实报告审核结果的,由县级以上地方人民政府环境保护行政主管部门责令限期改正;拒不改正的,处以十万元以下的罚款。

第四十一条 违反本法第三十一条规定,不公布或者未按规定要求公布污染物排放情况的,由县级以上地方人民政府环境保护行政主管部门公布,可以并处十万元以下的罚款。

第六章 附则

第四十二条 本法自 2003 年 1 月 1 日起施行。

附录 1.2 《中华人民共和国清洁生产促进法》(修改文件)

2012 年 2 月 29 日,中华人民共和国第十一届全国人民代表大会常务委员会第二十五次会议通过了《全国人民代表大会常务委员会关于修改〈中华人民共和国清洁生产促进法〉的决定》,并于 2012 年 7 月 1 日起施行。作出的修改如下:

(一)将第四条中的"将清洁生产纳入国民经济和社会发展计划"修改为"将清洁生产促进工作纳入国民经济和社会发展规划、年度计划"。

(二)将第五条修改为:"国务院清洁生产综合协调部门负责组织、协调全国的清洁生产促进工作。国务院环境保护、工业、科学技术、财政部门和其他有关部门,按照各自的职责,负责有关的清洁生产促进工作。

"县级以上地方人民政府负责领导本行政区域内的清洁生产促进工作。县级以上地方人民政府确定的清洁生产综合协调部门负责组织、协调本行政区域内的清洁生产促进工作。县级以上地方人民政府其他有关部门,按照各自的职责,负责有关的清洁生产促进工作。"

(三)将第八条和第九条合并,作为第八条,修改为:"国务院清洁生产综合协调部门会同国务院环境保护、工业、科学技术部门和其他有关部门,根据国民经济和社会发展规划及国家节约资源、降低能源消耗、减少重点污染物排放的要求,编制国家清洁生产推行规划,报经国务院批准后及时公布。

"国家清洁生产推行规划应当包括:推行清洁生产的目标、主要任务和保障措施,按照资源能源消耗、污染物排放水平确定开展清洁生产的重点领域、重点行业和重点工程。

"国务院有关行业主管部门根据国家清洁生产推行规划确定本行业清洁生产的重点项目,制定行业专项清洁生产推行规划并组织实施。

"县级以上地方人民政府根据国家清洁生产推行规划、有关行业专项清洁生产推行规划,按照本地区节约资源、降低能源消耗、减少重点污染物排放的要求,确定本地区清洁生产的重点项目,制定推行清洁生产的实施规划并组织落实。"

(四)增加一条,作为第九条:"中央预算应当加强对清洁生产促进工作的资金投入,包括中央财政清洁生产专项资金和中央预算安排的其他清洁生产资金,用于支持国家清洁生产推行规划确定的重点领域、重点行业、重点工程实施清洁生产及其技术推广工作,以及生态脆弱地区实施清洁生产的项目。中央预算用于支持清洁生产促进工作的资金使用的具体办法,由国务院财政部门、清洁生产综合协调部门会同国务院有关部门制定。

"县级以上地方人民政府应当统筹地方财政安排的清洁生产促进工作的资金,引导社会资金,支持清洁生产重点项目。"

(五)将第十条修改为:"国务院和省、自治区、直辖市人民政府的有关部门,应当组织和支持建立促进清洁生产信息系统和技术咨询服务体系,向社会提供有关清洁生产方法和技术、可再生利用的废物供求以及清洁生产政策等方面的信息和服务。"

(六)将第十一条修改为:"国务院清洁生产综合协调部门会同国务院环境保护、工业、科学技术、建设、农业等有关部门定期发布清洁生产技术、工艺、设备和产品导向目录。

"国务院清洁生产综合协调部门、环境保护部门和省、自治区、直辖市人民政府负责清洁生产综合协调的部门、环境保护部门会同同级有关部门,组织编制重点行业或者地区的清洁生产指南,指导实施清洁生产。"

(七)将第十二条修改为:"国家对浪费资源和严重污染环境的落后生产技术、工艺、设备和产品实行限期淘汰制度。国务院有关部门按照职责分工,制定并发布限期淘汰的生产技术、工艺、设备以及产品的名录。"

(八)将第十七条和第三十一条合并,作为第十七条,修改为:"省、自治区、直辖市人民政府负责清洁生产综合协调的部门、环境保护部门,根据促进清洁生产工作的需要,在本地区主要媒体上公布未达到能源消耗控制指标、重点污染物排放控制指标的企业的名单,为公众监督企业实施清洁生产提供依据。"

"列入前款规定名单的企业,应当按照国务院清洁生产综合协调部门、环境保护部门的规定公布能源消耗或者重点污染物产生、排放情况,接受公众监督。"

(九)将第二十条第二款修改为:"企业对产品的包装应当合理,包装的材质、结构和成本应当与内装产品的质量、规格和成本相适应,减少包装性废物的产生,不得进行过度包装。"

(十)删去第二十七条。

(十一)将第二十八条改为第二十七条,第二款、第三款作为第二款、第四款,修改为:"有下列情形之一的企业,应当实施强制性清洁生产审核:

(1)污染物排放超过国家或者地方规定的排放标准,或者虽未超过国家或者地方规定的排放标准,但超过重点污染物排放总量控制指标的;

(2)超过单位产品能源消耗限额标准构成高耗能的;

(3)使用有毒、有害原料进行生产或者在生产中排放有毒、有害物质的。"

"实施强制性清洁生产审核的企业,应当将审核结果向所在地县级以上地方人民政府负责清洁生产综合协调的部门、环境保护部门报告,并在本地区主要媒体上公布,接受公众监督,但涉及商业秘密的除外。"

增加两款,作为第三款、第五款:"污染物排放超过国家或者地方规定的排放标准的企业,应当按照环境保护相关法律的规定治理。"

"县级以上地方人民政府有关部门应当对企业实施强制性清洁生产审核的情况进行监督,必要时可以组织对企业实施清洁生产的效果进行评估验收,所需费用纳入同级政府预算。承担评估验收工作的部门或者单位不得向被评估验收企业收取费用。"

第四款作为第六款,修改为:"实施清洁生产审核的具体办法,由国务院清洁生产综合协调部门、环境保护部门会同国务院有关部门制定。"

(十二)将第二十九条改为第二十八条,修改为:"本法第二十七条第二款规定以外的企业,可以自愿与清洁生产综合协调部门和环境保护部门签订进一步节约资源、削减污染物排放量的协议。该清洁生产综合协调部门和环境保护部门应当在本地区主要媒体上公布该企业的名称以及节约资源、防治污染的成果。"

（十三）将第三十条改为第二十九条，修改为："企业可以根据自愿原则，按照国家有关环境管理体系等认证的规定，委托经国务院认证认可监督管理部门认可的认证机构进行认证，提高清洁生产水平。"

（十四）将第三十三条改为第三十一条，修改为："对从事清洁生产研究、示范和培训，实施国家清洁生产重点技术改造项目和本法第二十八条规定的自愿节约资源、削减污染物排放量协议中载明的技术改造项目，由县级以上人民政府给予资金支持。"

（十五）将第三十五条改为第三十三条，修改为："依法利用废物和从废物中回收原料生产产品的，按照国家规定享受税收优惠。"

（十六）增加一条，作为第三十五条："清洁生产综合协调部门或者其他有关部门未依照本法规定履行职责的，对直接负责的主管人员和其他直接责任人员依法给予处分。"

（十七）将第四十一条改为第三十六条，修改为："违反本法第十七条第二款规定，未按照规定公布能源消耗或者重点污染物产生、排放情况的，由县级以上地方人民政府负责清洁生产综合协调的部门、环境保护部门按照职责分工责令公布，可以处十万元以下的罚款。"

（十八）删去第三十九条。

（十九）将第四十条改为第三十九条，修改为："违反本法第二十七条第二款、第四款规定，不实施强制性清洁生产审核或者在清洁生产审核中弄虚作假的，或者实施强制性清洁生产审核的企业不报告或者不如实报告审核结果的，由县级以上地方人民政府负责清洁生产综合协调的部门、环境保护部门按照职责分工责令限期改正；拒不改正的，处以五万元以上五十万元以下的罚款。"

增加一款，作为第二款："违反本法第二十七条第五款规定，承担评估验收工作的部门或者单位及其工作人员向被评估验收企业收取费用的，不如实评估验收或者在评估验收中弄虚作假的，或者利用职务上的便利谋取利益的，对直接负责的主管人员和其他直接责任人员依法给予处分；构成犯罪的，依法追究刑事责任。"

（二十）将第七条第二款、第十三条、第十四条和第十五条第二款中的"有关行政主管部门"修改为"有关部门"。

将第十四条中的"科学技术行政主管部门"修改为"科学技术部门"。

将第十五条第一款中的"教育行政主管部门"修改为"教育部门"。

将第二十一条中的"经济贸易行政主管部门"修改为"工业部门"，"标准化行政主管部门"修改为"标准化部门"。

将第三十七条中的"质量技术监督行政主管部门"修改为"质量技术监督部门"。

本决定自 2012 年 7 月 1 日起施行。

附录2 有关清洁生产的国外期刊

（1）*Bridges Between Trade and Sustainable Development*（一个在线月刊）

（2）*Environmental Management*（一个跨学科的学术期刊，主要发表关于使用和保护自然资源、保护环境以及控制危害的研究和意见）

（3）*Environmental Law and Management*（主要面向律师，并讨论创新发展）

（4）*Greener Management International*（一本季度管理杂志，汇集了影响全球组织的战略性环境问题和可持续发展问题）

（5）*International Journal of Life Cycle Assessment*（主要提供技术和政策文章）

（6）*The International Journal of Sustainability in Higher Education*（代表了从事高等教育可持续发展工作的实践者、学者和立法者的网络）

（7）*The International Journal of Sustainable Development*（一本参考性国际期刊，提供国际论坛关于可持续发展方面的权威信息、分析和讨论）

（8）*International Journal of Sustainable Development and World Ecology*（一本关注全球持续发展的期刊）

（9）*Journal of Cleaner Production*（涵盖清洁生产的所有方面）

（10）*Journal of Environmental Policy and Planning*（对主要主题和案例进行严格审查）

（11）*Journal of Environment and Development*（一个讨论环境和发展问题的论坛，主要发表从区域到国际层面的研究、讨论和学术文章）

（12）*Journal of Environmental Education*（涵盖环境教育的所有方面）

（13）*Journal of Environmental Assessment Policy and Management*（一本关于环境评价的法律、政策和程序的期刊，内容涵盖环境评价政策的制定和实施、公众参与和环境评价的制度基础）

（14）*Journal of Environmental Management*（发表有关自然和人为的环境管理和利用方面的论文）

（15）*International Journal of Environmentally Conscious Design and Manufacturing*（1992年成立，主要面向工程和设计）

（16）*Journal of Industrial Ecology*（对工业生态学原理进行了宏观和案例研究）

(17)*Journal of Sustainable Product Design*(探讨生命周期分析和设计问题)

(18)*Organization and Environment*(一个国际论坛,重点研究环境破坏、恢复和可持续发展的复杂社会原因和后果,尤其是围绕组织人类生产和消费的新兴模式的研究)

(19)*Resource Conservation and Recycling*(对资源节约与循环利用进行了分析)

(20)*Sustainable Development*(涵盖广泛的可持续发展的内容)

(21)*Urban Ecosystems is an international journal*(一本国际期刊,致力于对城市环境的生态学及其政策含义进行科学研究)

附录3 《国际清洁生产宣言》

我们认识到实现可持续发展是共同的责任,保护地球环境必须实施并不断改进可持续生产和消费的实践。

我们相信清洁生产以及其他例如"生态效率"、"绿色生产力"及"污染预防"等预防性战略是更佳的选择。这些战略需要开发、支持并通过相应的措施来实施。

我们认识到清洁生产意味着将一个综合的预防战略持续地应用于生产过程、产品及服务中,以实现经济、社会、健康、安全及环境的效益。

为此,我们承诺:

(1)领先性:利用我们的影响力

通过我们与利益相关方的关系,鼓励采纳可持续生产和消费的实践。

(2)意识、教育和培训:通过下列措施进行能力建设

①在组织机构内部开发和实施提高意识、教育和培训的项目;

②鼓励在各级教材中纳入清洁生产的概念和原理。

(3)综合性:鼓励将预防性战略贯穿到

①各级组织;

②环境管理体系;

③各种环境管理工具的使用,如环境绩效评估、环境会计、环境影响评价、生命周期评估和清洁生产审核。

(4)研究与开发:创造全新的解决污染方式

①在研究与开发的政策和实践中促进由末端治理向预防性战略的转变;

②支持既满足顾客需要,又具有环境有效性的产品和服务的开发。

(5)交流:共享我们的经验

促进在实施预防战略方面的交流,并向各利益相关方通报实施预防战略带来的效益。

(6)实施:采取行动实施清洁生产

①设定具有挑战性的目标,并定期通过已有的管理体系通报进展情况;

②鼓励向预防技术方案投资,促进国家间环境友好技术的合作和转让;

③通过与联合国环境署、其他伙伴及利益相关方共同合作支持本宣言并评估其实施的成效。

附录 4　清洁生产审核报告编写要求

一个完整的企业清洁生产审核过程需完成两个审核报告,即清洁生产中期审核报告和清洁生产审核报告。

附录 4.1　清洁生产中期审核报告的编写要求

目的:汇总分析筹划和组织,预评估、评估及方案产生和筛选这四个阶段的清洁生产审核工作成果,及时总结经验和发现问题,为在以后阶段的改进和继续工作打好基础。

时间:在方案的产生和筛选工作完成之后,部分无/低费方案已实施的情况下编写。

编写大纲及要求

前言

第 1 章　筹划和组织

1.1　审核小组

1.2　审核工作计划

1.3　宣传和教育

本章要求有如下图表:

①审核小组成员表(见附表 4-1);

②审核工作计划表(见附表 4-2)。

第 2 章　预审核

2.1　企业概况

包括产品、生产、人员及环保等概况。

2.2　产污和排污现状分析

包括国内外情况对比、产污原因初步分析以及企业的环保执法情况等,并予以初步评价。

2.3　确定审核重点

2.4　清洁生产目标

本章要求有如下图表:

①企业平面布置简图;

②企业组织机构图;

③企业主要工艺流程图;

④企业生产设备水平表;

⑤企业输入物料汇总表(见附表 4-3);

⑥企业产品汇总表(见附表 4-4);

⑦企业主要废弃物特性表(见附表 4-5);

⑧企业历年废弃物流情况表(见附表 4-6);

⑨企业废弃物产生原因分析表(见附表 4-7);

⑩清洁生产目标一览表(参见本书正文)。

第 3 章 审核

3.1 审核重点概况

包括审核重点的工艺流程图、工艺设备流程图和个单元操作流程图。

3.2 输入输出物流的测定

3.3 物料平衡

3.4 废弃物产生原因分析

本章要求有如下图表:

①审核重点平面布置图;

②审核重点组织机构图;

③审核重点工艺流程图;

④审核重点各单元操作工艺流程图;

⑤审核重点单元操作功能说明表(见附表 4-8);

⑥审核重点工艺设备流程图;

⑦审核重点物流实测准备表(见附表 4-9);

⑧审核重点物流实测数据表(见附表 4-10);

⑨审核重点物料流程图;

⑩审核重点物料平衡图;

⑪审核重点废弃物产生原因分析表(见附表 4-11)。

第 4 章 方案产生和筛选

4.1 方案汇总

包括所有的已实施、未实施;可行、不可行的方案。

4.2 方案筛选

4.3 方案研制

主要针对中/高费清洁生产方案

4.4 无/低费方案的实施效果分析

仅对已实施的方案进行核定和汇总。

本章要求有如下图表:

①方案汇总表(见附表 4-12);

②(若实际使用的话)方案的权重总和计分排序表(见附表 4-13);

③方案筛选结果汇总表(见附表 4-14);

④方案说明表(见附表 4-15);

⑤无/低费方案实施效果的核定与汇总表(见附表 4-16)。

附录 4.2　清洁生产终期审核报告的编写要求

目的:总结本轮企业清洁生产审核成果,汇总分析各项调查、实测结果,寻找废弃物产生原因和清洁生产机会,实施并评估清洁生产方案,建立和完善持续推行清洁生产的机制。

时间:在本轮审核全部完成之时进行。

编写大纲及要求

前言

基本同"中期审核报告"一样,只需根据实际工作进展加以补充、改进和深化。

第 1 章　审核准备

基本同"中期审核报告"一样,只需根据实际工作进展加以补充、改进和深化。

第 2 章　预审核

基本同"中期审核报告"一样,只需根据实际工作进展加以补充、改进和深化。

第 3 章　审核

基本同"中期审核报告"一样,只需根据实际工作进展加以补充、改进和深化。

第 4 章　方案产生和筛选

基本同"中期审核报告"一样,只需根据实际工作进展加以补充、改进和深化,但"4.4 无/低费方案的实施效果分析"一节中的内容归到第 6 章中编写。

第 5 章　可行性分析

5.1　市场调查和分析

仅当清洁生产方案涉及产品结构调整、产生新的产品和副产品以及得到用于其他生产过程的原材料时才需编写本节,否则不用编写。

5.2　技术评估

5.3　环境评估

5.4　经济评估

5.5　确定推荐方案

本章要求有如下图表:

①方案经济评估指标汇总表(见附表 4-17);

②方案简述及可行性分析结果表(见附表 4-18)。

第 6 章　方案实施

6.1　方案实施情况简述

6.2　已实施的无/低费方案的成果汇总

6.3　已实施的中/高费方案的成果验证

6.4　已实施方案对企业的影响分析

本章要求有如下图表：

①已实施的无/低费方案环境效果对比一览表（见附表4-19）；

②已实施的无/低费方案经济效益对比一览表（见附表4-20）；

③已实施的中/高费方案环境效果对比一览表（见附表4-21）；

④已实施的中/高费方案经济效益对比一览表（见附表4-22）；

⑤已实施的清洁生产方案实施效果的核定与汇总表（见附表4-23）；

⑥审核前后企业各项单位产品指标对比表（见附表4-24）。

第7章　持续清洁生产

7.1　清洁生产的组织

7.2　清洁生产的管理制度

7.3　持续清洁生产计划

7.4　编写清洁生产审核报告

结论包括以下内容：

①企业产污、排污现状（审核结束时）所处水平及其真实性、合理性评价；

②是否达到所设置的清洁生产目标；

③已实施的清洁生产方案的成果总结；

④拟实施的清洁生产方案的效果预测。

附表 4-1　审核小组成员表

姓名	审核小组职务	来自部门及职务职称	专业	职责	应投入的时间

制表审核第__页,共__页。

注:若仅设立一个审核小组,则依次填写即可,若分别设立了审计领导小组和工作小组,则可分成两表或在一表内隔开填写。

附表 4-2　审核工作计划表

阶段	工作内容	完成时间	责任部门及负责人	考核部门及人员	产出
1.审核准备					
2.预审核					
3.审核					
4.方案的产生和筛选					
5.预审核报告					
6.可行性分析					
7.方案实施					
8.持续清洁生产					
9.审核报告					

制表审核第__页,共__页。

附表 4-3 企业输入物料汇总表

工段名称：＿＿＿＿＿＿＿＿

项目		物料		
		物料号	物料号	物料号
物料总类				
名称				
物料功能				
有害成分及特性				
活性成分及特性				
有害成分浓度				
年消耗量	总计			
	有害成分			
单位价格				
年总成本				
输送方法				
包装方法				
储存方法				
内部运输方法				
包装材料管理				
库存管理				
储存期限				

续表

项目		物料		
		物料号	物料号	物料号
供应商是否回收	到储存期限的物料			
	包装材料			
可能的替代物料				
可能选择的供应商				
其他资料				

制表审核第＿页,共＿页。

注:1.按工段分别填写。

2."输入物料"指生产中使用的所有物料其中有些未包含在最终产品中,如:清洁剂、润滑油脂等。

3.物料号应尽量与工艺流程图上的号相一致。

4."物料功能"指原料、产品、清洁剂、包装材料等。

5."输送方式"指管线、槽车、卡车等。

6."包装方式"指200升容器、纸袋、罐等。

7."储存方式"指有掩盖、仓库、无掩盖、地上等。

8."内部运输方式"指用泵、叉车、气动运送、输送带等。

9."包装材料管理"指排放、清洁后重复使用、退回供应商、押金系统等。

10."库存管理"指先出或后进先出。

附表 4-4　企业产品汇总表

工段名称：_____

项目		产品		
		产品号	产品号	产品号
产品种类				
名称				
有害成分特性				
年产量	总计			
	有害成分			
运输方法				
包装方法				
就地储存方法				
包装能否回收(是/否)				
储存期限				
客户是否准备	接受其他规格的产品			
	接受其他包装方式			
其他资料				

制表审核第__页,共__页。

注:这些产品号应尽量与工艺流程图上的编号相一致。

附表 4-5　主要废弃物特性表

工段名称：＿＿＿＿＿＿＿

---

1. 废弃物名称

2. 废弃物特性

化学和物理特性简介（如有分析报告请附上）

有害成分

有害成分浓度（如有分析报告请附上）

有害成分及废弃物所执行的环境标准／法规

有害成分及废弃物所造成的问题

3. 排放种类

　□连续

　□不连续

　类型　　　　　□周期性周期时间

　　　　　　　　　□偶尔发生（无规律）

4. 产生量

5. 排放量

　最大平均

6. 处理处置方式

7. 发生源

8. 发生形式

9. 是否发分流

　□是

　□否，与何种废弃物合流

制表审核第＿＿页，共＿＿页。

附表 4-6　历年废弃物流情况表

类别	名称	近三年年排放量			近三年单位产品排放量			备注
					实排		定额	
废水	废水量							
废水	废气量							
固废	总废渣量							
	有毒废渣							
	炉渣							
	垃圾							
其他								

制表审核第＿＿页,共＿＿页。

注:1.备注栏中填写与国内同类先进企业的对比情况。

　　2.其他栏中可填写物料流失情况。

附表 4-7　企业废弃物产生原因分析表

主要废弃物产生源	原因分析							
	原辅材料和能源	技术工艺	设备	过程控制	产品	废弃物特性	管理	员工

制表审核第__页,共__页。

附表 4-8　审核重点单元操作功能说明表

单元操作名称	功能

制表审核第＿＿页,共＿＿页。

附表 4-9   审核重点物流实测准备表

序号	监测点位置及名称	监测项目及频率								备注
		项目	频率	项目	频率	项目	频率	项目	频率	

制表审核第__页,共__页。

附表 4-10　审核重点物流实测数据表

序号	监测点名称	取样时间	实测结果				备注

制表审核第__页,共__页。

注:备注栏中填写取样时的工况条件。

附表 4-11 审核重点废弃物产生原因分析表

废弃物产生部位	废弃物名称	影响因素							
		原辅材料和能源	技术工艺	设备	过程控制	产品	废弃物特性	管理	员工

制表审核第__页,共__页。

附表 4-12　方案汇总表

方案类型	方案编号	方案名称	方案简介	预计投资	预计效果	
					环境效果	经济效益
原辅材料和能源替代						
技术工艺改造						
设备维护和更新						
过程优化控制						
产品更换或改进						
废弃物回收利用和循环使用						
加强管理						
员工素质的提高及积极性的激励						

制表审核第__页,共__页。

附表 4-13　方案的权重总和记分排序表

权重因素	权重值(W)	方案得分(R=1~10)			
		名称	名称	名称	名称
环境效果					
经济可行性					
技术可行性					
可实施性					
总分($\sum W \times R$)					
排序					

制表审核第__页,共__页。

附表 4-14　方案筛选结果汇总表

筛选结果	方案编号	方案名称
可行的无/低费方案		
初步可行的中/高费方案		
不可行方案		

制表审核第__页,共__页。

附表 4-15　方案说明表

方案编号及名称	
要点	
主要设备	
主要技术经济指标 （包括费用及效益）	
可能的 环境影响	

制表审核第__页,共__页。

附表 4-16　无/低费方案实施效果的核定与汇总表

方案编号	方案名称	实施时间	投资	运行费	经济效益	环境效果		
	小计							

制表审核第＿页,共＿页。

附表 4-17 方案经济评估指标汇总表

经济评价指标	方案	方案	方案
1.总投资费用(I)			
2.年运行费用总节省金额(P)			
3.新增设备年折旧费			
4.应税利润			
5.净利润			
6.年增加现金流量(F)			
7.投资偿还期(N)			
8.净现值(NPV)			
9.净现值率(NPVR)			
10.内部收益率(IRR)			

制表审核第__页,共__页。

附表 4-18　方案简述及可行性分析结果表

方案名称/类型	
方案的基本原理	
方案简述	
获得何种效益	
国内外同行水平	
方案投资	
影响下列废弃物	
影响下列原料和添加剂	
影响下列产品	
技术评估结果简述	
环境评估结果简述	
经济评估结果简述	

制表审核第__页,共__页。

附表 4-19　已实施的无/低费方案环境效果对比一览表

编号	比较项目方案名称		资源消耗			废弃物产生		
			物耗	水耗	能耗	废水量	废气量	固体废弃物
		实施前						
		实施后						
		削减量						
		实施前						
		实施后						
		削减量						
		实施前						
		实施后						
		削减量						
		实施前						
		实施后						
		削减量						
		实施前						
		实施后						
		削减量						
		实施前						
		实施后						
		削减量						
		实施前						
		实施后						
		削减量						
		实施前						
		实施后						
		削减量						
		实施前						
		实施后						
		削减量						
		实施前						
		实施后						
		削减量						

制表审核第__页,共__页。

附表 4-20　已实施的无/低费方案经济效益对比一览表

编号	方案名称	比较项目										
		产值	原材料费用	能源费用	公共设施费用	水费	污染控制费用	污染排放费用	维修费	税金	其他支出	净利润
	实施前											
	实施后											
	经济效益											
	实施前											
	实施后											
	经济效益											
	实施前											
	实施后											
	经济效益											
	实施前											
	实施后											
	经济效益											
	实施前											
	实施后											
	经济效益											
	实施前											
	实施后											
	经济效益											
	实施前											
	实施后											
	经济效益											
	实施前											
	实施后											
	经济效益											

制表审核第__页,共__页。

附表 4-21　已实施的中/高费方案环境效果对比一览表

编号	方案名称	项目	资源消耗			废弃物产生		
			物耗	水耗	能耗	废水量	废气量	固体废物量
		方案实施前(A)						
		设计的方案(B)						
		方案实施后(C)						
		方案实施前后之差(A—C)						
		方案设计与实际之差(B—C)						
		方案实施前(A)						
		设计的方案(B)						
		方案实施后(C)						
		方案实施前后之差(A—C)						
		方案设计与实际之差(B—C)						
		方案实施前(A)						
		设计的方案(B)						
		方案实施后(C)						
		方案实施前后之差(A—C)						
		方案设计与实际之差(B—C)						
		方案实施前(A)						
		设计的方案(B)						
		方案实施后(C)						
		方案实施前后之差(A—C)						
		方案设计与实际之差(B—C)						

制表审核第＿页,共＿页。

附表 4-22 已实施的中/高费方案经济效果对比一览表

编号	方案名称	项目	产值	原材料费用	能源费用	公共设施费用	水费	污染控制费用	污染排放费用	维修费	税金	其他支出	净利润
		方案实施前（A）											
		设计的方案（B）											
		方案实施后（C）											
		方案实施前后之差（A—C）											
		方案设计与实际之差（B—C）											
		方案实施前（A）											
		设计的方案（B）											
		方案实施后（C）											
		方案实施前后之差（A—C）											
		方案设计与实际之差（B—C）											
		方案实施前（A）											
		设计的方案（B）											
		方案实施后（C）											
		方案实施前后之差（A—C）											
		方案设计与实际之差（B—C）											

制表审核第＿＿页,共＿＿页。

注:1.设计的方案费用是方案费用的理论值,方案实施后的费用是该方案费用的实际值,分析二者之差是为了寻找差距,完善方案。

2.表中各栏,若为收入则值为正,若为支出则值为负。

附表 4-23　已实施清洁生产方案实施效果的核定与汇总

方案类型	方案编号	方案名称	实施时间	投资	运行费	经济效益	环境效益	
无/低费方案								
小计								
中/高费方案								
小计								
合计								

制表审核第__页,共__页。

附表 4-24 审核前后企业各项单位产品指标对比表

单位产品指标	审核前	审核后	差值	国内先进水平	国外先进水平
单位产品原料消耗					
单位产品耗水					
单位产品耗煤					
单位产品耗能折标煤					
单位产品耗汽					
单位产品排水量					

制表审核第__页,共__页。

附录 5　年贴现值系数

附表 5-1　年贴现值系数表

年度	贴现率									
	1	2	3	4	5	6	7	8	9	10
1	0.9901	0.9804	0.9709	0.9615	0.9524	0.9434	0.9346	0.9259	0.9174	0.9091
2	1.9704	1.9416	1.9135	1.8861	1.8594	1.8334	1.8080	1.7833	1.7591	1.7355
3	2.9410	2.8839	2.8286	2.7751	2.7232	2.6730	2.6243	2.5771	2.5313	2.4869
4	3.9020	3.8077	3.7171	3.6299	3.5460	3.4651	3.3872	3.3121	3.2397	3.1699
5	4.8534	4.7135	4.5797	4.4518	4.3295	4.2124	4.1002	3.9927	3.8897	3.7908
6	5.7955	5.6014	5.4172	5.2421	5.0757	4.9173	4.7665	4.6229	4.4859	4.3553
7	6.7282	6.4720	6.2303	6.0021	5.7864	5.5824	5.3893	5.2064	5.0330	4.8684
8	7.6517	7.3255	7.0197	6.7327	6.4632	6.2098	5.9713	5.7466	5.5348	5.3349
9	8.5660	8.1622	7.7861	7.4353	7.1078	6.8017	6.5152	6.2469	5.9952	5.7590
10	9.4713	8.9826	8.5302	8.1109	7.7217	7.3601	7.0236	6.7101	6.4177	6.1446
11	10.3676	9.7868	9.2526	8.7605	8.3064	7.8869	7.4987	7.1390	6.8052	6.4951
12	11.2551	10.5753	9.9540	9.3851	8.8633	8.3838	7.9427	7.5361	7.1607	6.8137
13	12.1337	11.3484	10.6350	9.9856	9.3936	8.8527	8.3577	7.9038	7.4869	7.1034
14	13.0037	12.1062	11.2961	10.5631	9.8986	9.2950	8.7455	8.2442	7.7862	7.3667
15	13.8651	12.8493	11.9379	11.1184	10.379	9.7122	9.1079	8.5595	8.0607	7.6061
16	14.7179	13.5777	12.5611	11.6523	10.8378	10.1059	9.4466	8.8514	8.3126	7.8237
17	15.5623	14.2919	13.1661	12.1657	11.2741	10.4773	9.7632	9.1216	8.5436	8.0216
18	16.3983	14.9920	13.7535	12.6593	11.6896	10.8276	10.0591	9.3719	8.7556	8.2014
19	17.2260	15.6785	14.3238	13.1339	12.0853	11.1581	10.3356	9.6036	8.9501	8.3649
20	18.0456	16.3514	14.8775	13.5903	12.4622	11.4699	10.5940	9.8181	9.1285	8.5136

续表

年度	贴现率									
	11	12	13	14	15	16	17	18	19	20
1	0.9009	0.8929	0.8850	0.8772	0.8696	0.8621	0.8547	0.8475	0.8403	0.8333
2	1.7125	1.6901	1.6681	1.6467	1.6257	1.6052	1.5852	1.5656	1.5465	1.5278
3	2.4437	2.4018	2.3612	2.3216	2.2832	2.2459	2.2096	2.1743	2.1399	2.1065
4	3.1024	3.0373	2.9745	2.9137	2.8550	2.7982	2.7432	2.6901	2.6386	2.5887
5	3.6959	3.6048	3.5172	3.4331	3.3522	3.2743	3.1993	3.1272	3.0576	2.9906
6	4.2305	4.1114	3.9975	3.8887	3.7845	3.6847	3.5892	3.4976	3.4098	3.3255
7	4.7122	4.5638	4.4226	4.2883	4.1604	4.0386	3.9224	3.8115	3.7057	3.6046
8	5.1461	4.9676	4.7988	4.6389	4.4873	4.3436	4.2072	4.0776	3.9544	3.8372
9	5.5370	5.3282	5.1317	4.9464	4.7716	4.6065	4.4506	4.3030	4.1633	4.0310
10	5.8892	5.6502	5.4262	5.2161	5.0188	4.8332	4.6586	4.4941	4.3389	4.1925
11	6.2065	5.9377	5.6869	5.4527	5.2337	5.0286	4.8364	4.6560	4.4865	4.3271
12	6.4924	6.1944	5.9176	5.6603	5.4206	5.1971	4.9884	4.7932	4.6105	4.4392
13	6.7499	6.4235	6.1218	5.8424	5.5831	5.3423	5.1183	4.9095	4.7147	4.5327
14	6.9819	6.6282	6.3025	6.0021	5.7245	5.4675	5.2293	5.0081	4.8023	4.6106
15	7.1909	6.8109	6.4624	6.1422	5.8474	5.5755	5.3242	5.0916	4.8759	4.6755
16	7.3792	6.9740	6.6039	6.2651	5.9542	5.6685	5.4053	5.1624	4.9377	4.7296
17	7.5488	7.1196	6.7291	6.3729	6.0472	5.7487	5.4746	5.2223	4.9897	4.7746
18	7.7016	7.2497	6.8399	6.4674	6.1280	5.8178	5.5339	5.2732	5.0333	4.8122
19	7.8393	7.3658	6.9380	6.5504	6.1982	5.8775	5.5845	5.3162	5.0700	4.8435
20	7.9633	7.4694	7.0248	6.6231	6.2593	5.9288	5.6278	5.3527	5.1009	4.8696

续表

年度	贴现率									
	21	22	23	24	25	26	27	28	29	30
1	0.8264	0.8197	0.8130	0.8065	0.8000	0.7937	0.7874	0.7813	0.7752	0.7692
2	1.5095	1.4915	1.4740	1.4568	1.4400	1.4235	1.4074	1.3916	1.3761	1.3609
3	2.0739	2.0422	2.0114	1.9813	1.9520	1.9234	1.8956	1.8684	1.8420	1.8161
4	2.5404	2.4936	2.4483	2.4043	2.3616	2.3202	2.2800	2.2410	2.2031	2.1662
5	2.9260	2.8636	2.8035	2.7454	2.6893	2.6351	2.5827	2.5320	2.4830	2.4356
6	3.2446	3.1669	3.0923	3.0205	2.9514	2.8850	2.8210	2.7594	2.7000	2.6427
7	3.5079	3.4155	3.3270	3.2423	3.1611	3.0833	3.0087	2.9370	2.8682	2.8021
8	3.7256	3.6193	3.5179	3.4212	3.3289	3.2407	3.1564	3.0758	2.9986	2.9247
9	3.9054	3.7863	3.6731	3.5655	3.4631	3.3657	3.2728	3.1842	3.0997	3.0190
10	4.0541	3.9232	3.7993	3.6819	3.5705	3.4648	3.3644	3.2689	3.1781	3.0915
11	4.1769	4.0354	3.9018	3.7757	3.6564	3.5435	3.4365	3.3351	3.2388	3.1473
12	4.2784	4.1274	3.9852	3.8514	3.7251	3.6059	3.4933	3.3868	3.2859	3.1903
13	4.3624	4.2028	4.0530	3.9124	3.7801	3.6555	3.5381	3.4272	3.3224	3.2233
14	4.4317	4.2646	4.1082	3.9616	3.8241	3.6949	3.5733	3.4587	3.3507	3.2487
15	4.4890	4.3152	4.1530	4.0013	3.8593	3.7261	3.6010	3.4834	3.3726	3.2682
16	4.5364	4.3567	4.1894	4.0333	3.8874	3.7509	3.6228	3.5026	3.3896	3.2832
17	4.5755	4.3908	4.2190	4.0591	3.9099	3.7705	3.6400	3.5177	3.4028	3.2948
18	4.6079	4.4187	4.2431	4.0799	3.9279	3.7861	3.6536	3.5294	3.4130	3.3037
19	4.6346	4.4415	4.2627	4.0967	3.9424	3.7985	3.6642	3.5386	3.4210	3.3105
20	4.6567	4.4603	4.2786	4.1103	3.9539	3.8083	3.6726	3.5458	3.4271	3.3158

续表

年度	贴现率									
	31	32	33	34	35	36	37	38	39	40
1	0.7634	0.7576	0.7519	0.7463	0.7407	0.7353	0.7299	0.7246	0.7194	0.7143
2	1.3461	1.3315	1.3172	1.3032	1.2894	1.2760	1.2627	1.2497	1.2370	1.2245
3	1.7909	1.7663	1.7423	1.7188	1.6959	1.6735	1.6516	1.6302	1.609	1.5889
4	2.1305	2.0957	2.0618	2.0290	1.9969	1.9658	1.9355	1.9060	1.8772	1.8492
5	2.3897	2.3452	2.3021	2.2604	2.2200	2.1807	2.1427	2.1058	2.0699	2.0352
6	2.5875	2.5342	2.4828	2.4331	2.3852	2.3388	2.2939	2.2506	2.2086	2.1680
7	2.7386	2.6775	2.6187	2.5620	2.5075	2.4550	2.4043	2.3555	2.3083	2.2628
8	2.8539	2.7860	2.7208	2.6582	2.5982	2.5404	2.4849	2.4315	2.3801	2.3306
9	2.9419	2.8681	2.7976	2.7300	2.6653	2.6033	2.5437	2.4866	2.4317	2.3790
10	3.0091	2.9304	2.8553	2.7836	2.7150	2.6495	2.5867	2.5265	2.4689	2.4136
11	3.0604	2.9776	2.8987	2.8236	2.7519	2.6834	2.6180	2.5555	2.4956	2.4383
12	3.0995	3.0133	2.9314	2.8534	2.7792	2.7084	2.6409	2.5764	2.5148	2.4559
13	3.1294	3.0404	2.9559	2.8757	2.7994	2.7268	2.6576	2.5916	2.5286	2.4685
14	3.1522	3.0609	2.9744	2.8923	2.8144	2.7403	2.6698	2.6026	2.5386	2.4775
15	3.1696	3.0764	2.9883	2.9047	2.8255	2.7502	2.6787	2.6106	2.5457	2.4839
16	3.1829	3.0882	2.9987	2.9140	2.8337	2.7575	2.6852	2.6164	2.5509	2.4885
17	3.1931	3.0971	3.0065	2.9209	2.8398	2.7629	2.6899	2.6206	2.5546	2.4918
18	3.2008	3.1039	3.0124	2.9260	2.8443	2.7668	2.6934	2.6236	2.5573	2.4941
19	3.2067	3.1090	3.0169	2.9299	2.8476	2.7697	2.6959	2.6258	2.5592	2.4958
20	3.2112	3.1129	3.0202	2.9327	2.8501	2.7718	2.6977	2.6274	2.5606	2.4970

附录6 清洁生产标准 钢铁行业(铁合金)

前 言

为贯彻《中华人民共和国环境保护法》和《中华人民共和国清洁生产促进法》，保护环境，为钢铁行业铁合金企业开展清洁生产提供技术支持和导向，制定本标准。

本标准规定了在达到国家和地方污染物排放标准的基础上，根据当前的行业技术、装备水平和管理水平，钢铁行业铁合金企业清洁生产的一般要求。本标准共分为三级，一级代表国际清洁生产先进水平，二级代表国内清洁生产先进水平，三级代表国内清洁生产基本水平。随着技术的不断进步和发展，本标准将适时修订。

本标准为首次发布。

本标准由环境保护部科技标准司组织制定。

本标准起草单位：中国环境科学研究院、北京京诚嘉宇环境科技有限公司(冶金清洁生产技术中心)、中国铁合金工业协会、中钢集团吉林铁合金股份有限公司。

本标准由环境保护部 2009 年 4 月 10 日批准，自 2009 年 8 月 1 日起实施，由环境保护部解释。

清洁生产标准钢铁行业(铁合金)

1 适用范围

本标准规定了钢铁行业铁合金企业清洁生产的一般要求。本标准将钢铁行业铁合金企业清洁生产指标分为四类,即生产工艺与装备要求、资源与能源利用指标、废物回收利用指标和环境管理要求。

本标准适用于采用电炉法生产硅铁、高碳锰铁、锰硅合金、中低碳锰铁、高碳铬铁和中低微碳铬铁共六个品种产品铁合金企业的清洁生产审核和清洁生产潜力与机会的判断、清洁生产绩效评定、清洁生产绩效公告制度,也适用于环境影响评价和排污许可证等环境管理制度。

2 规范性引用文件

本标准内容引用了下列文件中的条款。凡是不注日期的引用文件,其有效版本适用于本标准。

GB 21341 铁合金单位产品能源消耗限额

GB/T 2272 硅铁

GB/T 3795 锰铁

GB/T 4008 锰硅合金

GB/T 5683 铬铁

GB/T 24001 环境管理体系要求及使用指南

3 术语和定义

下列术语和定义适用于本标准。

3.1 清洁生产

指不断采取改进设计、使用清洁的能源和原料、采用先进的工艺技术与设备、改善管理、综合利用等措施,从源头削减污染,提高资源利用效率,减少或者避免生产、服务和产品使用过程中污染物的产生和排放,以减轻或者消除对人类健康和环境危害。

3.2 电硅热法

在电炉中用硅(来源于中间产品锰硅合金、硅铬合金等)做还原剂生产中低微碳锰铁、中低微碳铬铁等铁合金产品的方法。

3.3 电炉额定容量

电炉变压器额定容量,用 kVA 表示,它是反映电炉生产能力的指标。

3.4 电炉功率因数

交流电路中电压与电流之间相位差(φ)的余弦,以符号 $\cos\varphi$ 表示。其数值是有用功率与视在功率的比值,是设备效率高低的参数。

3.5 电炉自然功率因数

电炉额定容量下其低压侧未进行无功补偿前的电炉初始功率因数。

3.6 电炉低压无功补偿

对容量较大的电炉低压侧就地进行补偿,并联安装于电炉变压器后短网侧,由电容器和电抗器等组成并与冶炼电压相匹配的可监控的无功补偿系统。可优化电炉冶炼参数,提高功率因数,平衡冶炼时产生的无功功率,从而增加产品产量,降低冶炼电耗。

3.7 PLC 控制

一种专门为在工业环境下应用而设计的数字运算操作的电子装置。它采用可以编制程序的存储器,用来在其内部存储执行逻辑运算、顺序运算、计时、计数和算术运算等操作的指令,并能通过数字式或模拟式的输入和输出,控制各种类型的机械或生产过程。

4 规范性技术要求

4.1 指标分级

本标准给出了钢铁行业铁合金企业生产过程中清洁生产水平的三级技术指标:

一级:国际清洁生产先进水平;

二级:国内清洁生产先进水平;

三级:国内清洁生产基本水平。

4.2 指标要求

采用电炉法生产硅铁、高碳锰铁、锰硅合金、中低碳锰铁、高碳铬铁和中低微碳铬铁共六个品种产品的清洁生产指标要求分别见附表 6-1 至附表 6-7。

附表 6-1　硅铁产品清洁生产指标要求

清洁生产指标等级	一级	二级		三级	
一、生产工艺与装备要求					
1.电炉额定容量/kVA	≥50 000	≥25 000		≥12 500	
2.电炉装置	半封闭矮烟罩装置				
3.除尘装置	原料处理、熔炼产尘部位配备有除尘装置,在熔炼除尘装置废气排放部位安装有在线监测装置,对烟粉尘净化采用干式除尘装置和 PLC 控制	原料处理、熔炼产尘部位配备有除尘装置,对烟粉尘净化采用干式除尘装置和 PLC 控制		原料处理、熔炼产尘部位配备有除尘装置,对烟粉尘净化采用干式除尘装置	
4.生产工艺操作　原辅料上料	配料、上料、布料实现 PLC 控制			配料、上料、布料实现机械化及程序控制	
4.生产工艺操作　冶炼控制	电极压放、功率调节实现计算机控制			电极压放实现机械化	
	料管加料、炉口拨料、捣炉实现机械化				
4.生产工艺操作　炉前出炉	开堵炉眼实现机械化				
5.余热回收利用	回收烟气余热生产蒸汽或用于发电	回收烟气余热并利用			
6.水处理技术	采用软水、净环水闭路循环技术				
二、资源与能源利用指标					
1.电炉功率因数 cosφ　电炉额定容量(S)/kVA	S≥50 000	30 000≤S<50 000	25 000≤S<30 000	16 500≤S<25 000	12 500≤S<16 500
1.电炉功率因数 cosφ　电炉自然功率因数 cosφ		≥0.65	≥0.74	≥0.80	≥0.82
1.电炉功率因数 cosφ　低压补偿后功率因数 cosφ	≥0.92	≥0.92			
2.硅石入炉品位/%	SiO_2 含量≥97			SiO_2 含量≥96	
3.硅(Si)元素回收率/%	≥92				
4.单位产品冶炼电耗/(kW·h/t)	≤8300			≤8500	

续表

清洁生产指标等级	一级	二级	三级
5.单位产品综合能耗（折标煤）/(kg/t)	≤1850		≤1910
6.单位产品新水消耗量/(m³/t)	≤5.0	≤8.0	≤10.0
清洁生产指标等级	一级	二级	三级
三、废物回收利用指标			
1.工业用水重复利用率/%	≥95		≥90
2.炉渣利用率/%	100		
3.微硅粉回收利用率/%	100		

注：1.硅铁产品标准执行 GB/T 2272。

2.硅铁产品实物量以硅含量75%为基准折合成基准吨，然后以基准吨为基础再折算单位产品能耗、物耗。

3.硅铁生产采用干法除尘。

4.综合能耗计算过程中电力折合标煤按当量热值折算，取折标系数 0.1229 kg/(kW·h)。

附表 6-2　电炉高碳锰铁产品(熔剂法)清洁生产指标要求

清洁生产指标等级		一级	二级	三级	
一、生产工艺与装备要求					
1. 电炉额定容量/kVA		≥50 000	≥25 000	≥12 500	
2. 电炉装置		全封闭式		全封闭式或半封闭式	
3. 煤气净化装置		干式净化装置		干式或湿式净化装置	
4. 除尘装置		原料处理、熔炼产尘部位配备有除尘装置,在熔炼除尘装置废气排放部位安装有在线监测装置,对烟粉尘净化采用干式除尘装置和PLC控制	原料处理、熔炼产尘部位配备有除尘装置,对烟粉尘净化采用干式除尘装置和PLC控制	原料处理、熔炼产尘部位配备有除尘装置,对烟粉尘净化采用干式或湿式除尘装置	
5. 生产工艺操作	原辅料上料	配料、上料、布料实现PLC控制		配料、上料、布料实现机械化	
	冶炼控制	电极压放、功率调节实现PLC控制		电极压放实现机械化	
		加料实现机械化			
	炉前出炉	开堵炉眼实现机械化			
6. 煤气或余热回收利用		全封闭电炉回收煤气并利用	回收电炉煤气或烟气余热并利用		
7. 水处理技术		采用软水、净环水闭路循环技术			
二、资源与能源利用指标					
1. 电炉功率因数 cosφ	电炉额定容量(S)/kVA	S≥50 000	30 000≤S<50 000	25 000≤S<30 000	16 500≤S<25 000　12 500≤S<16 500
	电炉自然功率因数 cosφ		≥0.60	≥0.70	≥0.76　　≥0.78
	低压补偿后功率因数 cosφ	≥0.92	≥0.92		
2. 锰矿入炉品位/%		Mn 含量≥38			
3. 锰(Mn)元素综合回收率/%		≥80			
4. 单位产品冶炼电耗 /(kW·h/t)		≤2300	≤2600		

续表

清洁生产指标等级	一级	二级	三级
5. 单位产品综合能耗（折标煤）/(kg/t)	≤670	≤710	
6. 单位产品新水消耗量/(m³/t)	≤5.0	≤8.0	≤10.0
三、废物回收利用指标			
1. 工业用水重复利用率/%	≥95		≥90
2. 煤气回收利用率/%	100	≥90	≥85
3. 炉渣利用率/%	100	≥95	≥90
4. 尘泥回收利用率/%	100	≥95	≥90

注：1. 电炉高碳锰铁产品标准执行 GB/T 3795。

2. 高碳锰铁产品实物量以锰含量 65% 为基准折合成基准吨，然后以基准吨为基础再折算单位产品能耗、物耗。

3. 入炉矿品位每升高或降低 1%，相应冶炼电耗也降低或升高≤60 kW·h/t，详见 GB 21341。

4. 综合能耗计算过程中电力折合标煤按当量热值折算，取折标系数 0.1229 kg/(kW·h)。

附表 6-3　锰硅合金产品清洁生产指标要求

清洁生产指标等级		一级	二级	三级	
一、生产工艺与装备要求					
1.电炉额定容量/kVA		≥50 000	≥25 000	≥12 500	
2.电炉装置		全封闭式		全封闭式或半封闭式	
3.煤气净化装置		干式净化装置		干式或湿式净化装置	
4.除尘装置		原料处理、熔炼产尘部位配备有除尘装置,在熔炼除尘装置废气排放部位安装有在线监测装置,对烟粉尘净化采用干式除尘装置和 PLC 控制	原料处理、熔炼产尘部位配备有除尘装置,对烟粉尘净化采用干式除尘装置和 PLC 控制	原料处理、熔炼产尘部位配备有除尘装置	
5.生产工艺操作	原辅料上料	配料、上料、布料实现 PLC 控制		配料、上料、布料实现机械化	
	冶炼控制	电极压放、功率调节实现 PLC 控制		电极压放实现机械化	
		加料实现机械化			
	炉前出炉	开堵炉眼实现机械化			
6.煤气或余热回收利用		全封闭电炉回收煤气并利用		回收电炉煤气或烟气余热并利用	
7.水处理技术		采用软水、净环水闭路循环技术			
二、资源与能源利用指标					
1.电炉功率因数 cosφ	电炉额定容量(S)/kVA	S≥50 000	30 000≤S <50 000	25 000≤S <30 000	16 500≤S <25 000	12 500≤S <16 500
	电炉自然功率因数 cosφ		≥0.62	≥0.72	≥0.78	≥0.81
	低压补偿后功率因数 cosφ	≥0.92	≥0.92			
2.锰矿入炉品位/%		Mn 含量≥34			
3.锰（Mn）元素综合回收率/%		≥82			
4.单位产品冶炼电耗 /(kW·h/t)		≤4000		≤4200	

续表

清洁生产指标等级	一级	二级	三级
5.单位产品综合能耗（折标煤)/(kg/t)	≤950		≤990
6.单位产品新水消耗量/(m³/t)	≤5.0	≤8.0	≤10.0
三、废物回收利用指标			
1.工业用水重复利用率/%	≥95		≥90
2.煤气回收利用率/%	100	≥90	≥85
3.炉渣利用率/%	100	≥95	≥90
4.尘泥回收利用率/%	100	≥95	≥90

注:1.锰硅合金产品标准执行 GB/T 4008。

2.锰硅合金产品实物量以 Mn+Si=82% 为基准折合成基准吨,然后以基准吨为基础再折算单位产品能耗、物耗。

3.入炉矿品位每升高或降低 1%,相应冶炼电耗也降低或升高≤100 kW·h/t,详见 GB 21341。

4.综合能耗计算过程中电力折合标煤按当量热值折算,取折标系数 0.1229 kg/(kW·h)。

附表 6-4　电硅热法中低碳锰铁产品清洁生产指标要求

清洁生产指标等级		一级	二级	三级
一、生产工艺与装备要求				
1.电炉额定容量/kVA		≥5000		≥3000
2.电炉装置		半封闭式矮烟罩		
3.精炼电炉铁水装炉		热装热兑工艺		
4.除尘装置		原料处理、熔炼产尘部位配备有除尘装置,在熔炼除尘装置废气排放部位安装有在线监测装置,对烟粉尘净化采用干式除尘装置和 PLC 控制	原料处理、熔炼产尘部位配备有除尘装置,对烟粉尘净化采用干式除尘装置和 PLC 控制	原料处理、熔炼产尘部位配备有干式除尘装置
5.生产工艺操作	原辅料上料	配料、上料、布料实现 PLC 控制		配料、上料、布料实现机械化
	冶炼控制	电极压放、功率调节实现 PLC 控制		电极压放实现机械化
		加料实现机械化		
6.水处理技术		采用软水、净环水闭路循环技术		
二、资源与能源利用指标				
1.电炉自然功率因数 cosφ		≥0.9		
2.锰矿入炉品位/%		Mn 含量≥48		Mn 含量≥46
3.锰(Mn)元素回收率/%		≥84		≥82
4.单位产品冶炼电耗/(kW·h/t)(热装)		≤580	≤680	≤700
5.单位产品综合能耗(折标煤)/(kg/t)		≤110	≤120	≤130
6.单位产品新水消耗量/(m³/t)		≤1.0	≤2.0	≤3.0
三、废物回收利用指标				
1.工业用水重复利用率/%		≥95		≥90
2.炉渣利用率/%		100	≥95	≥90
3.尘泥回收利用率/%		100	≥95	≥90

注:1.电硅热法中低碳锰铁产品标准执行 GB/T 3795。

2.中低碳锰铁产品实物量以含 Mn 78% 为基准折合成基准吨,然后以基准吨为基础再折算单位产品能耗、物耗。

3.入炉矿品位每升高或降低 1%,相应冶炼电耗也降低或升高≤20 kW·h/t。

4.综合能耗计算过程中电力折合标煤按当量热值折算,取折标系数 0.1229 kg/(kW·h)。

附表 6-5 高碳铬铁产品清洁生产指标要求

清洁生产指标等级		一级	二级			三级
一、生产工艺与装备要求						
1.电炉额定容量/kVA		≥50 000	≥25 000			≥12 500
2.电炉装置		全封闭式				全封闭式或半封闭式
3.煤气净化装置		干式净化装置				干式或湿式净化装置
4.除尘装置		原料处理、熔炼产尘部位配备有除尘装置,在熔炼除尘装置废气排放部位安装有在线监测装置,对烟粉尘净化采用干式除尘装置和PLC控制	原料处理、熔炼产尘部位配备有除尘装置,对烟粉尘净化采用干式除尘装置和PLC控制			原料处理、熔炼产尘部位配备有除尘装置
5.生产工艺操作	原辅料上料	配料、上料、布料实现PLC控制				配料、上料、布料实现机械化及程序控制
	冶炼控制	电极压放、功率调节实现计算机控制				电极压放实现机械化
		加料实现机械化				
	炉前出炉	开堵炉眼实现机械化				
6.煤气或余热回收利用		全封闭电炉回收煤气并利用				回收电炉煤气或烟气余热并利用
7.水处理技术		采用软水、净环水闭路循环技术				
二、资源与能源利用指标						
1.电炉功率因数 cosφ	电炉额定容量(S)/kVA	S≥50 000	30 000≤S<50 000	25 000≤S<30 000	16 500≤S<25 000	12 500≤S<16 500
	电炉自然功率因数 cosφ		≥0.76	≥0.84	≥0.86	≥0.88
	低压补偿后功率因数 cosφ	≥0.92	≥0.92			
2.铬矿入炉品位/%		Cr_2O_3 含量≥40				
3.铬(Cr)元素综合回收率/%		≥92	≥90			
4.单位产品冶炼电耗/(kW·h/t)		≤2800				≤3200

续表

清洁生产指标等级	一级	二级	三级
5.单位产品综合能耗（折标煤）/(kg/t)	≤740		≤810
6.单位产品新水消耗量/(m³/t)	≤5.0	≤8.0	≤10.0
三、废物回收利用指标			
1.工业用水重复利用率/%	≥95		≥90
2.煤气回收利用率/%	100	≥90	≥85
3.炉渣利用率/%	100	≥95	≥90
4.尘泥回收利用率/%	100	≥95	≥90

注:1.高碳铬铁产品标准执行 GB/T 5683。

2.高碳铬铁产品实物量以含铬 50% 为基准折合成基准吨,然后以基准吨为基础再折算单位产品能耗、物耗。

3.入炉矿品位每升高或降低 1%,相应冶炼电耗也降低或升高≤80 kW·h/t,详见 GB 21341。

4.综合能耗计算过程中电力折合标煤按当量热值折算,取折标系数 0.1229 kg/(kW·h)。

附表 6-6　电硅热法中低微碳铬铁产品清洁生产指标要求

清洁生产指标等级		一级	二级	三级
一、生产工艺与装备要求				
1.电炉额定容量/kVA		≥5000		≥3000
2.电炉装置		带盖倾动或半封闭精炼炉		
3.精炼电炉铁水装炉		热装热兑工艺		热装或冷装工艺
4.除尘装置		原料处理、熔炼产尘部位配备有除尘装置,在熔炼除尘装置废气排放部位安装有在线监测装置,对烟粉尘净化采用干式除尘装置和PLC控制	原料处理、熔炼产尘部位配备有除尘装置,对烟粉尘净化采用干式除尘装置和PLC控制	原料处理、熔炼产尘部位配备有干式除尘装置
5.生产工艺操作	原辅料上料	配料、上料、布料实现PLC控制		配料、上料、布料实现机械化
	冶炼控制	电极压放、功率调节实现计算机控制		电极压放实现机械化
		加料实现机械化		
6.水处理技术		采用软水,净环水闭路循环技术		
二、资源与能源利用指标				
1.电炉自然功率因数 $\cos\varphi$		≥0.9		
2.铬矿入炉品位/%		Cr_2O_3 含量≥48		
3.铬(Cr)元素综合回收率/%		≥87	≥85	≥83
4.单位产品冶炼电耗 /(kW·h/t)		中碳铬铁≤1400		中碳铬铁≤1600
		低微碳铬铁≤1600		低微碳铬铁≤1800
5.单位产品综合能耗(折标煤)/(kg/t)		≤230		≤270
6.单位产品新水消耗量/(m³/t)		≤1.0	≤2.0	≤3.0
三、废物回收利用指标				
1.工业用水重复利用率/%		≥95		≥90
2.炉渣利用率/%		100	≥95	≥90
3.尘泥回收利用率/%		100	≥95	≥90

注:1.电硅热法中低微碳铬铁产品标准执行 GB/T 5683。

2.中低微碳铬铁产品实物量以含铬量50%为基准折合成基准吨,然后以基准吨为基础再折算单位产品能耗、物耗。

3.入炉矿品位每升高或降低1%,相应冶炼电耗也降低或升高≤30 kW·h/t。

4.综合能耗计算过程中电力折合标煤按当量热值折算,取折标系数 0.1229 kg/(kW·h)。

附表 6-7　铁合金清洁生产指标要求

清洁生产指标等级	一级	二级	三级
环境管理要求			
1. 环境法律法规标准	符合国家和地方有关环境法律、法规,污染物排放达到国家、地方和行业现行排放标准、总量控制和排污许可证管理要求		
2. 组织机构	建立健全专门环境管理机构和有专职管理人员,开展环保和清洁生产有关工作		
3. 环境审核	按照《钢铁企业清洁生产审核指南》的要求进行了审核;按照 ISO 14001 建立并有效运行环境管理体系,环境管理手册、程序文件及作业文件齐备	按照《钢铁企业清洁生产审核指南》的要求进行了审核;环境管理制度健全,原始记录及统计数据齐全有效	按照《钢铁企业清洁生产审核指南》的要求进行了审核;环境管理制度健全,原始记录及统计数据基本齐全
4. 废物处理	对工业固体废物(包括危险废物)的处置、处理符合国家与地方政府相关规定要求。对于危险废物应交由持有危险废物的经营许可证的单位进行处理。应制定并向所在地县级以上地方人民政府环境保护行政主管部门备案危险废物管理计划(包括减少危险废物产生量和危害性的措施以及危险废物贮存、利用、处置措施),向所在地县级以上地方人民政府环境保护行政主管部门申报危险废物产生种类、产生量、流向、贮存、处置等有关资料。针对危险废物的产生、收集、贮存、运输、利用、处置,应当制定意外事故防范措施和应急预案,并向所在地县级以上地方人民政府环境保护行政主管部门备案		
5. 生产过程环境管理	1. 每个生产工序要有操作规程,对重点岗位要有作业指导书;易造成污染的设备和废物产生部位要有警示牌;生产工序能分级考核。 2. 建立环境管理制度,其中包括: (1)开停工及停工检修时的环境管理程序; (2)新、改、扩建项目管理及验收程序; (3)储运系统污染控制制度; (4)环境监测管理制度; (5)污染事故的应急处理预案并进行演练; (6)环境管理记录和台账		1. 每个生产工序要有操作规程,对重点岗位要有作业指导书;生产工序能分级考核。 2. 建立环境管理制度,其中包括: (1)开停工及停工检修时的环境管理程序; (2)新、改、扩建项目管理及验收程序; (3)环境监测管理制度; (4)污染事故的应急程序
6. 相关方环境管理	环境管理制度中明确: (1)原材料供应方的管理程序; (2)协作方、服务方的管理程序		环境管理制度中明确: 原材料供应方的管理程序

5 数据采集和计算方法

5.1 采样

本标准各项指标的采样和监测按照国家颁布的相关标准监测方法执行。

5.2 相关指标的计算方法

5.2.1 电炉功率因数

电炉功率因数,按式(附 6-1)计算:

$$A = \frac{P}{S} \qquad\qquad (\text{附 } 6\text{-}1)$$

式中,A 为电炉功率因数,以 $\cos\varphi$ 表示;P 为有用功率(kW);S 为视在功率(kVA)。

5.2.2 入炉矿品位

入炉矿品位指入炉矿主元素的平均品位,按式(附 6-2)计算:

$$C_p = \frac{C_z}{C_s} \times 100\% \qquad\qquad (\text{附 } 6\text{-}2)$$

式中,C_p 为入炉矿品位(%);C_z 为入炉矿含主元素量(t);C_s 为入炉矿实物总量(t)

5.2.3 元素回收率

元素回收率指产品在冶炼过程中某种主元素的利用程度,它是反映冶炼过程中金属回收程度的指标,按式(附 6-3)计算:

$$R_{id} = \frac{S_d}{I_o} \times 100\% \qquad\qquad (\text{附 } 6\text{-}3)$$

式中,R_{id} 为元素回收率(%);S_d 为合格品含主元素重量(t);I_o 为入炉原料含主元素重量(t)。

5.2.4 单位产品冶炼电耗

单位产品冶炼电耗指在单位时间(以年为单位)内铁合金冶炼工序每生产单位合格铁合金产品所消耗的电量,其中不包括原料处理、出铁、浇铸、精整等过程消耗的电量,按式(附 6-4)计算:

$$E_{ydh} = \frac{e_{ydh}}{P_{THJ}} \qquad\qquad (\text{附 } 6\text{-}4)$$

式中,E_{ydh} 为单位产品冶炼电耗(kW·h/t);e_{ydh} 为铁合金生产冶炼耗电量(kW·h);P_{THJ} 为合格铁合金产量(t)。

5.2.5 单位产品综合能耗

单位产品综合能耗指铁合金企业在单位时间(以年为单位)生产单位产品合格铁合金所消耗的各种能源,扣除工序回收并外供的能源后实际消耗的各种能源折合标准煤总量,按式(附 6-5)计算:

$$E_{THJ} = \frac{e_{yd} + e_{th} + e_{dl} - e_{yr}}{P_{THJ}}$$ （附 6-5）

式中,E_{THJ} 为铁合金产品综合能耗(折标煤,kg/t);e_{yd} 为铁合金生产冶炼电力能源年耗用量(折标煤,kg);e_{th} 为铁合金生产炭质还原剂年耗用量(折标煤,kg);e_{dl} 为铁合金生产过程中动力能源年耗用量(折标煤,kg);e_{yr} 为年二次能源回收与外供量(折标煤,kg);P_{THJ} 为年合格铁合金产量(t)。

5.2.6　单位产品新水消耗量

单位产品新水消耗量指铁合金企业在单位时间(以年为单位)采用电炉法生产单位产品铁合金所消耗的新水量,按式(附 6-6)计算:

$$V_{ui} = \frac{V_i}{M_s} \times 100\%$$ （附 6-6）

式中,V_{ui} 为吨产品新水消耗量(m³/t);V_i 为年生产铁合金产品所消耗的所有新水量(m³);M_s 为年铁合金产品产量(t)。

5.2.7　工业用水重复利用率

工业用水重复利用率指铁合金生产过程中工业重复用水量占工业总用水量的百分比,按式(附 6-7)计算:

$$W = \frac{W_r}{W_r + W_n} \times 100\%$$ （附 6-7）

式中,W 为水重复利用率(%);W_r 为年生产铁合金产品过程中的重复用水量(m³);W_n 为年生产铁合金产品过程中的新水补充量(m³)。

5.2.8　炉渣利用率

炉渣利用率指炉渣利用量与炉渣产生量的百分比,按式(附 6-8)计算:

$$R = \frac{G_h}{G} \times 100\%$$ （附 6-8）

式中,R 为炉渣利用率(%);G_h 为年炉渣利用量(t);G 为年炉渣产生量(t)。

5.2.9　微硅粉回收利用率

微硅粉回收利用率指硅铁生产过程中微硅粉利用量与微硅粉回收量的百分比,按式(附 6-9)计算:

$$W_{gr} = \frac{W_{ge}}{W_{gz}} \times 100\%$$ （附 6-9）

式中,W_{gr} 为微硅粉回收利用率(%);W_{ge} 为微硅粉年利用量(t);W_{gz} 为微硅粉年回收量(t)。

5.2.10　煤气回收利用率

煤气回收利用率指煤气利用量与煤气回收量的百分比,按式(附 6-10)计算:

$$M_r = \frac{M_h}{M} \times 100\%$$ （附 6-10）

式中，M_r 为煤气回收利用率（%）；M_h 为年利用煤气量（$\times 10^4$ m³）；M 为年回收煤气量（$\times 10^4$ m³）。

5.2.11　尘泥回收利用率

尘泥回收利用率指铁合金生产尘、泥利用量与尘、泥回收量的百分比，按式（附6-11）计算：

$$C_r = \frac{C_h}{C} \times 100\%　　　　　　　　　（附6-11）$$

式中，C_r 为尘、泥回收利用率（%）；C_h 为年尘、泥利用量（t）；C 为年尘、泥回收量（t）。

5.2.12　基准吨

基准吨指铁合金企业把产品实物量按所含主要元素折合成规定基准成分且以吨为单位的产品产量，按式（附6-12）计算：

$$M_{jz} = \frac{E_z \times M_s}{E_j}　　　　　　　　　（附6-12）$$

式中，M_{jz} 为基准吨（t）；E_z 为产品主要元素成分（%）；M_s 为产品实物量（t）；E_j 为产品含主要元素的基准成分（%）。

注：为便于统一计算和比较铁合金产品冶炼效果，规定铁合金产量均按基准吨计算，其他指标如单位炉料消耗、单位电能消耗也均以基准吨为单位进行计算。

6　标准的实施

本标准由各级人民政府环境保护行政主管部门负责监督实施。

附录7 清洁生产实验

附录7.1 环氧氯丙烷的清洁生产实验

清洁生产是可持续发展理论的具体应用,是对传统节能减排思维方式的更新和发展,是当前环保的一个重要前沿技术,也是解决污染的必由之路。在化工领域开展清洁生产,又叫绿色化学,发展绿色化学的核心问题是将环境保护和可持续发展的思想融入到所有的化学化工问题中,在考虑化学反应条件以及经济性问题的同时,考虑是否对环境造成了污染,是否实现了零排放。因此,在合成一种化合物时,其工艺路线的确定,应从经济效益和环境效益两方面出发,选取出一种既在经济上可行,又最大限度减少污染的合成路线,这就是清洁生产的新思路。本实验以环氧氯丙烷生产为例,以清洁生产思想为指导,从工艺改革,原材料替代,废弃物综合利用等方面采取综合措施,实现环氧氯丙烷的清洁生产。

环氧氯丙烷是一种重要的有机化工原料,因其分子内含有环氧基和活性氯可作为合成甘油的中间体,同时也是环氧树脂、硝化甘油炸药、玻璃钢、电绝缘制品的主要原料,并可用作纤维素酯、树脂和纤维素醚的溶剂,也可用作生产表面活性剂、医药、农药、涂料、胶粘剂、离子交换树脂、增塑剂、甘油衍生物、缩水甘油衍生物以及氯醇橡胶的原料。世界上生产环氧氯丙烷的国家和地区主要有美国、西欧和日本,年总产量在92万吨左右。目前我国环氧氯丙烷的生产厂家主要有4家,总生产能力为11万吨,且大多都使用引进国外的生产技术,并且以每年3%的速度增长。

1. 目前生产环氧氯丙烷的工艺及存在的问题

环氧氯丙烷的生产工艺迄今仍以氯醇法为主,全球90%以上的环氧氯丙烷是采用丙烯高温氯化法生产的,采用醋酸烯丙酯法生产的不到10%。丙烯高温氯化法主要步骤为:

(1)氯化反应的方程式为:

$$CH_3-CH=CH_2+Cl_2 \longrightarrow Cl-CH_2-CH=CH_2+HCl$$

主要副反应为:

$$CH_3-CH=CH_2+Cl_2 \longrightarrow CH_3-CHCl-CH_2Cl \quad (加成)$$

$$CH_3-CH=CH_2+Cl_2 \longrightarrow ClCH_2-CH=CHCl \quad (取代)$$

(2)次氯酸化反应的方程式为:

$$Cl-CH_2-CH=CH_2+Cl_2+H_2O \longrightarrow CH_2Cl-CHCl-CH_2-OH$$

$$或\ CH_2Cl-CHOH-CH_2Cl+HCl$$

（3）皂化反应的方程式为：

$$CH_2Cl—CHCl—CH_2—OH+1/2Ca(OH)_2 \longrightarrow CH_2Cl—\underset{O}{CH—CH_2}$$

丙烯高温氯化法的工艺技术成熟，生产装置均为大型化连续自动操作装置，缺点是对丙烯纯度和反应器材质的要求较高，而且存在着能耗大、耗氯量高、副产物多和设备生产能力低等缺点，每生产 1 吨环氧氯丙烷可副产 D-D 混剂约 230 公斤，其中主要成分为 1,2-二氯丙烷和 1,3-二氯丙烯。我国环氧氯丙烷生产能力在几十万吨/年以上，因此，年副产 D-D 混剂近万吨。对于 D-D 混剂的合理利用，国外也未能很好解决，国内采用的处理方法一般有：焚烧、氯化和作农药。但这几种方法不仅造成了资源的浪费，还严重污染了环境。另外，该工艺产生大量含有机氯化物的生产废水（50～60 吨/吨环氧氯丙烷）需要净化处理。

2.通过工艺改革使环氧氯丙烷生产实现绿色化

为了克服上述缺点，国内外对氯醇法的工艺流程、设备结构和三废治理等方面进行了广泛研究和不断改进，并探索更经济有效的环氧氯丙烷生产新工艺。其中取得较显著成效的研究为：醋酸丙烯酯法、Interox 法和 Puck 法。

（1）醋酸丙烯酯法

醋酸丙烯酯法是日本昭和电工公司在 20 世纪 80 年代中期开发的新技术，其主要反应式如下：

醋酸丙烯酯的生成方程式为：

$$CH_2=CHCH_3+1/2O_2+CH_3COOH \xrightarrow{钯} CH_3COOC_3H_5+H_2O$$

丙烯醇的生成方程式为：

$$CH_3COOC_3H_5+H_2O \xrightarrow{H^+} CH_2=CHCH_2OH+CH_3COOH$$

二氯丙醇的生成方程式为：

$$CH_2=CHCH_2OH+Cl_2 \xrightarrow{H^+} CH_2OHCHClCH_2Cl$$

环氧氯丙烷的生成方程式为：

$$CH_2OHCHClCH_2Cl+1/2Ca(OH)_2 \longrightarrow \underset{O}{CH_2—CHCH_2Cl}+1/2CaCl_2+H_2O$$

上述昭和电工公司开发的醋酸酯先水解后氯化的新工艺，环氧氯丙烷收率近 90%，含量大于 99%，并对未反应的醋酸丙烯酯、丙烯醇中间体及副产品亚丙基醋酸酯和盐酸均作了有效的分离和应用。该法具有产率高、副产物少、污水量少等特点，与氯醇法相比，降低了丙烯和氯的消耗，产品成本也相应下降。醋酸丙烯酯法和氯醇法技术经济比较见附表 7-1。

附表 7-1　氯醇法和醋酸丙烯酯法制备环氧氯丙烷的比较

比较项目	氯醇法	醋酸丙烯酯法
丙烯(折100%)单耗/吨	0.55~0.65	0.48~0.50
氯气(折100%)单耗/吨	1.8~2.0	1.0
Ca(OH)$_2$(折100%)单耗/吨	0.30	
醋酸(折100%)单耗/千克	0.60	5.0
产品收率/%	70~72	约90
含量/%	>98	>99
能耗	较高	较低
产品成本/元/吨	2500	2200
三废治理占总投资/%	15~20	<10
设备投资占总投资/%	5.0	1~2
装置设备总投资/亿元	1~1.1	约0.8
开工率/%	65	85

（2）Interox 法

Interox 法是以过羧酸为环氧化剂的两步法。乙酸(或丙酸)先与过氧化氢在硫酸存在下形成过乙酸(或过丙酸)，然后在 100 ℃~110 ℃使氯丙烯环氧化。此法在相当程度上克服了叔丁基过氧化氢环氧化法的缺点，当氯丙烯转化率为 54% 时，环氧氯丙烷的选择性达到 87.5% 左右。

（3）法国 Pcuk 法

法国 Pcuk 法是以过氧化氢、氯丙烯和丙酸为原料的一步法，反应在常压和温度为 70 ℃~80 ℃ 的环境下进行。

（4）TS-1 催化剂催化法

TS-1 催化体系的特点是催化剂活性高、反应条件温和、催化剂选择性高、过氧化氢的转化率及环氧氯丙烷的产率均较高。

TS-1 催化剂催化氯丙烯与过氧化氢的环氧化反应进行的研究结果表明：反应条件温和，可在室温下进行。以甲醇和水的质量比为 5:4 甲醇水溶液为溶剂，在 45 ℃下反应 60 分钟，过氧化氢的转化率达 99%，产物的选择性达 99%。但是过氧化氢价格较高。

以上是几种较有希望取代传统工艺的新方法，特别是醋酸丙烯酯法，既可降低生产成本，又减少三废排放，是实现环氧氯丙烷绿色化学生产的新工艺。然而我国国内的生产厂家基本都采用氯醇法,因此,如何在现有基础上实现环氧氯丙烷工业生产的绿色化,成为我们急需研究的一个重要课题。

(5)甘油法

反应方程式为:

$$HOCH_2CHOHCH_2OH + 2HCl \longrightarrow CHOHCH_2Cl + 2H_2O$$

环氧氯丙烷的生成方程式为:

$$ClCH_2CH_2OCH_2Cl + 1/2Ca(OH)_2 \longrightarrow \underset{O}{CH_2\!-\!CHCH_2Cl} + 1/2CaCl_2 + H_2O$$

3. 绿色化生产环氧氯丙烷的资源化副产物

通过氯醇法生产环氧氯丙烷的副产物的资源化,使环氧氯丙烷的生产实现绿色化。每生产1吨环氧氯丙烷可副产D-D混剂约230千克,其中主要成分为1,2-二氯丙烷和1,3-二氯丙烯,我国环氧氯丙烷生产能力在几十万吨/年以上,因此,年副产D-D混剂几万吨。因此,充分合理利用D-D混剂,既可降低成本,提高经济效益,又可防止防治污染的产生,实现绿色化学。

从绿色化学的角度出发,在污染的源头防治污染发生,必须首先对生产环氧氯丙烷的副产物D-D混剂用气相色谱质谱连用仪进行定性和定量分析,以便提出综合利用的目的。根据气相色谱质谱连用仪的分析数据得知,D-D混剂主要成分是1,2-二氯丙烷和1,3-二氯丙烯。根据D-D混剂中1,2-二氯丙烷和1,3-二氯丙烯的物理化学性质,1,2-二氯丙烷(沸点96 ℃)和1,3-二氯丙烯(顺式沸点104 ℃,反式沸点112 ℃)的沸点差别不大,而且结构相似。因此,用蒸馏的方法分离有较大的困难。要想充分利用必须对D-D混剂的主要成分进行分离,然后分别加以利用。而1,2-二氯丙烷和1,3-二氯丙烯的化学性质差别较大。其中,1,3-二氯丙烯中3位上的氯最为活泼。先加入合适试剂(Na_2SO_3,Na_2CO_3,$HN(C_2H_5)_2$),与D-D混剂中的1,3-二氯丙烯反应,生成溶于水的化合物。而1,2-二氯丙烷不反应,保持在油相。因而,较完全的分离了D-D混剂中的主要成分1,2-二氯丙烷和1,3-二氯丙烯。分离后再将1,3-二氯丙烯与反应试剂的生成产物作原料合成其他的精细化工产品。例如进行脱HCl处理或聚合,所得 $CH\equiv C\!-\!CH_2SO_3Na$,$CH\equiv C\!-\!CH_2OH$,$CH\equiv C\!-\!CH_2\!-\!N(C_2H_5)_2$ 均为高附加值精细化学品。聚合所得高聚物可作抗高温,抗静电填充料,分离出的1,2-二氯丙烷既可氨化后成为丙二胺,又可与碱反应合成丙二醇。

经全面分析,D-D混剂的综合利用见附图7-1。

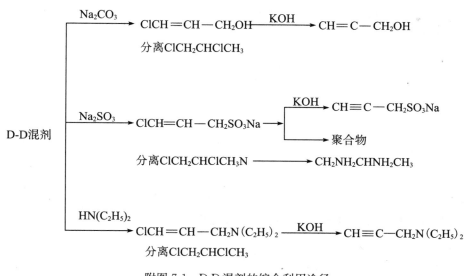

附图 7-1　D-D混剂的综合利用途径

附录7.2　D-D混剂的精制及定性定量分析实验

本实验的原料为粗 D-D 混剂,经减压蒸馏处理,收率90%,蒸馏物用气相色谱质谱连用进行定性定量分析。

1. 实验目的

(1)了解气相色谱-质谱联用法的基本原理。

(2)了解气相色谱-质谱联用仪的主要结构及工作原理。

(3)掌握气相色谱-质谱联用仪的基本操作方法。

(4)学习如何应用气相色谱-质谱联用法分析挥发性物成分。

(5)掌握减压蒸馏操作步骤。

(6)弄清 D-D 混剂的主要化学组成,为进一步综合利用打基础。

(7)减压蒸馏用液成分分析。

2. 实验原理

用气相色谱-质谱联用法分析挥发性有机物:气相色谱首先对挥发性成分进行分离、定量;质谱法再通过测定离子质量和强度来进行成分和结构分析。气相色谱法分离效能高,定量准确;质谱法灵敏度高,定性能力强,几乎能检测出全部的有机化合物。因此,用气相色谱-质谱联用法对挥发性成分进行定性、定量工作,不仅可以确定它的有效成分的结构与含量,而且还有许多的新成分在不断地被发现。

3. 仪器和试剂

真空泵,减压蒸馏成套仪器,调温式电热套,气相色谱-质谱联用仪(GC/MS-2010QP),弹性石英毛细管柱 SE-54(25 m×0.25 mm×0.25 μm),氩气钢瓶,0.5 μL 微量注射器,自动进样盘,氢气发生器,FID检测器。

4. 实验步骤

(1)减压蒸馏

在 250 mL 的三口烧瓶中加入 100 mL 的工业废物 D-D 混剂,进行减压蒸馏,用水冷收集蒸出物备用。

(2)分析测试条件的设置

①气相色谱分析条件:

色谱柱:弹性石英毛细管柱 SE-54(25 m×0.25 mm×0.25 μm);

柱温:初始温度 60 ℃,持续 5 分钟后,以每分钟 6 ℃的速率升至 250 ℃并保持 30 分钟;载气 He,柱前压为 45 kPa;分流比 1∶30;气化室与检测器温度均为 280 ℃;进样量 0.1 μL。

②气相色谱-质谱分析条件:

色谱柱:弹性石英毛细管柱 SE-54(25 m×0.25 mm×0.25 μm);

柱温:初始温度 60 ℃,持续 5 分钟后,以每分钟 6 ℃的速率升至 250 ℃并保持 30 分钟;载气 He,柱前压为 45 kPa;分流比 1∶30;进样口温度为 280 ℃;离子源温度 200 ℃;电离电压 70 eV;质量扫描范围为 30～400 amu。

5. 检测步骤

(1)在色谱工作站中输入以上色谱条件,待仪器指示"READY"后,进待测样品 0.1 μL。

(2)分别测定减压蒸馏样品及减压蒸馏用液成分并分析。

(3)得到总离子流图,利用色谱-质谱联用系统质谱谱库对样品进行定性分析。

思考题

1. 气相色谱-质谱联用后有什么突出的优点?

2. 简述气相色谱-质谱联用仪与气相色谱仪的主要区别。

3. 在使用气相色谱-质谱联用仪检测未知样品时,为什么必须在 70 eV 电子束条件下进行检测?

附录7.3 蒸馏产物与 Na_2CO_3 的反应及产物的气相色谱分析实验

1. 实验原理

$$ClCH_2CHClCH_3 \xrightarrow{\text{分离}} ClCH_2CHClCH_3（油相）$$

$$ClCH{=}CH{-}CH_2Cl \xrightarrow{Na_2CO_3} ClCH{=}CH{-}CH_2OH （水相）$$

用分液漏斗将油相和水相分开,分别用气相色谱分析。

2. 实验目的

弄清反应后的产物，为进一步综合利用打基础。学会减压蒸馏操作，了解气相色谱仪的原理、功能和使用方法。

3. 实验步骤

在 250 mL 的三口烧瓶中加入 50 mL 蒸馏过的工业废物 D-D 混剂，再加入 100 mL 20% 的 Na_2CO_3，加热至 78 ℃，沸腾回流 2 小时，产物用分液漏斗将油相和水相分开，将水相减压蒸馏，并分别用气相色谱分析。

附录 7.4　蒸馏产物与 Na_2SO_3 反应及反应产物的高效液相色谱分析实验

1. 实验目的

了解 D-D 混剂与亚硫酸钠溶液反应的产物，为进一步综合利用打下基础。了解高效液相色谱仪的原理、功能和使用方法。

2. 实验步骤

取 50 mL 的蒸馏液、37 g 的无水 Na_2SO_3 以及 130 mL 的 H_2O，在 70 ℃ 的环境下回流反应 3 小时，反应完毕后用分液漏斗分离油相和溶液相。油相为未反应的二氯丙烷，用气相色谱分析油相。用高压液相色谱分析水相，水相中的主要生成物为 $ClCH=CH—CH_2SO_3Na$ 水溶液，且分离较容易。$ClCH=CH—CH_2SO_3Na$ 有顺反两种结构。

注意：D-D 混剂蒸馏产物与 Na_2SO_3 反应中，Na_2SO_3 摩尔含量与 D-D 混剂所含 1,3-二氯丙烯的摩尔含量之比为 1.1∶1，Na_2SO_3 稍过量，可以防止产物聚合，提高收率。此外，反应温度不可太高，否则也会引起聚合，基本设定为 70 ℃，既可保持物料微量回流，又可提高收率。

国家危险废物名录(2021 年版)中将具有毒性、腐蚀性、易燃性、反应性或者感染性的一种或者几种危险性液态废物列入其中。1,2-二氯丙烷对人体中枢神经系统有抑制作用，可引起肝、肾和心肌的脂肪性病变，其蒸气与空气形成爆炸性混合物，高热或遇明火遇能引起燃烧、爆炸。1,2-二氯丙烷与氧化剂能发生强烈反应，受高热分解会产生有毒的腐蚀性气体，其蒸气比空气重，能在较低处扩散到相当远的地方，遇火源易引着回燃，若遇高热，容器内压增大，容器有开裂和爆炸的危险。1,3-二氯丙具有易燃、强刺激性的特点，对人和环境，包括水体均可造成污染。常用危险化学品的分类及标志(GB 13690—92)将该物质划为第 3.3 类高闪点易燃液体。

D-D 混剂在国外曾用作杀跟线虫的土壤蒸剂，国内多地也曾将其作为杀虫剂和农作物生长的促进剂使用，效果较好。但由于用量大(每公顷需 750 千克)、使用方法繁琐、气味大，加之腐蚀性强，农用推广前途不大。后来，将其广泛作为氯解法生产四氯化碳和四氯乙烯的原料，并代替丙烷、丙烯使用，可以节省一部分氯气。将异构氯丙烯加氯化氢，氯丙烯返回氯化二氯丙烷,再脱氯化氢回收得 3-氯丙烯,异构物再返回系统中,这样既消灭了"三废",又提高了氯丙烯的回收率,一举两得。但是,D-D 混剂中主要组分 1,3-二氯丙烯和 1,2-二氯丙烷还有一定的工业用途。1,3-二氯丙烯除了可以作为杀虫药剂外,还是某些有机合成的中间体。1,2-二氯丙烷不但是有机合成的中间体,它本身也是一种有用的溶剂,可用作清洗和除漆剂、油脂、乳酸、松脂萃取剂、石油脱蜡剂、配制橡胶黏结剂等。

D-D 混剂的蒸馏产物中,1,2-二氯丙烷和 1,3-二氯丙烯的纯度可达 89% 和 96%。二氯丙烷中含 2,3-二氯丙烯会影响二氯丙烷的纯度,若采用再蒸馏方法,成本高且效果不好,可以考虑用化学处理方法,如用亚硫酸钠纯化 1,2-二氯丙烷蒸馏产物,可全部去除混合其中的 1,3-二氯丙烯,2,3-二氯丙烯含量也可下降 42.73%;50 ℃搅拌下,滴加硫代硫酸钠于溶液中,然后在 79 ℃下搅拌 6 小时,经处理,2,3-二氯丙烯含量下降了 90.83%。通过多段蒸馏与化学处理法相结合,减少蒸馏副产物的产生,提高 D-D 混剂的纯度,利于其资源化应用,避免了生产环氧氯丙烷的副产物直接暴露于环境中,降低了对环境和人体造成的危害。

工艺改革和副产品综合利用是实现环氧氯丙烷生产绿色化的有效途径。实践证明:将绿色化学的思想纳入化工生产设计中,通过工艺改革,既可降低能耗、水耗、设备投资和生产成本,又可提高原材料利用率,减少污染物的产生量,是实现经济和环境协调发展的必由之路。

在氯醇法生产环氧氯丙烷的副产物综合利用方面进行了探索性研究。实验结果表明:通过化学反应实现了 D-D 混剂中 1,2-二氯丙烷和 1,3-二氯丙烯的完全分离。分别将它们回收利用,可制备氯丙烯磺酸钠、丙二胺、丙炔醇、丙炔磺酸钠、丙炔胺、聚合物等一系列高附加值的精细化学品。既防止了 D-D 混剂的环境污染问题,又可以得到高附加值的精细化工产品,是环氧氯丙烷的工业生产向绿色化发展的又一条途径,为环氧氯丙烷的工业生产向绿色化发展指明了方向。

附录8 国务院印发节能减排综合性工作方案

附录8.1 国务院关于印发节能减排综合性工作方案的通知

各省、自治区、直辖市人民政府,国务院各部委、各直属机构:

国务院同意发展改革委会同有关部门制定的《节能减排综合性工作方案》(以下简称《方案》),现印发给你们,请结合本地区、本部门实际,认真贯彻执行。

1. 充分认识节能减排工作的重要性和紧迫性

《中华人民共和国国民经济和社会发展第十一个五年规划纲要》提出了"十一五"期间单位国内生产总值能耗降低20%左右,主要污染物排放总量减少10%的约束性指标。这是贯彻落实科学发展观,构建社会主义和谐社会的重大举措;是建设资源节约型、环境友好型社会的必然选择;是推进经济结构调整,转变增长方式的必由之路;是提高人民生活质量,维护中华民族长远利益的必然要求。

当前,实现节能减排目标面临的形势十分严峻。去年以来,全国上下加强了节能减排工作,国务院发布了加强节能工作的决定,制定了促进节能减排的一系列政策措施,各地区、各部门相继做出了工作部署,节能减排工作取得了积极进展。但是,去年全国没有实现年初确定的节能降耗和污染减排的目标,加大了"十一五"后四年节能减排工作的难度。更为严峻的是,今年一季度,工业特别是高耗能、高污染行业增长过快,占全国工业能耗和二氧化硫排放近70%的电力、钢铁、有色、建材、石油加工、化工等六大行业增长20.6%,同比加快6.6个百分点。与此同时,各方面工作仍存在认识不到位、责任不明确、措施不配套、政策不完善、投入不落实、协调不得力等问题。这种状况如不及时扭转,不仅今年节能减排工作难以取得明显进展,"十一五"节能减排的总体目标也将难以实现。

我国经济快速增长,各项建设取得巨大成就,但也付出了巨大的资源和环境代价,经济发展与资源环境的矛盾日趋尖锐,群众对环境污染问题反应强烈。这种状况与经济结构不合理、增长方式粗放直接相关。不加快调整经济结构、转变增长方式,资源支撑不住,环境容纳不下,社会承受不起,经济发展难以为继。只有坚持节约发展、清洁发展、安全发展,才能实现经济又好又快发展。同时,温室气体排放引起全球气候变暖,备受国际社会广泛关注。进一步加强节能减排工作,也是应对全球气候变化的迫切需要,是我们应该承担的责任。

各地区、各部门要充分认识节能减排的重要性和紧迫性,真正把思想和行动统一到中央关于节能减排的决策和部署上来。要把节能减排任务完成情况作为检验科学发展观是否落实的重要标准,作为检验经济发展是否"好"的重要标准,正确处理经济增长速度与节能减排的关系,真正把节能减排作为硬任务,使经济增长建立在节约能源资源和保护环境的基础上。要采取果断措施,集中力量,迎难而上,扎扎实实地开展工作,力争通过今明两年的努力,实现节能减排任务完成进度与"十一五"规划实施进度保持同步,为实现"十一五"节能减排目标打下坚实基础。

2.狠抓节能减排责任落实和执法监管

发挥政府主导作用。各级人民政府要充分认识到节能减排约束性指标是强化政府责任的指标,实现这个目标是政府对人民的庄严承诺,必须通过合理配置公共资源,有效运用经济、法律和行政手段,确保实现。当务之急,是要建立健全节能减排工作责任制和问责制,一级抓一级,层层抓落实,形成强有力的工作格局。地方各级人民政府对本行政区域节能减排负总责,政府主要领导是第一责任人。要在科学测算的基础上,把节能减排各项工作目标和任务逐级分解到各市(地)、县和重点企业。要强化政策措施的执行力,加强对节能减排工作进展情况的考核和监督,国务院有关部门定期公布各地节能减排指标完成情况,进行统一考核。要把节能减排作为当前宏观调控重点,作为调整经济结构、转变增长方式的突破口和重要抓手,坚决遏制高耗能、高污染产业过快增长,坚决压缩城市形象工程和党政机关办公楼等楼堂馆所建设规模,切实保证节能减排、保障民生等工作所需资金投入。要把节能减排指标完成情况纳入各地经济社会发展综合评价体系,作为政府领导干部综合考核评价和企业负责人业绩考核的重要内容,实行"一票否决"制。要加大执法和处罚力度,公开严肃查处一批严重违反国家节能管理和环境保护法律法规的典型案件,依法追究有关人员和领导者的责任,起到警醒教育作用,形成强大声势。省级人民政府每年要向国务院报告节能减排目标责任的履行情况。国务院每年向全国人民代表大会报告节能减排的进展情况,在"十一五"期末报告五年两个指标的总体完成情况。地方各级人民政府每年也要向同级人民代表大会报告节能减排工作,自觉接受监督。

强化企业主体责任。企业必须严格遵守节能和环保法律法规及标准,落实目标责任,强化管理措施,自觉节能减排。对重点用能单位加强经常监督,凡与政府有关部门签订节能减排目标责任书的企业,必须确保完成目标;对没有完成节能减排任务的企业,强制实行能源审计和清洁生产审核。坚持"谁污染、谁治理",对未按规定建设和运行污染减排设施的企业和单位,公开通报,限期整改,对恶意排污的行为实行重罚,追究领导和直接责任人员的责任,构成犯罪的依法移送司法机关。同时,要加强机关单位、公民等各类社会主体的责任,促使公民自觉履行节能和环保义务,形成以政府为主导、企业为主体、全社会共同推进的节能减排工作格局。

3.建立强有力的节能减排领导协调机制

为加强对节能减排工作的组织领导,国务院成立节能减排工作领导小组。领导小组的主要任务是,部署节能减排工作,协调解决工作中的重大问题。领导小组办公室设在发展改革委,负责承担领导小组的日常工作,其中有关污染减排方面的工作由环保总局负责。地方各级人民政府也要切实加强对本地区节能减排工作的组织领导。

国务院有关部门要切实履行职责,密切协调配合,尽快制定相关配套政策措施和落实意见。各省级人民政府要立即部署本地区推进节能减排的工作,明确相关部门的责任、分工和进度要求。各地区、各部门和中央企业要在 2007 年 6 月 30 日前,提出本地区、本部门和本企业贯彻落实的具体方案报领导小组办公室汇总后报国务院。领导小组办公室要会同有关部门加强对节能减排工作的指导协调和监督检查,重大情况及时向国务院报告。

附录 8.2 《节能减排综合性工作方案》具体内容(共包含 10 项 45 条方案)

1. 进一步明确实现节能减排的目标任务和总体要求

(1)主要目标。到 2010 年,万元国内生产总值能耗由 2005 年的 1.22 吨标准煤下降到 1 吨标准煤以下,降低 20％左右;单位工业增加值用水量降低 30％。"十一五"期间,主要污染物排放总量减少 10％,到 2010 年,二氧化硫排放量由 2005 年的 2549 万吨减少到 2295 万吨,化学需氧量(COD)由 1414 万吨减少到 1273 万吨;全国设市城市污水处理率不低于 70％,工业固体废物综合利用率达到 60％以上。

(2)总体要求。以邓小平理论和"三个代表"重要思想为指导,全面贯彻落实科学发展观,加快建设资源节约型、环境友好型社会,把节能减排作为调整经济结构、转变增长方式的突破口和重要抓手,作为宏观调控的重要目标,综合运用经济、法律和必要的行政手段,控制增量、调整存量,依靠科技、加大投入,健全法制、完善政策,落实责任、强化监管,加强宣传、提高意识,突出重点、强力推进,动员全社会力量,扎实做好节能降耗和污染减排工作,确保实现节能减排约束性指标,推动经济社会又好又快发展。

2. 控制增量,调整和优化结构

(1)控制高耗能、高污染行业过快增长。严格控制新建高耗能、高污染项目。严把土地、信贷两个闸门,提高节能环保市场准入门槛。抓紧建立新开工项目管理的部门联动机制和项目审批问责制,严格执行项目开工建设"六项必要条件"(必须符合产业政策和市场准入标准、项目审批核准或备案程序、用地预审、环境影响评价审批、节能评估审查以及信贷、安全和城市规划等规定和要求)。实行新开工项目报告和公开制度。建立高耗能、高污染行业新上项目与地方节能减排指标完成进度挂钩、与淘汰落后产能相结合的机制。落实限制高耗能、高污染产品出口的各项政策。继续运用调整出口退税、加征出口关税、削减出口配额、将部分产品列入加工贸易禁止类目录等措施,控制高耗能、高污染产品出口。加大差别电价实施力度,提高高耗能、高污染产品差别电价标准。组织对高耗能、高污染行业节能减排工作专项检查,清理和纠正各地在电价、地价、税费等方面对高耗能、高污染行业的优惠政策。

（2）加快淘汰落后生产能力。加大淘汰电力、钢铁、建材、电解铝、铁合金、电石、焦炭、煤炭、平板玻璃等行业落后产能的力度。"十一五"期间实现节能1.18亿吨标准煤，减排二氧化硫240万吨；今年实现节能3150万吨标准煤，减排二氧化硫40万吨。加大造纸、酒精、味精、柠檬酸等行业落后生产能力淘汰力度，"十一五"期间实现减排化学需氧量（COD）138万吨，实现减排COD 62万吨。制定淘汰落后产能分地区、分年度的具体工作方案，并认真组织实施。对不按期淘汰的企业，地方各级人民政府要依法予以关停，有关部门依法吊销生产许可证和排污许可证并予以公布，电力供应企业依法停止供电。对没有完成淘汰落后产能任务的地区，严格控制国家安排投资的项目，实行项目"区域限批"。国务院有关部门每年向社会公告淘汰落后产能的企业名单和各地执行情况。建立落后产能退出机制，有条件的地方要安排资金支持淘汰落后产能，中央财政通过增加转移支付，对经济欠发达地区给予适当补助和奖励。

（3）完善促进产业结构调整的政策措施。进一步落实促进产业结构调整暂行规定。修订《产业结构调整指导目录》，鼓励发展低能耗、低污染的先进生产能力。根据不同行业情况，适当提高建设项目在土地、环保、节能、技术、安全等方面的准入标准。尽快修订颁布《外商投资产业指导目录》，鼓励外商投资节能环保领域，严格限制高耗能、高污染外资项目，促进外商投资产业结构升级。调整《加工贸易禁止类商品目录》，提高加工贸易准入门槛，促进加工贸易转型升级。

（4）积极推进能源结构调整。大力发展可再生能源，抓紧制定出台可再生能源中长期规划，推进风能、太阳能、地热能、水电、沼气、生物质能利用以及可再生能源与建筑一体化的科研、开发和建设，加强资源调查评价。稳步发展替代能源，制定发展替代能源中长期规划，组织实施生物燃料乙醇及车用乙醇汽油发展专项规划，启动非粮生物燃料乙醇试点项目。实施生物化工、生物质能固体成型燃料等一批具有突破性带动作用的示范项目。抓紧开展生物柴油基础性研究和前期准备工作。推进煤炭直接和间接液化、煤基醇醚和烯烃代油大型台套示范工程和技术储备。大力推进煤炭洗选加工等清洁高效利用。

（5）促进服务业和高技术产业加快发展。落实《国务院关于加快发展服务业的若干意见》，抓紧制定实施配套政策措施，分解落实任务，完善组织协调机制。着力做强高技术产业，落实高技术产业发展"十一五"规划，完善促进高技术产业发展的政策措施。提高服务业和高技术产业在国民经济中的比重和水平。

3.加大投入，全面实施重点工程

（1）加快实施十大重点节能工程。着力抓好十大重点节能工程，"十一五"期间形成2.4亿吨标准煤的节能能力。今年形成5000万吨标准煤节能能力，重点是：实施钢铁、有色、石油石化、化工、建材等重点耗能行业余热余压利用、节约和替代石油、电机系统节能、能量系统优化,以及工业锅炉(窑炉)改造项目共 745 个;加快核准建设和改造采暖供热为主的热电联产和工业热电联产机组 1630 万千瓦;组织实施低能耗、绿色建筑示范项目 30 个,推动北方采暖区既有居住建筑供热计量及节能改造 1.5 亿平方米,开展大型公共建筑节能运行管理与改造示范,启动 200 个可再生能源在建筑中规模化应用示范推广项目;推广高效照明产品 5000 万支,中央国家机关率先更换节能灯。

(2)加快水污染治理工程建设。"十一五"期间新增城市污水日处理能力 4500 万吨、再生水日利用能力 680 万吨,形成 COD 削减能力 300 万吨;今年设市城市新增污水日处理能力 1200 万吨,再生水日利用能力 100 万吨,形成 COD 削减能力 60 万吨。加大工业废水治理力度,"十一五"形成 COD 削减能力 140 万吨。加快城市污水处理配套管网建设和改造。严格饮用水水源保护,加大污染防治力度。

(3)推动燃煤电厂二氧化硫治理。"十一五"期间投运脱硫机组 3.55 亿千瓦。其中,新建燃煤电厂同步投运脱硫机组 1.88 亿千瓦;现有燃煤电厂投运脱硫机组 1.67 亿千瓦,形成削减二氧化硫能力 590 万吨。今年现有燃煤电厂投运脱硫设施 3500 万千瓦,形成削减二氧化硫能力 123 万吨。

(4)多渠道筹措节能减排资金。十大重点节能工程所需资金主要靠企业自筹、金融机构贷款和社会资金投入,各级人民政府安排必要的引导资金予以支持。城市污水处理设施和配套管网建设的责任主体是地方政府,在实行城市污水处理费最低收费标准的前提下,国家对重点建设项目给予必要的支持。按照"谁污染、谁治理,谁投资、谁受益"的原则,促使企业承担污染治理责任,各级人民政府对重点流域内的工业废水治理项目给予必要的支持。

4.创新模式,加快发展循环经济

(1)深化循环经济试点。认真总结循环经济第一批试点经验,启动第二批试点,支持一批重点项目建设。深入推进浙江、青岛等地废旧家电回收处理试点。继续推进汽车零部件和机械设备再制造试点。推动重点矿山和矿业城市资源节约和循环利用。组织编制钢铁、有色、煤炭、电力、化工、建材、制糖等重点行业循环经济推进计划。加快制定循环经济评价指标体系。

(2)实施水资源节约利用。加快实施重点行业节水改造及矿井水利用重点项目。"十一五"期间实现重点行业节水 31 亿立方米,新增海水淡化能力 90 万立方/天,新增矿井水利用量 26 亿立方米;今年实现重点行业节水 10 亿立方米,新增海水淡化能力 7 万立方米/天,新增矿井水利用量 5 亿立方米。在城市强制推广使用节水器具。

(3)推进资源综合利用。落实《"十一五"资源综合利用指导意见》,推进共伴生矿产资源综合开发利用和煤层气、煤矸石、大宗工业废弃物、秸秆等农业废弃物综合利用。"十一五"期间建设煤矸石综合利用电厂 2000 万千瓦时,今年开工建设 500 万千瓦时。推进再生资源回收体系建设试点。加强资源综合利用认定。推动新型墙体材料和利废建材产业化示范。修订发布新型墙体材料目录和专项基金管理办法。推进第二批城市禁止使用实心黏土砖,确保 2008 年底前 256 个城市完成"禁实"目标。

(4)促进垃圾资源化利用。县级以上城市(含县城)要建立健全垃圾收集系统,全面推进城市生活垃圾分类体系建设,充分回收垃圾中的废旧资源,鼓励垃圾焚烧发电和供热、填埋气体发电,积极推进城乡垃圾无害化处理,实现垃圾减量化、资源化和无害化。

(5)全面推进清洁生产。组织编制《工业清洁生产审核指南编制通则》,制定和发布重点行业清洁生产标准和评价指标体系。加大实施清洁生产审核力度。合理使用农药、肥料,减少农村面源污染。

5. 依靠科技,加快技术开发和推广

(1)加快节能减排技术研发。在国家重点基础研究发展计划、国家科技支撑计划和国家高技术发展计划等科技专项计划中,安排一批节能减排重大技术项目,攻克一批节能减排关键和共性技术。加快节能减排技术支撑平台建设,组建一批国家工程实验室和国家重点实验室。优化节能减排技术创新与转化的政策环境,加强资源环境高技术领域创新团队和研发基地建设,推动建立以企业为主体、产学研相结合的节能减排技术创新与成果转化体系。

(2)加快节能减排技术产业化示范和推广。实施一批节能减排重点行业共性、关键技术及重大技术装备产业化示范项目和循环经济高技术产业化重大专项。落实节能、节水技术政策大纲,在钢铁、有色、煤炭、电力、石油石化、化工、建材、纺织、造纸、建筑等重点行业,推广一批潜力大、应用面广的重大节能减排技术。加强节电、节油农业机械和农产品加工设备及农业节水、节肥、节药技术推广。鼓励企业加大节能减排技术改造和技术创新投入,增强自主创新能力。

(3)加快建立节能技术服务体系。制定出台《关于加快发展节能服务产业的指导意见》,促进节能服务产业发展。培育节能服务市场,加快推行合同能源管理,重点支持专业化节能服务公司为企业以及党政机关办公楼、公共设施和学校实施节能改造提供诊断、设计、融资、改造、运行管理一条龙服务。

(4)推进环保产业健康发展。制定出台《加快环保产业发展的意见》,积极推进环境服务产业发展,研究提出推进污染治理市场化的政策措施,鼓励排污单位委托专业化公司承担污染治理或设施运营。

(5)加强国际交流合作。广泛开展节能减排国际科技合作,与有关国际组织和国家建立节能环保合作机制,积极引进国外先进节能环保技术和管理经验,不断拓宽节能环保国际合作的领域和范围。

6. 强化责任,加强节能减排管理

(1)建立政府节能减排工作问责制。将节能减排指标完成情况纳入各地经济社会发展综合评价体系,作为政府领导干部综合考核评价和企业负责人业绩考核的重要内容,实行问责制和"一票否决"制。有关部门要抓紧制定具体的评价考核实施办法。

(2)建立和完善节能减排指标体系、监测体系和考核体系。对全部耗能单位和污染源进行调查摸底。建立健全涵盖全社会的能源生产、流通、消费、区域间流入流出及利用效率的统计指标体系和调查体系,实施全国和地区单位 GDP 能耗指标季度核算制度。建立并完善年耗能万吨标准煤以上企业能耗统计数据网上直报系统。加强能源统计巡查,对能源统计数据进行监测。制定并实施主要污染物排放统计和监测办法,改进统计方法,完善统计和监测制度。建立并完善污染物排放数据网上直报系统和减排措施调度制度,对国家监控重点污染源实施联网在线自动监控,构建污染物排放三级立体监测体系,向社会公告重点监控企业年度污染物排放数据。继续做好单位 GDP 能耗、主要污染物排放量和工业增加值用水量指标公报工作。

(3)建立健全项目节能评估审查和环境影响评价制度。加快建立项目节能评估和审查制度,组织编制《固定资产投资项目节能评估和审查指南》,加强对地方开展"能评",工作的指导和监督。把总量指标作为环评审批的前置性条件。上收部分高耗能、高污染行业环评审批权限。对超过总量指标、重点项目未达到目标责任要求的地区,暂停环评审批新增污染物排放的建设项目。强化环评审批向上级备案制度和向社会公布制度。加强"三同时"管理,严把项目验收关。对建设项目未经验收擅自投运、久拖不验、超期试生产等违法行为,严格依法进行处罚。

(4)强化重点企业节能减排管理。"十一五"期间全国千家重点耗能企业实现节能 1 亿吨标准煤,今年实现节能 2000 万吨标准煤。加强对重点企业节能减排工作的检查和指导,进一步落实目标责任,完善节能减排计量和统计,组织开展节能减排设备检测,编制节能减排规划。重点耗能企业建立能源管理师制度。实行重点耗能企业能源审计和能源利用状况报告及公告制度,对未完成节能目标责任任务的企业,强制实行能源审计。今年要启动重点企业与国际国内同行业能耗先进水平对标活动,推动企业加大结构调整和技术改造力度,提高节能管理水平。中央企业全面推进创建资源节约型企业活动,推广典型经验和做法。

(5)加强节能环保发电调度和电力需求侧管理。制定并尽快实施有利于节能减排的发电调度办法,优先安排清洁、高效机组和资源综合利用发电,限制能耗高、污染重的低效机组发电。今年上半年启动试点,取得成效后向全国推广,力争节能 2000 万吨标准煤,"十一五"期间形成 6000 万吨标准煤的节能能力。研究推行发电权交易,逐年削减小火电机组发电上网小时数,实行按边际成本上网竞价。抓紧制定电力需求侧管理办法,规范有序用电,开展能效电厂试点,研究制定配套政策,建立长效机制。

(6)严格建筑节能管理。大力推广节能省地环保型建筑。强化新建建筑执行能耗限额标准全过程监督管理,实施建筑能效专项测评,对达不到标准的建筑,不得办理开工和竣工验收备案手续,不准销售使用;从 2008 年起,所有新建商品房销售时在买卖合同等文件中要载明耗能量、节能措施等信息。建立并完善大型公共建筑节能运行监管体系。深化供热体制改革,实行供热计量收费。今年着力抓好新建建筑施工阶段执行能耗限额标准的监管工作,北方地区地级以上城市完成采暖费补贴"暗补"变"明补"改革,在25个示范省市建立大型公共建筑能耗统计、能源审计、能效公示、能耗定额制度,实现节能1250万吨标准煤。

(7)强化交通运输节能减排管理。优先发展城市公共交通,加快城市快速公交和轨道交通建设。控制高耗油、高污染机动车发展,严格执行乘用车、轻型商用车燃料消耗量限值标准,建立汽车产品燃料消耗量申报和公示制度;严格实施国家第三阶段机动车污染物排放标准和船舶污染物排放标准,有条件的地方要适当提高排放标准,继续实行财政补贴政策,加快老旧汽车报废更新。公布实施新能源汽车生产准入管理规则,推进替代能源汽车产业化。运用先进科技手段提高运输组织管理水平,促进各种运输方式的协调和有效衔接。

(8)加大实施能效标识和节能节水产品认证管理力度。加快实施强制性能效标识制度,扩大能效标识应用范围,今年发布《实行能效标识产品目录(第三批)》。加强对能效标识的监督管理,强化社会监督、举报和投诉处理机制,开展专项市场监督检查和抽查,严厉查处违法违规行为。推动节能、节水和环境标志产品认证,规范认证行为,扩展认证范围,在家用电器、照明等产品领域建立有效的国际协调互认制度。

(9)加强节能环保管理能力建设。建立健全节能监管监察体制,整合现有资源,加快建立地方各级节能监察中心,抓紧组建国家节能中心。建立健全国家监察、地方监管、单位负责的污染减排监管体制。积极研究完善环保管理体制机制问题。加快各级环境监测和监察机构标准化、信息化体系建设。扩大国家重点监控污染企业实行环境监督员制度试点。加强节能监察、节能技术服务中心及环境监测站、环保监察机构、城市排水监测站的条件建设,适时更新监测设备和仪器,开展人员培训。加强节能减排统计能力建设,充实统计力量,适当加大投入。充分发挥行业协会、学会在节能减排工作中的作用。

7. 健全法制,加大监督检查执法力度

(1)健全法律法规。加快完善节能减排法律法规体系,提高处罚标准,切实解决"违法成本低、守法成本高"的问题。积极推动节约能源法、循环经济法、水污染防治法、大气污染防治法等法律的制定及修订工作。加快民用建筑节能、废旧家用电器回收处理管理、固定资产投资项目节能评估和审查管理、环保设施运营监督管理、排污许可、畜禽养殖污染防治、城市排水和污水管理、电网调度管理等方面行政法规的制定及修订工作。抓紧完成节能监察管理、重点用能单位节能管理、节约用电管理、二氧化硫排污交易管理等方面行政规章的制定及修订工作。积极开展节约用水、废旧轮胎回收利用、包装物回收利用和汽车零部件再制造等方面立法准备工作。

(2)完善节能和环保标准。研究制定高耗能产品能耗限额强制性国家标准,各地区抓紧研究制定本地区主要耗能产品和大型公共建筑能耗限额标准。今年要组织制定粗钢、水泥、烧碱、火电、铝等22项高耗能产品能耗限额强制性国家标准(包括高耗电产品电耗限额标准)以及轻型商用车等5项交通工具燃料消耗量限值标准,制(修)订36项节水、节材、废弃产品回收与再利用等标准。组织制(修)订电力变压器、静电复印机、变频空调、商用冰柜、家用电冰箱等终端用能产品(设备)能效标准。制定重点耗能企业节能标准体系编制通则,指导和规范企业节能工作。

(3)加强烟气脱硫设施运行监管。燃煤电厂必须安装在线自动监控装置,建立脱硫设施运行台账,加强设施日常运行监管。2007年底前,所有燃煤脱硫机组要与省级电网公司完成在线自动监控系统联网。对未按规定和要求运行脱硫设施的电厂要扣减脱硫电价,加大执法监管和处罚力度,并向社会公布。完善烟气脱硫技术规范,开展烟气脱硫工程后评估。组织开展烟气脱硫特许经营试点。

(4)强化城市污水处理厂和垃圾处理设施运行管理和监督。实行城市污水处理厂运行评估制度,将评估结果作为核拨污水处理费的重要依据。对列入国家重点环境监控的城市污水处理厂的运行情况及污染物排放信息实行向环保、建设和水行政主管部门季报制度,限期安装在线自动监控系统,并与环保和建设部门联网。对未按规定和要求运行污水处理厂和垃圾处理设施的城市公开通报,限期整改。对城市污水处理设施建设严重滞后、不落实收费政策、污水处理厂建成后一年内实际处理水量达不到设计能力60%的,以及已建成污水处理设施但无故不运行的地区,暂缓审批该地区项目环评,暂缓下达有关项目的国家建设资金。

(5)严格节能减排执法监督检查。国务院有关部门和地方人民政府每年都要组织开展节能减排专项检查和监察行动,严肃查处各类违法违规行为。加强对重点耗能企业和污染源的日常监督检查,对违反节能环保法律法规的单位公开曝光,依法查处,对重点案件挂牌督办。强化上市公司节能环保核查工作。开设节能环保违法行为和事件举报电话和网站,充分发挥社会公众监督作用。建立节能环保执法责任追究制度,对行政不作为、执法不力、徇私枉法、权钱交易等行为,依法追究有关主管部门和执法机构负责人的责任。

8.完善政策,形成激励和约束机制

(1)积极稳妥推进资源性产品价格改革。理顺煤炭价格成本构成机制。推进成品油、天然气价格改革。完善电力峰谷分时电价办法,降低小火电价格,实施有利于烟气脱硫的电价政策。鼓励可再生能源发电以及利用余热余压、煤矸石和城市垃圾发电,实行相应的电价政策。合理调整各类用水价格,加快推行阶梯式水价、超计划超定额用水加价制度,对国家产业政策明确的限制类、淘汰类高耗水企业实施惩罚性水价,制定支持再生水、海水淡化水、微咸水、矿井水、雨水开发利用的价格政策,加大水资源费征收力度。按照补偿治理成本原则,提高排污单位排污费征收标准,将二氧化硫排污费由目前的每千克 0.63 元分三年提高到每千克 1.26 元；各地根据实际情况提高 COD 排污费标准，国务院有关部门批准后实施。加强排污费征收管理，杜绝"协议收费"和"定额收费"。全面开征城市污水处理费并提高收费标准，吨水平均收费标准原则上不低于 0.8 元。提高垃圾处理收费标准，改进征收方式。

(2)完善促进节能减排的财政政策。各级人民政府在财政预算中安排一定资金，采用补助、奖励等方式，支持节能减排重点工程、高效节能产品和节能新机制推广、节能管理能力建设及污染减排监管体系建设等。进一步加大财政基本建设投资向节能环保项目的倾斜力度。健全矿产资源有偿使用制度，改进和完善资源开发生态补偿机制。开展跨流域生态补偿试点工作。继续加强和改进新型墙体材料专项基金和散装水泥专项资金征收管理。研究建立高能耗农业机械和渔船更新报废经济补偿制度。

(3)制定和完善鼓励节能减排的税收政策。抓紧制定节能、节水、资源综合利用和环保产品(设备、技术)目录及相应税收优惠政策。实行节能环保项目减免企业所得税及节能环保专用设备投资抵免企业所得税政策。对节能减排设备投资给予增值税进项税抵扣。完善对废旧物资、资源综合利用产品增值税优惠政策；对企业综合利用资源，生产符合国家产业政策规定的产品取得的收入，在计征企业所得税时实行减计收入的政策。实施鼓励节能环保型车船、节能省地环保型建筑和既有建筑节能改造的税收优惠政策。抓紧出台资源税改革方案，改进计征方式，提高税负水平。适时出台燃油税。研究开征环境税。研究促进新能源发展的税收政策。实行鼓励先进节能环保技术设备进口的税收优惠政策。

(4)加强节能环保领域金融服务。鼓励和引导金融机构加大对循环经济、环境保护及节能减排技术改造项目的信贷支持，优先为符合条件的节能减排项目、循环经济项目提供直接融资服务。研究建立环境污染责任保险制度。在国际金融组织和外国政府优惠贷款安排中进一步突出对节能减排项目的支持。环保部门与金融部门建立环境信息通报制度，将企业环境违法信息纳入人民银行企业征信系统。

9.加强宣传，提高全民节约意识

(1)将节能减排宣传纳入重大主题宣传活动。每年制定节能减排宣传方案，主要新闻媒体在重要版面、重要时段进行系列报道，刊播节能减排公益性广告，广泛宣传节能减排的重要性、紧迫性以及国家采取的政策措施，宣传节能减排取得的阶段性成效，大力弘扬"节约光荣，浪费可耻"的社会风尚，提高全社会的节约环保意识。加强对外宣传，让国际社会了解中国在节能降耗、污染减排和应对全球气候变化等方面采取的重大举措及取得的成效，营造良好的国际舆论氛围。

(2)广泛深入持久开展节能减排宣传。组织好每年一度的全国节能宣传周、全国城市节水宣传周及世界环境日、地球日、水日宣传活动。组织企事业单位、机关、学校、社区等开展经常性的节能环保宣传，广泛开展节能环保科普宣传活动，把节约资源和保护环境观念渗透在各级各类学校的教育教学中,从小培养儿童的节约和环保意识。选择若干节能先进企业、机关、商厦、社区等,作为节能宣传教育基地,面向全社会开放。

(3)表彰奖励一批节能减排先进单位和个人。各级人民政府对在节能降耗和污染减排工作中做出突出贡献的单位和个人予以表彰和奖励。组织媒体宣传节能先进典型,揭露和曝光浪费能源资源、严重污染环境的反面典型。

10.政府带头,发挥节能表率作用

(1)政府机构率先垂范。建设崇尚节约、厉行节约、合理消费的机关文化。建立科学的政府机构节能目标责任和评价考核制度,制定并实施政府机构能耗定额标准,积极推进能源计量和监测,实施能耗公布制度,实行节奖超罚。教育、科学、文化、卫生、体育等系统,制定和实施适应本系统特点的节约能源资源工作方案。

(2)抓好政府机构办公设施和设备节能。各级政府机构分期分批完成政府办公楼空调系统低成本改造;开展办公区和住宅区供热节能技术改造和供热计量改造;全面开展食堂燃气灶具改造,"十一五"时期实现食堂节气20%;凡新建或改造的办公建筑必须采用节能材料及围护结构;及时淘汰高耗能设备,合理配置并高效利用办公设施、设备。在中央国家机关开展政府机构办公区和住宅区节能改造示范项目。推动公务车节油,推广实行一车一卡定点加油制度。

(3)加强政府机构节能和绿色采购。认真落实《节能产品政府采购实施意见》和《环境标志产品政府采购实施意见》,进一步完善政府采购节能和环境标志产品清单制度,不断扩大节能和环境标志产品政府采购范围。对空调机、计算机、打印机、显示器、复印机等办公设备和照明产品、用水器具,由同等优先采购改为强制采购高效节能、节水、环境标志产品。建立节能和环境标志产品政府采购评审体系和监督制度,保证节能和绿色采购工作落到实处。

附录 9.1 部分地区不同行业淘汰落后和过剩产能情况

附表 9-1 部分地区不同行业淘汰落后和过剩产能情况

行业 地区	炼铁/万吨	炼钢/万吨	焦炭/万吨	镁合金/万吨	电石/万吨	电解铝/万吨	铜冶炼/万吨	铅冶炼/万吨	水泥(熟料及磨机)/万吨	平板玻璃/万吨	造纸/万吨	制革/万吨	印染/万吨	铅蓄电池(板板及组装)/万吨	电力/万吨	煤炭/万吨
天津															33.5	
河北	609	751	270						625	443					75.2	90
山西			20			7			60						2.4	
内蒙古	110	110	20	50.2				7	144					68	24.1	
辽宁					5				30							51
吉林											1	1				77
黑龙江																1311
江苏	110	150			10				370						52.7	
浙江		36.9				2.8			205		30		105 902			
安徽							33.8		1024.6							76
福建									155.6		9.4	170.7		358	25	302
江西		50							157							171
山东	119.4	365	40								10.3	30	9400	335	116.9	938
河南			90												72	
湖北	64.2								262.7	152						213

续表

行业 地区	炼铁 /万吨	炼钢 /万吨	焦炭 /万吨	铁合金 /万吨	电石 /万吨	电解铝 /万吨	铜冶炼 /万吨	铝冶炼 /万吨	水泥(熟料) 及磨机) /万吨	平板 玻璃 /万吨	造纸 /万吨	制革 /万吨	印染 /万吨	铅蓄电池 (极板及组 装)/万吨	电力 /万吨	煤炭 /万吨
湖南	10								73.2	500						1410
广东										109		79.6				
广西				10.7		15.2	2	2	840.6		8.7				27.5	337
重庆			77.9	3												1141
四川	180	170		3.1					87	55	1.6		5560	30	4.7	260
贵州	8	18	26	37	2.5				22	24	19.8				1.5	2274
云南	117	25	50	12.6		4	3.1		365		3.2					
陕西									85						3.6	967
甘肃				0.8					30	110						184
青海								0.5	20						63.1	12
宁夏			50	7.4	2.5			6	73		3.4	13.5	200			
新疆	50	30	317.5	0.4					130	145					25	353
新疆兵团			7						105							
合计	1378	1706	948	127	10	36.2	7.9	49.3	4974	1429	167	260	121 062	791	527.2	10 167

注：2015年北京、上海、海南、西藏无淘汰落后和过剩产能任务。天津、山西、辽宁、吉林、陕西、甘肃四省因任务很少，完成数据根据省级人民政府自查报告核定。经考核，电力、煤炭、炼铁、炼钢等16个行业超额完成了2015年淘汰落后和过剩产能目标任务。全国共淘汰电力527.2万千瓦、煤炭10 167万吨、炼钢1706万吨、炼铁1378万吨、焦炭948万吨、铁合金127万吨、电石10万吨、电解铝36.2万吨、铜冶炼7.9万吨、铝冶炼49.3万吨、水泥（熟料及粉磨能力）4974万吨、平板玻璃1429万重量箱、造纸167万吨、制革260万吨、印染121 062万米、铅蓄电池（极板及组装）791万千伏安时。各省（区、市）及新疆生产建设兵团均完成了2015年淘汰落后和过剩产能目标任务。

附录9.2 2020年钢铁化解过剩产能工作要点

为进一步深化钢铁行业供给侧结构性改革,加快推进我国钢铁行业高质量发展,促进钢铁行业结构调整和转型升级,更加科学有效做好2020年化解钢铁过剩产能工作,制定本工作要点。

1.确保全面完成既定目标任务

统筹考虑钢铁行业兼并重组、结构调整、转型升级等工作,深入推进化解钢铁过剩产能。尚未完成压减粗钢产能目标任务的地区,要继续坚持运用市场化、法治化办法,确保在2020年全面完成去产能目标任务。

2."僵尸企业"应退尽退

依法依规加快处置钢铁行业"僵尸企业"。各地区要加强日常监测排查,对于在市场竞争中新产生的低效、无效钢铁行业企业,坚持市场化、法治化原则,妥善处置,并做好职工安置工作,确保应退尽退。

3.依法依规退出落后产能

严格执行安全、环保、质量、能耗、水耗等法律法规和有关产业政策,加大对钢铁行业违法违规行为的执法和达标检查力度。依法依规关停退出落后的钢铁冶炼产能,严格按照《产业结构调整指导目录(2019年本)》及国家取缔"地条钢"有关要求,于2020年12月31日前全面取缔违规使用中(工)频炉生产不锈钢、工模具钢的现象。

4.防范"地条钢"死灰复燃和已化解过剩产能复产

切实落实企业市场主体责任,落实省级人民政府负总责要求,落实有关部门职责分工,更加注重制度建设,更加注重联合执法,更加注重舆论宣传和监督。各省(区、市)要针对工作中的薄弱环节,研究提出具体安排,建立健全防范"地条钢"死灰复燃和已化解过剩产复产的长效机制。

5.严禁新增产能

严把产能置换和项目备案关,禁止各地以任何名义备案新增钢铁冶炼产能项目,对于确有必要建设冶炼设备的项目,相关地区在项目备案前须严格执行产能置换办法,按规定进行公示公告,接受社会监督。严格执行《企业投资项目核准和备案管理条例》(国务院令673号)、《企业投资项目核准和备案管理办法》(国家发展改革委令第2号)、《企业投资项目事中事后监管办法》(国家发展改革委令第14号)、《关于完善钢铁产能置换和项目备案工作的通知》(发改电〔2020〕19号)等相关要求,各有关地区要对辖区内擅自违法违规建设、违规产能置换和备案等情形认真开展自查,对发现的问题要及时予以整改。

6.开展巩固化解钢铁过剩产能成果专项抽查

2020年将结合钢铁行业产能产量调查结果、钢铁产能置换项目自查自纠情况以及钢铁产能违法违规举报线索,由钢铁煤炭行业化解过剩产能和脱困发展工作部际联席会议(以下简称部际联席会议),对重点省(区、市)组织开展一次巩固化解钢铁过剩产能成果专项抽查,重点检查钢铁产能置换、项目备案、项目建设等方面,以及防范"地条钢"死灰复燃、严禁新增产能、淘汰落后产能等工作开展情况。

7.完善举报响应机制

运用好设立在中国钢铁工业协会的"地条钢"及违法违规产能举报平台,落实好《关于钢铁产能违法违规行为举报核查工作的有关规定》(发改办产业〔2018〕1451号)。各有关地区要进一步研究制定防范本地区"地条钢"死灰复燃、已化解过剩产能复产及违法违规产能举报响应机制的具体措施,并向社会公告。对涉及钢铁产能的项目,建立并完善事中事后监管的有效机制。

8.探索主动发现违法违规行为的有效机制

继续推进利用卫星遥感技术、卫星红外监测技术对钢铁企业和相关企业的建设生产情况进行监测;继续推进与国家电网、南方电网的合作,对钢铁企业和相关企业用电量进行监测,及时发现违法违规项目建设和生产行为。各有关地区要加强日常监管,创新管理方式,积极探索主动发现钢铁产能违法违规行为的有效措施,及时发现并查处违法违规行为。

9.严肃查处各类违法违规行为

要进一步明晰责任分工,建立问责机制,强化联合执法,切实把有关工作要求落实到位;对于"地条钢"死灰复燃、已化解的过剩产能复产及违规新增产能等情况,发现一起、查处一起、通报一起,狠抓负面典型,始终保持零容忍高压态势。

10.研究制定项目备案指导意见并修订产能置换办法

为应对钢铁行业发展所面临的新形势、新问题,防止个别企业利用产能置换借机扩大产能,加强对钢铁项目备案的指导,研究制定钢铁项目备案指导意见和修订钢铁产能置换办法,促进钢铁产业结构调整。

11.鼓励企业实施战略性兼并重组

按照企业主体、政府引导、市场化运作的原则,鼓励有条件的企业实施跨地区、跨所有制的兼并重组,积极推动钢铁行业战略性重大兼并重组,促进产业集中度提升。有关地区要指导和协助企业做好兼并重组中的职工安置、资产债务处置和历史遗留问题处理。

12.维护钢材市场平稳运行

充分发挥行业协会作用,结合新冠肺炎疫情防控情况,做好行业运行监测分析,掌握市场供求状况,指导和帮助企业复工复产,稳定行业发展形势,维护行业平稳运行。有关方面要全面解读、及时披露相关政策。各地区要维护良好的市场秩序,营造良好市场环境,对恶意炒作的市场操纵行为要严肃处理。

13. 维护铁矿石市场平稳运行

协调支持行业企业与国际铁矿石供应商的有效沟通，积极探讨更加科学合理的进口铁矿石定价机制。发现铁矿石供应商有价格违法和价格垄断行为时，要依法及时查处并公开曝光。积极研究促进国内铁矿山发展的相关政策，增加国内铁矿石有效供给。

14. 支持钢铁企业与上下游企业合作共赢

鼓励钢铁企业围绕钢材产品目标市场定位和下游企业需求，加强与下游企业的协作，打造综合效益最佳的价值链，提升产业链整体竞争优势，形成稳定共赢的合作关系，实现钢铁材料制造供应商向材料解决方案综合服务商转变。

15. 加快推进行业绿色发展

坚决贯彻落实《打赢蓝天保卫战三年行动计划》(国发〔2018〕22号)和《关于推进实施钢铁行业超低排放的意见》(环大气〔2019〕35号)等文件要求，推进钢铁行业实施超低排放改造、焦炉废气收集处理等污染治理升级改造，通过工艺装备改造、环保技术升级、资源能源利用效率提升等方式，加快推进行业绿色发展。京津冀及周边地区、长三角地区、汾渭平原等大气污染防治重点区域要加快推进钢铁企业超低排放改造，不断提高超低排放比例，减少污染物排放总量。

16. 促进行业技术进步

坚持创新驱动发展，鼓励钢铁企业、科研院所等单位积极探索，切实释放各类人才的创新潜力，增强创新的主动性和积极性。坚持把钢材质量稳定性、先进高端钢材、关键共性技术、基础研究和前沿工艺技术与装备等作为重点，加大研发力度，尽快取得突破。加快钢结构推广应用，提高钢结构应用比例和用钢水平。

17. 引导电炉炼钢工艺发展

鼓励企业建立大型的废钢铁回收加工配送中心，提升对社会废钢铁资源的回收、拆解、加工、配送、利用一体化水平，提高废钢铁资源供给质量。鼓励钢铁企业综合考虑市场需求、原燃料供应、交通运输、环境容量和资源能源支撑条件，在严格落实产能置换的前提下，将部分高炉-转炉工艺转变为电炉炼钢工艺，促进行业整体节能环保水平提升、品种结构优化升级。

18. 提升钢铁行业国际化水平

进一步加强钢铁行业国际交流合作，学习借鉴先进技术和管理经验，加强"一带一路"建设，推进国际产能合作。

19. 完善重大问题沟通协调机制

进一步完善部际联席会议工作机制，及时协调解决出现的重大问题；加快推进钢铁行业信用体系建设，营造诚实守信、依法经营的良好氛围。

附录10 国家鼓励发展的部分重大环保技术装备统计表（2017年版）

附表10-1 国家鼓励发展的部分重大环保技术装备统计表（研发类）

类别	名称	关键技术及主要技术指标	适用范围
大气污染防治	高温复合滤筒尘硝协同脱除装备	关键技术：研发催化剂与滤筒的陶瓷纤维复合技术；低温催化剂与过滤材料一体化技术；复合滤筒表面过滤膜技术；滤筒安装及行喷吹技术。 技术指标：适用温度范围：250 ℃～450 ℃；排放参数：粉尘≤10 mg/m³，最低可达到 5 mg/m³；NO_x≤50 mg/m³；满足行业国家环保标准。	焦化、玻璃炉窑、生物质锅炉、垃圾焚烧、有色冶炼、工业锅炉等高温炉窑除尘脱硝
	相变凝聚除尘装备	关键技术：研发适用于低温换热的高性能氟塑料技术；相变凝聚除尘设备和余热回收利用集成技术，研制氟塑料低温换热器、相变凝聚除尘及余热回收集成系统。 技术指标：排放参数：烟尘≤5 mg/m³。氟塑料熔点测试指标 322 ℃～323 ℃；拉升强度≥30 MPa；断裂伸长率：300％～500％，除尘效率>60％。	工业炉窑、垃圾焚烧炉、石油化工除尘
	催化裂化烟气多污染物协同处理成套装备	关键技术：研发高效低阻净化反应器；研发多污染物高效协同脱除技术；研发长时间不停机超低排放稳定控制技术。 技术指标：排放参数：S_2O_x≤35 mg/m³；NO_x≤50 mg/m³；粉尘≤10 mg/m³；汞及化合物≤0.003 mg/m³；零废水排放。	石油石化行业烟气脱硫除尘
	燃煤锅炉烟气三氧化硫脱除技术装备	关键技术：超细石灰石粉磨制技术；空气分选技术；石灰石粉喷入技术；石灰石粉专用喷枪研制；石灰石粉喷入量与 SO_3 浓度匹配工艺技术。 技术指标：进口 SO_3≤35 ppm；SO_3 脱除率≥90％；锅炉热效率提升≥1％；石灰石粉粒径≤3 μm。	燃煤锅炉烟气脱除三氧化硫
	燃煤锅炉烟气氨法脱硫液平推流强制氧化技术设备	关键技术：特殊的长高径比反应器设计技术；先进的全分布混合技术；精确比例控制系统；气液分离器。 技术指标：亚硫酸铵氧化率≥99％；氧硫比≤1.5。	燃煤锅炉氨法烟气脱硫工艺中亚硫酸铵的氧化

续表

类别	名称	关键技术及主要技术指标	适用范围
水污染防治	石墨烯/高分子复合材料透水膜浓缩装备	关键技术:开发冷轧酸性废水浓缩工艺系统,石墨烯/高分子复合材料透水膜组件;开展膜污染的分析及控制方法研究;开发多效蒸发工艺,降低能耗。 技术指标:脱盐率≥99.9%;浓缩液中盐酸浓度:5%~10%;处理水量:1~5 m³/h;固体、液体污染物零排放。	冷轧酸洗废水处理
	烟道气蒸发废水处理装备	关键技术:研发膜减量技术,旋转喷雾技术,混流装置,双流体喷枪及计量分配闭环控制技术,蒸发物料平衡、热量平衡设计技术。 技术指标:灰份中 SO₃ 含量≤3%;废水蒸干物质量占总灰分含量≤1%;混合后烟温与酸露点温差≥50 ℃;脱硫废水完全蒸发。	脱硫废水处理
	微气泡臭氧反应器	关键技术:研究臭氧高级氧化法的影响因素,确定最优工艺条件;研发微纳米曝气装置,开展微纳米曝气装置的选型和研发生产制造;研发臭氧催化填料;研究确定各工艺选型、各个工艺的最佳参数。 技术指标:进水水质:COD$_{cr}$:80~120 mg/L;苯并芘:0.1~5 μg/L;多环芳烃:0.1~10 mg/L。出水水质:COD 平均去除率>50%;苯并芘平均去除率:90%~99%;多环芳烃平均去除率:90%~99%(苯并芘、多环芳烃平均去除率:90%~99%);处理能力 25~1000 t/h。	煤化工、焦化废水处理
土壤污染修复	多相抽提修复装备	关键技术:研发双相抽提技术以及气相抽提工程技术,研究中试阶段的布井和建井方式;研发设备的集成和制造工艺。 技术指标:土壤中挥发性有机物浓度的平均去除率可达到 90%(特定污染物);去除时间≤180 d;双相抽提中地下水浓度下降速率可达到 80%(180d);最大抽吸真空:−0.09 MPa;气体抽提流量:50~200 m³/h;液体抽提流量>0.4 m³/h;可携带井数:15~30 个;最大抽提井深:8~12 m。	土壤污染场地修复

续表

类别	名称	关键技术及主要技术指标	适用范围
环境监测专用仪器仪表	防爆型在线挥发性有机化合物(VOCs)实时监测系统	关键技术:研制防爆型 FID 检测器。 技术指标:检出限:甲烷:0.05 ppm;非甲烷总烃:0.05 ppm;苯系物:0.05 ppm;重复性:≤±2(保留时间<0.8%);分析周期:非甲烷<1 min,三苯<2 min,8 个苯<10 min。	石化,喷涂,印刷挥发性有机污染物在线监测

参考文献

[1]汪应洛,刘旭.清洁生产[M].北京:机械工业出版社,1998.

[2]国家环境保护总局科技标准司.清洁生产审核培训教材[M].北京:中国环境科学出版社,2001.

[3]环境保护部清洁生产中心.清洁生产审核手册[M].北京:中国环境科学出版社,2015.

[4]朱慎林,赵毅红,周中平.清洁生产导论[M].北京:化学工业出版社,2001.

[5]彭国富,张玲芝.清洁生产与可持续发展的控制[M].北京:中国计量出版社,2001.

[6]国家经贸委.国家重点行业清洁生产技术指南[J].北京:中国检察出版社,2000:200-202.

[7]国家经贸委资源节约与综合利用司.企业清洁生产审核指南[J].北京:中国检察出版社,2000:30-298.

[8]山东省环保局.山东世行项目清洁生产文集[M].山东省环保局清洁生产办公室,1998.

[9]尹改.清洁生产技术选编[M].北京:国家环境保护局科技标准司,1997.

[10]史捍民.企业清洁生产实施指南[M].北京:化学工业出版社,1997.

[11]国家经贸委资源节约与综合利用司.清洁生产案例选编与分析[M].北京:中国检察出版社,2000.

[12]刘静玲.绿色生活与未来[M].北京:化学工业出版社,2001.

[13]国家经贸委资源节约与综合利用司.清洁生产概论[M].北京:中国检察出版社,2000.

[14]吴开亚.物质流分析:可持续发展的测量工具[M].上海:复旦大学出版社,2012.

[15]郑铭,刘宏,严山,等.ISO 14000标准实用指南[M].北京:化学工业出版社,2002.

[16]中华人民共和国国家质量监督检验检疫总局.GB/T 4754—2017国民经济行业

分类[S].北京:中国质检出版社,2019.

[17]王平.交通类高职院校创建绿色大学的探究与实践:以南京交通职业技术学院为例[J].南通航运职业技术学院学报,2020,19(01):60-64.

[18]陈雪峰,朱超,邓子民,等.高校绿色校园规划与建设实践研究:以安徽大学艺术与传媒学院新校区建设为例[J].安徽建筑,2019,26(11):150-152.

[19]杨蕴敏.实验室实验废水的清洁生产管理[J].资源环境与工程,2007,21(05):606-609.

[20]吴玫,王安.高校实验室废水的调查评价及清洁生产管理[J].四川环境,2005,24(05):97-99.

[21]计金标.资源课税与可持续发展[J].税务研究,2001(07):22-25.

[22]黄庆海,李大明,柳开楼,等.江西水稻清洁生产理论与技术实践[J].江西农业学报,2020,32(01):7-12.

[23]褚福友.清洁生产视角下农药企业污染防治精细化管理分析[J].中国资源综合利用,2019,37(08):164-166.

[24]赵黎明,夏小林,姚良卿.秉承新时代生态治理体系打造小流域清洁生产样板:以广德县九龙小流域为例[J].中国水土保持,2020(08):13-15.

[25]黄磊,周盼盼.畜牧养殖业污染分析与清洁生产技术[J].吉林畜牧兽医,2020,41(01):133-135.

[26]张千.清洁生产与循环经济模型案例教学研究[J].赤峰学院学报,2020,36(04):100-101.

[27]沈丰菊,赵润,张克强.咸宁市农业清洁生产技术实践与生态补偿政策案例分析[J].农学学报,2015,5(10):44-49.

[28]武晓晖,王丽萍,余美维.煤矿清洁生产审核案例研究[J].煤炭技术,2015,34(10):326-328.

[29]易玲.矿山企业清洁生产实践:以某铁矿清洁生产审核为例[J].环境科学导刊,2015,34(S1):61-63.

[30]吴联权.清洁生产审核在镍合金冶炼企业中的应用[J].广州化工,2018,46(18):109-112.

[31]伍名群,安艳玲,周锡德,等.磷矿山清洁生产评价指标体系的构建:以贵阳市磷矿山为例[J].环境科学与管理,2009,34(02):189-194.

[32]阳光,刘煦晴,刘哲,等.磷矿开采企业清洁生产审核实例[J].环保科技,2016,22(01):27-31.

[33]麦丽娟.低聚糖清洁生产案例分析[J].资源节约与环保,2016(11):25-26.

[34]门雪燕,谢永霞,王殿辉.清洁生产审核在烟草加工企业的应用[J].安阳工学院

学报,2017,16(06):52-56.

[35]畅晓利.纺织行业推行和实施清洁生产的探讨[J].东方企业文化,2011(04):114.

[36]孙楠,李晓丹,李超,等.北京市清洁生产案例分析[J].节能与环保,2018(03):54-57.

[37]郭先登.关于提升纺织服装业清洁生产水平的思考[J].山东纺织经济,2009(03):5-9.

[38]姜霞.经济全球化与我国产业结构国际竞争力分析[J].商场现代化,2008(09):267-268.

[39]刘新星,韩贞年.浅谈清洁生产在家具制造行业的环保应用[J].资源节约与环保,2019(11):17-18.

[40]许树波.废纸制浆造纸行业开展清洁生产的对策与建议[J].绿色科技,2015(07):219-222.

[41]吴健.扑克牌纸清洁生产案例分析及对策建议[J].再生资源与循环经济,2015,8(09):39-41.

[42]王艳.清洁生产审核在废纸制浆过程中的应用[J].中国资源综合利用,2019,37(12):98-100.

[43]北京通州皇家印刷厂清洁生产项目[J].节能与环保,2019(07):17.

[44]毛丽,季冬冬.化工行业清洁生产潜力案例分析[J].化工管理,2020(11):64-65.

[45]刘强,陈杨,唐钰莹,等.清洁生产审核在某化工企业的应用[J].辽宁大学学报,2017,44(04):370-376.

[46]连斯业.对某制药厂清洁生产案例的分析[J].化工设计通讯,2017,43(01):156-157.

[47]李蕴莹.制药行业实现清洁生产案例分析[J].现代盐化工,2019,46(04):33-34.

[48]朱洪波,梁秋琍.氨纶企业清洁生产进展[J].科技资讯,2010(05):152.

[49]许春华.清洁生产引领中国橡胶助剂走向世界[J].中国橡胶,2015,31(12):11-14.

[50]废塑料裂解制油清洁技术产业化[J].工程塑料应用,2015,43(02):116.

[51]冯建社,凌绍华.玻璃纤维企业清洁生产审核案例分析[J].环境保护与循环经济,2017,37(12):13-16.

[52]邓涛,杨静翎.清洁生产技术在汽车涂装行业的应用实例[J].科技创新导报,2019,16(10):90-91.

[53]李欣.关于绿色化工技术的进展研究[J].石化技术,2020,27(07):210-212.

[54]曹殿显,朱国功.绿色化工环保技术研究[J].科技经济导刊,2019,27(23):115.

[55]张以飞,姚琪.化工行业废盐的清洁生产研究[J].环境与发展,2020,32(03):33-34.

[56]赵振霞.氯碱化工清洁生产工艺与改进研究[J].中国石油和化工标准与质量,2019,39(06):199-200.

[57]赵洪键.某污水处理厂清洁生产案例分析[J].广东化工,2018,45(21):79,83-84.

[58]徐文,张瑜.危险废物经营企业清洁生产审核典型案例解析[J].江西化工,2016(06):97-99.

[59]方杰.面向机械制造业的绿色制造[J].机电产品开发与创新,2009,22(06):1-2.

[60]于吉.清洁生产与电力环保[J].中国电力企业管理,2003(06):23-24.

[61]贾海娟,黄显昌,谢永平.火电行业清洁生产水平分析与评价:以M火电企业为例[J].能源环境保护,2010,24(02):54-57.

[62]王征.浅谈自来水厂清洁生产审核[J].城镇供水,2018(06):79-82.

[63]陈松.建筑工程绿色施工管理研究[J].东南大学,2019.

[64]韦真周,刘晨,李婷,等.水泥行业清洁生产审核节能减排实例分析研究[J].环境科学与管理,2015,40(11):170-172.

[65]任朝亮,李梦洁,王珍,等.普通高等院校餐厅清洁生产措施探讨[J].环境科学与管理,2013,38(07):167-172.

[66]吴苏贵,钱洁,李敏乐,等.加快打造垃圾回收"两网融合"的上海模式[J].科学发展,2020(08):91-98.

[67]陆子叶.垃圾分类新形势对垃圾焚烧行业的影响[J].环境与发展,2020,32(07):43-44.

[68]邸海霞,闫浩春,刘韬,等.开展玻璃深加工行业清洁生产审核实例分析[J].中国建材科技,2019,28(06):1-4.